国外优秀食品科学与工程专业教材

Springer

食品分析实验指导

(第三版)

主编 【美】S. Suzanne Nielsen

主译 王永华 宋丽军 蓝东明

中国轻工业出版社

图书在版编目(CIP)数据

食品分析实验指导:第三版/(美)S. 苏珊·尼尔森(S. Suzanne Nielsen)主编;王永华,宋丽军,蓝东明主译. —北京:中国轻工业出版社,2020.1
国外优秀食品科学与工程专业教材
ISBN 978-7-5184-2532-7

Ⅰ. ①食… Ⅱ. ①S… ②王… ③宋… ④蓝… Ⅲ. ①食品分析—实验—高等学校—教材 Ⅳ. ①TS207.3-33

中国版本图书馆 CIP 数据核字(2019)第 122703 号

版权声明
First published in English under the title
Food Analysis Laboratory Manual
by Suzanne Nielsen, edition:3
Copyright © Springer International Publishing, 2017 *
This edition has been translated and published under licence from
Springer Nature Switzerland AG.
Springer Nature Switzerland AG takes no responsibility and shall not be made liable for the accuracy of the translation.

责任编辑:钟 雨 责任终审:熊慧珊 封面设计:锋尚设计
版式设计:锋尚设计 责任监印:张 可

出版发行:中国轻工业出版社(北京东长安街 6 号,邮编:100740)
印 刷:三河市国英印务有限公司
经 销:各地新华书店
版 次:2020 年 1 月第 1 版第 1 次印刷
开 本:787×1092 1/16 印张:19
字 数:410 千字
书 号:ISBN 978-7-5184-2532-7 定价:58.00 元
邮购电话:010-65241695
发行电话:010-85119835 传真:85113293
网 址:http://www.chlip.com.cn
Email:club@chlip.com.cn
如发现图书残缺请与我社邮购联系调换
190350J1X101ZYW

作者名单

Charles E. Carpenter Department of Nutrition, Dietetics and Food Sciences, Utah State University, Logan, UT, USA

Young-Hee Cho Department of Food Science, Purdue University, West Lafayette, IN, USA

M. Monica Giusti Department of Food Science and Technology, The Ohio State University, Columbus, OH, USA

Y.H. Peggy Hsieh Department of Nutrition, Food and Exercise Sciences, Florida State University, Tallahassee, FL, USA

Baraem P. Ismail Department of Food Science and Nutrition, University of Minnesota, St. Paul, MN, USA

Helen S. Joyner School of Food Science, University of Idaho, Moscow, ID, USA

Dennis A. Lonergan The Vista Institute, Eden Prairie, MN, USA

Lloyd E. Metzger Department of Dairy Science, University of South Dakota, Brookings, SD, USA

Andrew P. Neilson Department of Food Science and Technology, Virginia Polytechnic Institute and State University, Blacksburg, VA, USA

S. Suzanne Nielsen Department of Food Science, Purdue University, West Lafayette, IN, USA

Sean F. O´Keefe Department of Food Science and Technology, Virginia Tech, Blacksburg, VA, USA

Oscar A. Pike Department of Nutrition, Dietetics, and Food Science, Brigham Young University, Provo, UT, USA

Michael C. Qian Department of Food Science and Technology, Oregon State University, Corvallis, OR, USA ¥

Qinchun Rao Department of Nutrition, Food and Exercise Sciences, Florida State University, Tallahassee, FL, USA

Ann M. Roland Owl Software, Columbia, MO, USA

Daniel E. Smith Department of Food Science and Technology, Oregon State University, Corvallis, OR, USA

Denise M. Smith School of Food Science, Washington State University, Pullman, WA, USA

Stephen T. Talcott Department of Nutrition and Food Science, Texas A&M University, College Station, TX, USA

Catrin Tyl Department of Food Science and Nutrition, University of Minnesota, St. Paul, MN, USA

Robert E. Ward Department of Nutrition, Dietetics and Food Sciences, Utah State University, Logan, UT, USA

Ronald E. Wrolstad Department of Food Science and Technology, Oregon State University, Corvallis, OR, USA

译者名单

主译：王永华　　华南理工大学

宋丽军　　塔里木大学

蓝东明　　华南理工大学

主审：江正强　　中国农业大学

译者：（按姓氏笔画排序）

马云建　　华南理工大学

马沁沁　　四川师范大学

王　鹏　　沈阳师范大学

王小三　　江南大学

王方华　　华南理工大学

王光强　　上海理工大学

王金秋　　成都大学

王星宇　　陕西师范大学

王俊钢　　新疆农垦科学院

田金虎　　浙江大学

史学伟　　石河子大学

白冰瑶　　塔里木大学

尹淑涛　　中国农业大学

夷　娜　　塔里木大学

刘文营　　北京食品科学研究院

闫寅卓　　中国食品发酵工业研究院

李雅雯　　塔里木大学

肖　正　　华南理工大学

张　丽　　塔里木大学

张　芳　　中国海洋大学

陈　臣　　上海应用技术大学

钟先锋　　佛山科学技术学院

侯旭杰　　塔里木大学

姜泽东　　集美大学

耿　放　　成都大学

柴庆伟　　乌鲁木齐市农产品质量安全检测中心

黄桂东　　佛山科学技术学院

戚穗坚　　华南理工大学

谌小立　　遵义医科大学
覃小丽　　西南大学
蔡圣宝　　昆明理工大学
薛　亮　　广东省微生物研究所
戴宏杰　　西南大学
魏雪团　　华中农业大学

译序一

食品工业是重要的民生产业和国民经济的支柱产业,在推进“健康中国”建设中具有重要地位,也为我国整个工业的稳定发展作出了重要贡献。

食品分析是现代食品工业发展的重要技术支撑,食品分析实验是理论与实践相结合的重要环节,在食品科技人才培养过程中起着举足轻重的作用。

2019 年 5 月,美国普渡大学 S. Suzanne Nielsen 教授主编的 *Food Analysis*(*Fifth Edition*)中文译本由中国轻工业出版社有限公司出版,该书共计 113 万字,由全国食品科技领域 35 家单位的 70 名优秀中青年教师共同完成,有效促进了全国食品科技领域青年才俊的学术交流,取得了良好的学术效应和社会效应。

Food Analysis Laboratory Manual (*Third Edition*)是 *Food Analysis*(*Fifth Edition*)的配套实验教材,是一部具有极强科学性、系统性和实用性的实验指导书。

受中国轻工业出版社有限公司委托,华南理工大学王永华教授团队邀请了全国食品科技领域 26 家单位的 33 名优秀的青年教师共同参与翻译工作,目的在于“促进全国食品科技领域中、青年学者的交流和传承”,实现“团结、合作、共赢”,共同为中国食品工业的发展贡献力量。

“真情妙悟铸文章”。译者不计名利、兢兢业业,在较短的时间内高质量地完成了翻译工作,在此对所有译者表示衷心感谢。相信经过大家的共同努力,本书定能产生良好的学术和社会效应。

中国工程院院士

译者序

2019 年 5 月,美国普渡大学 S. Suzanne Nielsen 教授主编的 *Food Analysis*(*Fifth Edition*)中文译本由中国轻工业出版社有限公司出版,该书共计 113 万字,由全国食品科技领域 35 家单位的 70 名优秀中青年教师共同完成。该教材自出版以来,受到全国食品院校和科研院所的广泛关注和积极订阅。

Food Analysis Laboratory Manual(*Third Edition*)是 *Food Analysis*(*Fifth Edition*)的配套教材,实验编排与原教材内容密切相关,具有极强的指导意义。为了进一步完善《食品分析》教材体系,促进食品科技领域人才培养,我们将本书译成中文,以飨读者。在翻译过程中,我们继续遵循“尊重原文、语言规范、术语统一”的原则,旨在将食品分析实验原理、操作步骤、注意事项等知识传递给广大读者。

本书由王永华、宋丽军、蓝东明主译。共 31 章,其中前言、致谢及缩略词表由宋丽军、张丽翻译,第 1 章由马沁沁、薛亮翻译,第 2 章由陈臣翻译,第 3 章由王永华、肖正翻译,第 4 章由覃小丽、王俊钢翻译,第 5 章由钟先锋翻译,第 6 章由戚穗坚翻译,第 7 章由魏雪团翻译,第 8 章由姜泽东翻译,第 9 章由蔡圣宝翻译,第 10 章由王小三翻译,第 11 章由张芳翻译,第 12 章由刘文营翻译,第 13 章由戴宏杰翻译,第 14 章由田金虎翻译,第 15 章由张丽、李雅雯翻译,第 16 章由黄桂东翻译,第 17 章由耿放翻译,第 18 章由王金秋翻译,第 19 章由史学伟、马云建翻译,第 20 章由谌小立、柴庆伟翻译,第 21 章由闫寅卓翻译,第 22 章由宋丽军、夷娜翻译,第 23 章由尹淑涛翻译,第 24 章由王光强翻译,第 25 章由王星宇翻译,第 26 章由王鹏翻译,第 27 章由侯旭杰、蓝东明翻译,第 28 章由王方华翻译,第 29 章~第 31 章由白冰瑶翻译,全书由张丽、宋丽军统稿。在此对各位参译老师表示衷心感谢。

本书完稿之时,中国农业大学江正强教授在百忙之中对全书进行了认真审阅,在此深表谢意。

鉴于译者水平局限,书中难免有遗漏和不妥之处,恳请读者批评指正。

王永华

2019 年 10 月

前　　言

本书是《食品分析》(第五版)的配套教材,实验内容设置与课本紧密相连,涵盖了原教材35章中21章的内容。与第二版相比,本书还增加了四个介绍性章节,其中包含对《食品分析》(第五版)章节和实验进行补充的基本信息,增加了思考题和答案。同时,本书增加了三个新的实验,并对原有实验进行了适当地更新和修正。

本书实验涵盖以下内容:实验背景、阅读任务、实验目的、实验原理、化学药品(包括CAS编号和危害性)、实验试剂、注意事项、危害和废物处理、实验仪器、实验步骤、数据与计算、思考题等。

授课教师注意事项。

1.介绍性章节的使用

(1)第一章　实验标准操作规程——建议学生在食品分析实验之前首先学习本章。

(2)第二章　试剂和缓冲液的制备——包括浓度单位的定义,以便更好地配制试剂。

(3)第三章　稀释和浓缩——与许多实验操作中的计算有关。

(4)第四章　食品分析数据统计——与实验过程中的数据分析有关。

2.实验的顺序

根据《食品分析》(第五版)的授课内容,本书对实验安排的顺序进行了适当调整。但是每个实验都是相对独立的,授课教师可以根据实际情况开设。

3.实验授课程序

一般情况下,不同学校的食品分析实验课程开设的时间、实验条件、学生数量及层次都有一定差异。授课教师可根据实际情况适当修改实验操作程序(例如,样本数量、重复次数等)。每个实验都列举了相关仪器和材料,但这些并不一定是完整必需的,授课教师可以根据需要,多人一组进行实验,或者不同学生完成不同的实验步骤,或让学生针对不同样本进行实验。

4.化学试剂的使用

化学试剂的危害和预防措施的信息不一定全面,但能够使学生和实验员了解处理相关化学品的注意事项。

5.试剂准备

由于实验课时间有限,许多试剂需要实验员提前准备。本书中实验用品和设备清单不一定包括实验员在为实验课准备试剂时所需的材料和设备。

6.数据和计算

本书提供了试验过程中数据记录和计算的详细要求,在学生提交实验报告时,教师需要向学生说明是否需要写明计算的整个过程。

本书难免会有疏忽和错误之处,编者非常乐意接受来自读者的修改建议。

课程网站上包括 *Food Analysis*,*5e* 和本书的许多附件资料,包含更详细的课外资料和与实验操作相关的表格。欢迎各位老师与作者本人联络，以便更好地使用该网站。

非常感谢书中提到的各位老师，他们提供了完整的实验室操作步骤和相关材料。特别要感谢新增章节的作者，他们在长期食品分析实验教学的基础上，编写了对学生和老师都非常有价值的内容。同时对提供了大量建设性意见和建议的老师和同学表示衷心感谢。特别感谢 Baraem (Pam) Ismail 和 Andrew Neilson 对本书作出的重大贡献。最后，感谢本人以前的研究生，感谢他们帮助编写和验证了本书中的所有实验。

S. Suzanne Nielsen

美国印第安纳州西拉法叶市

目　录

第一部分　绪论

第二部分 实验操作

第三部分 练习题答案

第一部分　绪论

1　实验室标准操作规程

1.1　引言

本章为普通食品分析实验室提供“标准操作规程”(SOPs),即最佳实践。本章所涉及的关键词包括天平、机械移液器、玻璃器皿、试剂、精密度和准确度、数据处理、数据报告以及安全性。在本书中,这些规程应用于所有实验,因此一份普遍规程的详尽综述对于实验任务的顺利完成大有裨益。

本书涉及大量基础技能和信息,这对于成为一位优秀的食品分析化学家非常必要。本书中许多素材均来自实验室实践。尽管实验室实践的重要性无可替代,但是希望本书能帮助学生尽早掌握正确的实验技术,避免养成在实验之后再去纠正错误的实验习惯。当人们阅读本书时,可能会问:“有必要把所有注意事项都写得如此详尽吗?”不可否认,回答的确是:“不总是这样。”这让人想起一句古老的爱尔兰谚语:“最适合做某项工作的人知道应该忽略什么。”虽然这条谚语中蕴含着许多真理,但最重要的是人们必须知道他们忽略的是什么。除了考虑所谓的“最佳方法”之外,最终采用何种技术必须是理智而非忽略的决定。这个决定不仅基于分析方法的知识,而且必须基于如何运用结果数据。本书中的许多信息都来自美国环境保护署授权的《水及废水实验室分析质量控制手册》。

1.2　精密度和准确度

为了了解本章的许多概念,我们需要对“精密度”和“准确度”下一个严格的定义。精密度是指重复性观察的可重复性,通常以标准差(SD)、标准误(SE)或变异系数(CV)来检测。

在本书第四章对精密度和准确度有着更完整的讨论。这些参数越小,则检测的重复性或精密度越高。精密度不仅由参考标注决定,还与实际所用的食品样品相关,这涉及浓度范围及分析人员常面临的各种干扰物质。显然,除非分析人员对方法相当熟悉且已获取可重复的标准曲线(分析物和分析反应之间的数学关系),否则不会收集这样的数据。确定精密度有很多不同的方法。其中一种方法如下。

(1)应当研究 3 个不同的浓度水平,包括接近该方法敏感水平的低浓度、中间浓度和接近该方法应用上限的浓度。

(2)每个被测浓度准备 7 个平行样品。

(3)考虑到仪器状况的变化,精密度的研究需要至少 2h 的常规实验操作。

(4)为了耐受后续操作的最大干扰,建议样品以高、低、中的浓度顺序进行实验。重复 7 次以得到期望的重复数据。

(5)精密度的表示还需要包括一个覆盖所有测试浓度范围的标准差范围。因此,3 个浓度范围会得到 3 个标准差。

准确度是指观察值和实际值之间的差异程度(绝对差异或相对差异)。“实际”值通常很难确定,有可能是通过标准参考方法(可接受的检测习惯)获得的数值。评估准确度还意味着加入已知量的待分析原料并计算其回收百分率,后者步骤如下。

(1)将已知量的特定组分加入满足准确度要求浓度的样品中。建议加入低浓度样品组分的量应足以使其浓度翻倍,加入中等浓度样品的组分的量应足以使终浓度达到该方法可及最高浓度的 75%。

(2)每个浓度做 7 次重复试验。

(3)准确度被描述为加标样品终浓度的回收百分率。每一浓度的回收百分率是 7 次重复试验结果的均值。

评估精密度和准确度的一种快速而不够严谨的方法是分析食品样品及加标样品,再计算加标量的回收率,如表 1.1 所示。

表 1.1　　牛乳及加料牛乳中钙含量的测定

重复	牛乳	牛乳+0.75g/L 钙
1	1.29	2.15
2	1.40	2.12
3	1.33	2.20
4	1.24	2.27
5	1.23	2.07
6	1.40	2.10
7	1.24	2.20
8	1.27	2.07

续表

重复	牛乳	牛乳+0.75g/L 钙
9	1.24	1.74
10	1.28	2.01
11	1.33	2.12
平均值	1.2955	2.0955
标准差	0.062	0.138
% CV	4.8	6.6

通过比较未加标准样品及加标样品的测定值可得加标量,计算加标量回收百分率即可检测准确度。

$$\text{准确度} \approx \text{回收率}\% = \frac{\text{被测加标样品浓度}}{\text{被测样品浓度} + \text{加标浓度}} \times 100\%$$

$$\text{准确度} \approx \text{回收率}\% = \frac{2.0955\text{g/L}}{1.2955\text{g/L} + 0.75\text{g/L}} \times 100\% = 102.44\%$$

此方法测得添加标准样品的误差在2.44%之内。通过在含有1.2955g/L钙的样品中加入0.75g/L的钙,准确的方法会使加标样品的浓度为1.2955g/L +0.75g/L= 2.0455g/L。此方法试剂测得加标样品浓度为2.0955g/L,比理论值高2.44%。因此,其准确度约为2.44%相对误差。

1.3 天平

1.3.1 天平的类型

大多数实验室使用的是两种一般类型的天平,即为上皿天平和分析天平。上皿天平通常对0.1~0.001g范围内的样品敏感,这主要取决于使用的具体型号(这意味着它们可以测量的样品质量差异在0.1~0.001g)。通常情况下,随着容量(可测量的最大质量)的增加,其灵敏度会有所降低。换句话说,可以测量更大质量的天平通常也可以测量那些小数位数更少的质量差异。分析天平则通常对0.001~0.00001g范围内的样品敏感,这也取决于其具体型号。然而,我们应该记住,这种敏感性(检测质量微小差异的能力)不一定等于准确度(天平正确报告实际质量的程度)。天平可以读数到0.01mg并不一定意味着它就能精确到0.01mg。这意味着天平可以区分相差0.01mg的质量,但可能无法准确地将这些质量测量到0.01mg的实际质量范围内(因为最后一个数字通常是估量的)。天平的准确度与其灵敏度无关。

1.3.2 天平的选择

使用哪种类型的天平取决于当次测量中"对准确度的要求"。确定的一种方法是计算某种天平将会产生的相对(%)误差。例如,如果需要0.1g试剂,使用准确到仅有±0.02g范

围的上皿天平称重,将产生大约20%的误差:

$$被测质量误差\% = \frac{0.02g}{0.1g} \times 100\% = 20\%$$

在大多数情况下,这显然是不可接受的。因此需要更准确的天平。但是,同样的天平(准确度在±0.02g以内)用于称量100g试剂,则是可以接受的,因为此时误差大约为0.02%。

$$被测质量误差\% = \frac{被测质量绝对误差}{被测质量} \times 100\% \tag{1.2}$$

$$被测质量误差\% = \frac{0.02g}{100g} \times 100\% = 0.02\%$$

只有当人们知道分析方法中试剂的功能时,才能回答到底“需要多准确”这个问题。这也是我们必须理解分析方法中所涉及的化学知识,而不是简单地套用。因此,关于使用哪种天平的通用指南很难确定。

另外,需要计算质量差时必须谨慎选择天平。例如,用于总灰分测定的干燥坩埚在上皿天平上可能重20.05g,坩埚加上样品重25.05g,灰化坩埚重20.25g。可能出现的情况是,使用准确度为±0.02g的上皿天平会产生约0.1%的误差,这通常是可以接受的。实际上,既然确定了质量差(0.20g),则其误差约为10%,因此不可接受。在这种情况下,无疑需要分析天平,因为除了准确度之外,还需要考虑灵敏度。

1.3.3 上皿天平的使用

下列通用说明适用于大多数上皿天平。

(1)使用气泡水平仪和可调节支脚来调整平衡(需要调平以使天平正确运行)。

(2)将天平归零(使天平托盘上没有任何东西,读数为0)或将天平去皮,使天平秤盘上装盛容纳样品的容器(空烧杯,称重船等)读数为0。去皮功能方便地用于“减去”样品所加入的烧杯或称重船的质量。

(3)称量样品。

1.3.4 分析天平的使用

在使用分析天平之前,最好先查阅具体的使用说明书。称量速度和准确度都取决于分析天平操作人员的熟练度。如果你已经有一段时间没有用过一种特殊类型的分析天平了,那么在称量一个样品之前,用抹刀或其他方便的物品称量一下,“练习”一下也许会有帮助。下列一般规则适用于大多数分析天平,应遵循此规则以确保获得准确结果,并保证不会因使用不当而损坏天平。

分析天平是昂贵的精密仪器,请注意:

①确保天平处于水平状态,并且放置于坚固的桌子或工作台上,不会发生振动。

②满足这些条件后,以上述上皿天平使用规程称量分析天平上的样品。

③始终保持天平清洁。

1.3.5 附加信息

关于使用天平时需要注意的其他要点如下。

(1)许多分析物(水分,灰分等)需要称量用容器装盛的最终干燥或灰化的样品。必须知道容器的质量,以便于从最终质量中减去,以获得干燥样品或灰分的质量。因此,必须确保在分析之前得知容器的质量。可以在天平去皮之前先称量容器然后再添加样品,或是称量容器后再称量容器和样品的总质量,以得知容器质量。

(2)空气中的水分或容器表面指纹的累积将略微增加样品的质量。这会导致影响分析结果的质量误差,尤其是在使用分析天平时。因此,应使用钳子或戴手套的方式拿取烧杯、称量船和其他称量容器。为了进行精确测量(水分,灰分和其他测量),称量容器应在使用前预先干燥并储存在干燥器中。要称量冷却样品之前,在干燥、灰化等操作后也要储存在干燥器中。

(3)气流或倚靠在工作台上会导致分析天平出现明显的误差。最好是在关闭分析天平侧门后再读取读数。

(4)现代实验室中的大多数天平都是电子天平。老式的杠杆天平不再广泛使用,但它们极为可靠。

1.4 机械移液器

机械移液器(即自动移液器)是许多分析实验室的标准设备。这是因为它们在正确使用及校准的前提下使用方便,具有高精密度和可接受的准确度。虽然许多人认为这种移液器比传统的玻璃容量移液管更易操作,但这并不意味着忽略正确的移液管技术也能获得必要的准确度和精密度。恰恰相反,如果机械移液器使用不当,这通常会造成比误用玻璃容量移液管更大的误差。玻璃器皿部分讨论了玻璃容量移液器的正确使用方法。PIPETMAN机械移液器(Rainin Instrument Co. ,Inc)是一个连续可调设计的例子。这里将介绍说明制造商推荐的这种移液器的正确使用。其他品牌的机械移液器也可使用此方法,虽然应遵循其具体说明,但它们的正常操作通常与此处的描述非常相似。

1.4.1 操作

(1)在数字千分尺/容量计上设置所需的体积。为了提高精密度,必须从大容积向下调整来达到所需容积。确保不要超过其最大容量,否则,将使它无法修复。

(2)将一次性枪头安装到移液器的轴上,用力按压并轻轻转动,以确保密封良好。

(3)将按钮按压到第一个停点。这部分量程即为所显示的校准体积。按压超过第一个停点将导致测量不准确。

(4)垂直握住机械移液器,将一次性枪头浸入样品液体中,达到指示的深度(表1.2),对应移液器的最大体积(P-20、100、200、500、1000、5000,应对应的最大体积分别为20、100、200、500、1000和5000μL)。

表 1.2 适合自动移液器的移液器深度

移液器	深度/mm
P-20D, P-100D, P-200D	1~2
P-500D, P-1000D	2~4
P-5000D	3~6

(5)让按钮慢慢返回"向上"位置。绝不能快速释放按钮(这会将液体吸入移液器内部,导致测量不准确并损坏移液器)。

(6)等待1~2s以确保将足量样品吸入枪头。如果溶液是黏性的,如甘油,则需要等待更长时间。

(7)从样品液中取出枪头。如果有液体残留在尖端外部,用不起毛的布料仔细擦拭,注意不要碰到枪头尖端。

(8)排出液体时,应将枪头尖端靠近容器的侧壁并缓慢按下按钮经过第一个停点,直至第二个停点(完全压下位置)。

(9)等待(表1.3)。

表 1.3 自动移液器移液应等待的合适时间

移液器	时间/s
P-20D, P-100D, P-200D	1
P-500D, P-1000D	1~2
P-5000D	2~3

(10)在按钮完全压下的情况下,小心使枪头沿容器壁滑动以从容器中取出机械移液器。

(11)让按钮返回顶部位置。

(12)轻轻地按下枪头弹出按钮以丢弃枪头。

(13)如果出现以下情况,第二次测量时应使用新的枪头:

①要移取不同的溶液或不同体积。

②枪头内存在明显的残留物(不要与某些黏性或有机溶液留下的可见"薄膜"相混淆)。

1.4.2 预润洗

移取非常黏稠的溶液或有机溶剂时,将会在枪头内壁留下一层明显的薄膜。如果枪头仅使用一次,则会导致其误差大于规定的容差。这种薄膜在使用同一枪头连续移液时相对恒定,因此可以第一次吸液后将全部液体排出至废液缸,再吸液,以此时枪头内的液体量为样品量,这样能提高准确度。当要求可重复性很高时,无论是否重复使用(相同的溶液)或更换(不同的溶液/不同的体积)枪头,都建议在所有移液过程中进行上述操作。请注意,聚丙烯材质枪头的"不可湿性"不是绝对的,且预润洗将提高移取任何溶液时的精密度和准确度。

1.4.3 不同密度及不同黏度溶液的移取

通过将数字千分尺设置为略高于或略低于所需容积，任何可调节移液器均可移取不同黏度或密度的溶液。补偿的量据经验而定。此外，在移取黏性液体时，在按到第二次停点之前，在第一个停点等待 1s 会有所帮助。

1.4.4 性能描述

PIPETMAN 机械移液器的制造商提供了表 1.4 中关于其机械移液器的精密度和准确度的信息。

表 1.4　PIPETMAN 机械移液器的精密度和准确度

型号	准确度①	可重复性①（标准差）
P-20D	＜0.1μL @ 1~10μL	＜0.04μL @ 2μL
	＜1 % @ 10~20μL	＜0.05μL @ 10μL
P-200D	＜0.5μL @ 20~60μL	＜0.15μL @ 25μL
	＜0.8 % @ 60~200μL	＜0.25μL @ 100μL
		＜0.3μL @ 200μL
P-1000D	＜3μL @ 100~375μL	＜0.6μL @ 250μL
	＜0.8 % @ 375 - 1000μL	＜1.0μL @ 500μL
		＜1.3μL @ 1000μL
P-5000D	＜12μL @ 0.5~2mL	＜3μL @ 1.0mL
	＜0.6 % @ 2.0~5.0mL	＜5μL @ 2.5mL
		＜8μL @ 5.0mL

①水性溶液，枪头预润洗一次。

1.4.5 正确选择移液器

虽然自动移液器可以移取很大范围的体积，但可能常需要从多种移液器中选择最精密/准确的“最佳”移液器。例如，P 5000（即 5mL）自动移液器理论上可以移取 0~5mL 任意体积的液体。但是，有几个限制来决定该使用哪些移液器。第一个是实际限制：机械移液器受到移液管刻度（增量）的限制。P 5000 和 P 1000 通常可以以 0.01mL（10μL）的增量进行调节。因此，这些移液器不能移取＜10μL 的体积，也不能移取比 10μL 更精确的体积。然而，仅仅因为这些移液器在技术上可以调节到 10μL，但这并不意味它们应该用于测量接近这个大小范围任意体积。大多数移液器都标有工作范围，列出了最小和最大体积，但这不是理想性能的范围。机械移液器应在其最大容量的 100%至 10%~20%范围内运行（表 1.5）。低于其最大容量的 10%~20%时，性能（精密度和准确度）会受到影响。试想一下使用最大量程的移液器进行单次取样所造成的潜在误差。

机械移液器是非常贵重的实验室设备。如果得到正确使用和维护，它们可以使用数十年。但是，不当的使用会在短时间内破坏它们。机械移液器应由专业的移液器技术人员进行校准、润滑和维护,至少每年一次。称量吸取的水是常用于检查移液器是否需要校准的一个良好检查方式。

表 1.5 推荐的机械式移液器容积范围

最大容积	最低推荐容积
5mL (5000μL)	1mL (1000μL)
1mL (1000μL)	0.1~0.2mL (100~200μL)
0.2mL (200μL)	0.02~0.04mL (20~40μL)
0.1mL (100μL)	0.01~0.02mL (10~20μL)
0.05mL (50μL)	0.005~0.01mL (5~10μL)
0.02mL (20μL)	0.002~0.004mL (2~4μL)
0.01mL (10μL)	0.001~0.002mL (1~2μL)

1.5 玻璃器皿

1.5.1 玻璃器皿的类型

玻璃是使用最广泛的用于制造实验室容器的材料。有许多等级和类型的玻璃器皿可供选择,从学生等级到具有特定性能的其他玻璃器皿,如耐热冲击或耐碱,低硼含量和超强度的玻璃器皿。最常见的类型是高度耐硼硅酸盐玻璃,例如,由康宁玻璃厂(Corning Glass)生产的名为"Pyrex"的玻璃或由金布尔玻璃公司(Kimble Glass Co.)制造的名为"Kimax"的玻璃。已有棕色/琥珀色光化玻璃器皿,能阻挡紫外线和红外线来保护光敏溶液和样品。由聚四氟乙烯、聚乙烯、聚苯乙烯和聚丙烯制成的容器和其他装置应用很广泛。聚四氟乙烯旋塞阀几乎取代了滴定管、分液漏斗等中的玻璃塞,因为它不需要润滑以避免黏连(称为"冷冻")。聚丙烯是一种甲基戊烯聚合物,可用于制作实验室用瓶、刻度量筒、烧杯甚至容量瓶。它具有透明、防碎、可高压灭菌、耐化学腐蚀的特点,但与玻璃相比较为昂贵。还有特氟隆(即聚四氟乙烯, PTEE)容器也可以使用的,尽管它们非常昂贵。最后,大多数玻璃器皿都有极性表面。玻璃器皿可以对其表面进行衍生化处理(通常是四甲基硅烷或 TMS),使其成为非极性的,这是一些测定所需的。但是,酸洗会除去这种非极性层。

1.5.2 选择玻璃器皿

选择玻璃器皿和/或塑料器皿时需要考虑的一些要点如下。

(1)一般来说,大多数分析不需要特殊类型的玻璃。

(2)试剂和标准溶液应储存在硼硅酸盐或聚乙烯瓶中。

(3)某些稀释的金属溶液在长时间的贮存过程中可能会吸附在玻璃容器壁上。因此,稀释金属标准溶液应在分析时现用现配。

(4)强无机酸(如硫酸)和有机溶剂很容易侵蚀聚乙烯,这些物质最好储存在玻璃或耐腐蚀塑料容器中。

(5)硼硅酸盐玻璃器皿不是完全惰性的,特别是对碱金属, 因此,二氧化硅、硼和碱金属(如 NaOH)的标准溶液通常储存在聚乙烯瓶中。

(6)某些溶剂会溶解一些塑料,包括用于移液器枪头的塑料、血清移液器等。尤其是丙酮和氯仿。所以当使用这类溶剂时,请检查其与所使用塑料的兼容性。溶解在溶剂中的塑料会引起各种问题,包括结合/沉淀分析物,干扰测定,堵塞仪器等。

(7)需要小心使用磨砂玻璃塞。避免和碱一起使用任何一种磨砂玻璃,因为碱会导致它们“冻结”(即卡住)。带有磨砂玻璃连接的玻璃器皿(滴定管、容量瓶、分液漏斗等)非常昂贵,必须非常小心地操作。

关于其他信息,请参阅各种玻璃和塑料制造商的目录。这些目录包含有关特定属性、用途及尺寸等大量信息。

1.5.3 容量玻璃器皿

用于准确和精确测量体积的准确校准的玻璃器皿,被称为容量玻璃器皿。这类器皿包括容量瓶、容量移液器和准确校准的滴定管。而不太准确的玻璃器皿类型,包括刻度量筒、血清移液器和定量移液器,在不需要准确体积的情况下,在分析实验室中也有其特定的用途。容量瓶用于制备标准溶液,但不用于储存试剂。由于测量仪器的固有参数,分析方法的精密度在一定程度上取决于溶液体积测量的准确度。例如,10mL 容量瓶通常比 1000mL 容量瓶更精确(即重复测量之间的差异更小),因为“填充”线所在的颈部更窄,因此在液体高度高于或低于颈部的刻度线时,相同的液高差对于较小容积容量瓶,意味着更小的体积差,也就意味着更小的误差。然而,对于相近数量级的测量,准确度和精密度往往是相互独立的。换句话说,精密的结果可能相对不准确,反之亦然。有一些误差必须认真考虑。必须正确读取容量器皿;凹液面的底部平面应与刻度线相切。然而,其他来源的误差,例如,温度变化,这导致玻璃装置的实际容量和溶液体积的变化。温度每升高 1℃,普通 100mL 玻璃烧瓶的容积将增加 0.025mL,但如果由硼硅酸盐玻璃制成,则容积增量要小得多。在室温下,每升高 1℃,1000mL 的水(和大多数浓度 ≤0.1mol/L 的溶液)体积将增加约 0.20mL。因此,必须在校准设备的温度下测量溶液。该温度(通常为 20℃)将在所有体积容器上显示。可调测量装置的校准也可能存在误差(例如,定量移液器),即仪器上标记的体积可能不是真实体积。只有重新校准仪器(如果可能)或更换装置,才能消除这些误差。

容量装置被校准为“ 容纳 ”或“ 递送 ”一定体积的液体。这将在装置上用字母“TC”(包含)或“ TD”(传递)表示。校准容量瓶被校准以容纳特定体积,这意味着容量瓶包含指定体积±一个定义的公差(误差)。经认证的 TC 体积仅适用于容量瓶所含的体积,并未考虑倾倒液体时,黏附在烧瓶壁上的溶液体积。因此,例如,一个 TC 250mL 容量瓶将装盛(250mL±规定的容差);如果将溶液倒出,由于溶液会有些遗留在烧瓶壁上,移取的溶液量将略少于 250mL(这与下面讨论的“递送”或 TD 的玻璃器皿相反)。它们有各种形状和尺寸,容量 1~2000mL。另一方面,刻度量筒可以是 TC 或 TD。对于精确的工作来说,这种差异可能很重要。

容量移液管通常经过校准以移取固定的容量。通常的容量为 1~100mL,虽然也有微容量移液器。使用容量移液器的正确技术如下(这种技术适用于 TD 移液器,比 TC 移液器更常见)。

(1)将要输送的液体吸至移液管最大刻度线上方。必须使用洗耳球或移液器助手将液体吸入移液管。切勿用嘴吸移液管。

(2)取下洗耳球(使用移液器助手或带压力释放阀的洗耳球时,无须拆下即可将液体排出),并用食指替换。

(3)从液体中取出移液管并用薄纸擦拭尖端。将移液管的尖端靠在吸出液体的容器壁上(或备用烧杯壁上)。缓慢松开移液器顶部的手指,释放压力(或转动滚轮以排出),使移液管中的液面下降,使凹液面的底部与移液管上的刻度线持平。

(4)将移液管移到想要加入液体的烧杯或烧瓶中。此时不要擦拭移液管尖端,避免移液管尖端触碰烧杯或烧瓶壁,将移液器保持垂直,使液体从移液管中排出。

(5)让移液管尖端与烧杯或烧瓶的侧面保持接触几秒钟,再取下移液管。在移液管的尖端会残留少量液体,不要用洗耳球吹出这部分液体,因为 TD 移液器校准时已考虑到剩余的液体。

请注意,某些容量移液管具有 TC 和 TD 测量的校准标记。确保知道哪个标记对应哪类测量(对于转移,使用 TD 标记)。TC 标记将更靠近移液管的分配端(TC 不需要考虑玻璃表面上残留的体积,而 TD 确实考虑到了这一点)。

定量移液管和血清移液管也应保持在垂直位置以排出液体;然而,移液管的尖端仅在液体排除停止后才接触到接收容器的潮湿表面。但有些移液管则被设计为需要吹出尖端中的残余少量液体并加入接收容器中,这种移液器在顶部附近有一条磨砂带。如果移液器顶部附近没有磨砂带,请勿吹出任何残留液体。

1.5.4 使用玻璃器皿进行稀释和浓缩

通常,稀释是指向样品或溶液中添加液体(水或溶剂)。浓缩可以通过多种方法进行,包括旋转蒸发、振荡真空蒸发、真空离心、煮沸、烘箱干燥、氮气下干燥或冷冻干燥。

为了使样品或溶液达到已知体积,A 级玻璃容量瓶是能提供最大精密度和准确度的“金标准”[图 1.1(1)]。在制造过程中,玻璃器皿认证为 A 级需经校准和测试,以符合美国材料与试验协会(ASTM,West Conshohocken,PA)制定的公差规范,是一种实验室玻璃器皿的标准。A 级玻璃器皿具有最严格的公差,因此具有最佳的精密度和准确度。这些烧瓶的等级达到 TC(内含液体的量符合仪器的标称量程)。因此,容量瓶用于使样品和溶液达到规定体积。它们不用于量取或转移样品,因为量取的量是未知的。其他类型的玻璃器皿[非 A 级烧瓶、有刻度的量筒、锥形瓶、圆底烧瓶、烧杯、瓶子等,图 1.1(2)]会低于容量瓶的准确度和精密度。因此,如果可以使用 A 级容量瓶,则尽量不用其他容器来定量稀释或浓缩。

为转移已知体积的液体样品进行稀释或浓缩,A 级玻璃移液管是提供最大精密度和准确度的“金标准”[图 1.2(1)]。这些移液管被分类为“移液”(TD),这表明移液管能转移特

图 1.1 A 级容量瓶(1)和其他类型的非 A 级体积测量玻璃器皿：量筒(2),锥形瓶(3),烧杯(4)和广口瓶(5)

定的体积±特定的公差(误差)。已认证的 TD 体积考虑了黏附在移液管壁上的溶液体积以及排出后留在移液管尖端的液滴的体积(再次声明,因为已经考虑到了这个问题,所以使用时不需要排出留在移液管尖端的液滴)。例如,一个 TD 为 5mL 移液管将吸取略高于 5mL 但移液(分配)(5mL±特定的公差)(与 TC 玻璃器皿相反)。需要注意,定量移液管仅用于排出已知体积的溶液,但通常来说,它们不应用于确定溶液的最终体积,除非排出的液体是最终溶液的唯一组分。例如,如果用定量移液管中的液体重新溶解干燥的溶质,就不能确定溶质是否对溶液的体积有显著影响。除非测量的是最终体积,但这可能比较困难。虽然这种影响通常是可以忽略不计的,但最好能够使用定量玻璃器皿以确保所得溶液的最终体积(例如,干燥溶质可溶于几毫升溶剂中,然后转移到容量瓶中进行最终稀释)。此外,可以使用定量移液管将多个溶液一起添加,然后将各个体积合计以计算最终体积。不过由于只通过一次测量来确定最终体积时可以降低不确定性,因此使用单个容量瓶稀释至最终体积仍是最好的方法(多次测量产生的误差或公差也相加,因此即使玻璃器皿的公差相同,使用较少的玻璃器皿也会降低测量的不确定性。)例如,需要量取 50mL 溶液时,可以使用一个 50mL 容量瓶和一个 25mL 定量移液管,两者的公差均为±0.06mL。当通过加满容量瓶获得 50mL 时,则量取的体积为(50±0.06) mL(或 49.94~50.06mL);而当采用 25mL 移液管吸 2 次到烧杯中时,则每次测量的公差为(25±0.06)mL,最终体积的公差是平均值和误差的总和：

$$(25mL\pm0.06mL)+(25mL\pm0.06mL)= 50mL \pm 0.12mL = 49.88\sim50.12mL$$

因此,随着测量次数的增加,体积误差会进一步相加；然而当使用容量瓶获得特定体积的溶液时,则仅有一个公差因素影响量取误差。

其他类型的移液器[非 A 级定量玻璃移液器、可调节移液器、自动移液器、簧片移液器、血清移液器等,图 1.2(2)]和其他玻璃器皿(带刻度的量筒等)准确度和精密度均较低,一般这些器皿是不应用于转移定量体积。也会有一些同时标记了 TC 线和 TD 线的移液器(较少),其中 TD 线表示排出滴管尖端液滴的移液体积,而 TC 线对应的体积表示最后液滴仍保留于移液器中。

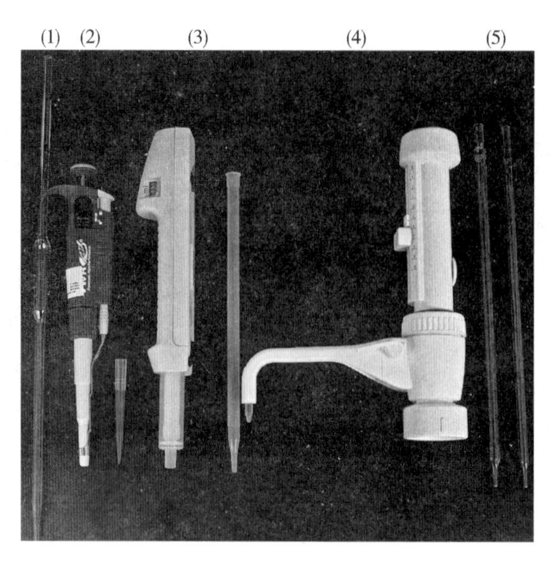

图 1.2　A 级定量移液器(1)和非定量移液器:可调节移液器(2),
簧片移液器(3),血清移液器(4)和移液管(5)

通常印在移液器或烧瓶上的信息包括移液器或烧瓶的类别、TD 或 TC 类别,体积以及公差(误差)(图 1.3)。需要注意的是,这些参数仅适用于指定温度,一般为 20℃。虽然在具体测量体积之前很少将溶液平衡到恰好 20℃,但一般认为是近似室温的温度。当实际温度与室温的偏差越大,则体积测量的误差就越大。相对于 4℃来说,4、20、60 和 80℃条件下水的相对密度(密度)分别为 1.000、0.998、0.983 和 0.972。这表明温度在 20℃以上时,给定质量的水密度较低(相对体积较大)。有时在室温下下采用容量瓶进行精确定容时,会通过超声波浴以加快化学品溶解,但同时也会使溶液升温;当溶液温度升高时,室温下在刻度线处的溶液体积将高于实际体积。因此,为尽量减小误差,应在室温下测定体积。

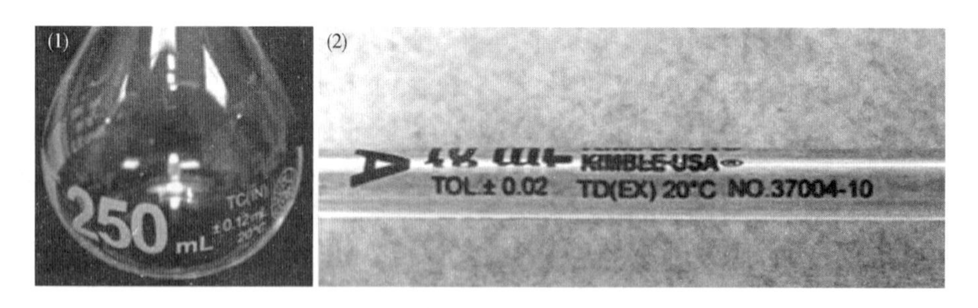

图 1.3　A 级容量瓶(1)和 A 级定量移液管(2)上的标签图像

在稀释和浓缩过程中尽可能使用定量玻璃器皿(烧瓶和移液管)进行定量体积测定,以最大限度地提高准确度和精密度。对于容量瓶和移液器来说,由蚀刻或印在玻璃器皿颈部的刻度线(通常为白色或红色)来指示液体的体积。为达到 TD 或 TC 体积,液体最低液面处应位于图 1.4 所示的线上。

对于容量瓶来说,正确量取准确容积的方法是将液体倒入容量瓶中,直到液面最低处接近刻度线,然后逐滴添加液体(使用手动移液器或巴斯德吸管),直到液面的最低处(不是顶部或中间)处于与眼睛水平线对齐的线上(如果不直视刻度线,使眼睛和刻度线在同一水平,可能会出现一种"视差"的现象,使液面的最低处看起来是在刻度线上,从而导致体积测量误差)。如果液体太多,可以使用干净的移液管除去液体(或者倒出液体后再重新开始)。但是请注意,在准备将溶质准确量取到容量瓶中配制溶液以达到一定体积时,不可以按上述方法操作,而是必须重新开始。因此最佳的操作方法是缓慢地加入液体,然后在接近所需体积时使用移液管逐滴地添加液体。

图 1.4 A 级容量瓶直线上的液体凹液面图像

对于移液管来说,量取准确体积的方法是将液体吸入移液管直到液面最低处位于刻度线上方,然后从移液管中排出多余的液体,直到液面最低处与刻度线在同一水平线上。此步骤中从溶液中取出移液管是至关重要的。如果液位低于管线,则排出多余的液体,并重复该过程。量取准确体积是需要不断练习的,直到可以准确地操作。量取不准确的体积会在测量中引入显著的错误。

实验室玻璃器皿的典型公差列于表 1.6 和表 1.7 中。有关 ASTM 规范的参考资料请访问 http://www.astm.org/。

表 1.6 ASTM 规范要求的 A 级玻璃器皿的体积公差

体积/mL	公差/± mL				
	滴定管	容量移液器(转移)	测量移液器(刻度)	容量瓶	量筒
0.5		0.006			
1		0.006		0.010	
2		0.006	0.01	0.015	
3		0.01	0.02	0.015	
4		0.01	0.03	0.020	
5		0.01	0.05	0.020	0.05
10	0.02	0.02	0.08	0.020	0.1
25	0.03	0.03	0.10	0.030	0.17
50	0.05	0.05		0.050	0.25
100	0.10	0.08		0.080	0.50
250				0.012	1.00
500				0.013	2.00
1000				0.015	3.00

表 1.7　ASTM 规范要求的非 A 级玻璃器皿的体积公差

体积/mL	公差/± mL			
	滴定管	移液管	容量瓶	量筒
0.5		0.012		
1		0.012		
2		0.012		
3		0.02		
4		0.02		
5		0.02		0.10
10	0.04	0.04	0.04	0.20
25	0.06	0.06	0.06	0.34
50	0.10	0.1	0.24	0.50
100	0.20	0.16	0.40	1.00
250			0.60	2.00
500				4.00
1000				6.00

对比表 1.6 和表 1.7,有几点值得注意。首先,对于 A 级玻璃器皿,仅具有单个 TD 测量值的容量移液器在测量相同的体积时会比可调节移液器具有更高的精密度。其次,即使是 A 级玻璃器皿,移液管和容量瓶的公差也会低于具有相同容积的量筒。因此在进行稀释和浓缩操作时,应优先考虑体积转移移液管和容量瓶。例如,一个 1000mL 的 A 级容量瓶的公差为±0.015mL(实际 TC 体积 999.985~1000.015mL),而 1000mL 量筒的公差为±3.00mL(实际的 TC 体积 997~1003mL),因此两种器皿在量取 1000mL 液体时产生的误差差距达到了 200 倍！最后需要注意的是,非 A 级玻璃器皿的公差要大于 A 级,因此应尽量选用 A 级器皿。

1.5.5　公约和术语

要遵循本书中描述的分析程序及正确计算,必须了解常用术语和公约(公约是一个标准或通常被接受的做法或命名方式)。稀释和浓缩中的常用短语为"稀释至"或"稀释至最终体积"。这表示将样品或溶液置于容量瓶中,并将最终体积加至指定值。相反,术语"用……稀释"表示将指定的量添加到样品或溶液中。在后一种情况下,必须通过添加的样品质量/体积和添加的液体量来计算最终的质量/体积。例如,量取 1.7mL 液体并用甲醇稀释至 5mL 或用 5mL 甲醇稀释。第一种情况表示将样品(1.7mL)置于容量瓶中并加入甲醇(3.3mL),使得最终体积总共为 5mL;而第二种情况是将样品(1.7mL)与 5mL 甲醇合并,最终体积为 6.7mL。以上两种情况的结果区别很大,除非其中一个体积比另一个体积大得多。例如,量取 10μL 样品时,将其"稀释至 1L"或"用 1L 去稀释"产生的最终体积分别为 1L 和 1.00001L。因此正确地了解表述差异非常重要,将有助于正确试验并准确解释数据。

稀释度/浓缩比例中的另一个常用术语是“倍数”或“×”。这是指每个步骤中样品或溶液的最终浓度(或体积和质量)与初浓度(或体积和质量)的比率。“倍数×稀释”表明降低样品的浓度到一个具体的数值(通常是指通过增加体积实现)。例如,将5mL 18.9%的NaCl溶液用水稀释10倍(10×),则加入45mL水使最终体积为50mL(5mL的10倍或10×),NaCl终浓度为1.89%(18.9%减少了10倍或10×)。相反,“×倍浓缩”是指将样品的浓度增加到一个具体的数值(通常是指通过减少体积实现)。例如,将90mL 0.31mg/L的盐溶液浓缩10倍(10×),则将体积减少至9mL(通过浓缩至9mL或完全干燥后重新溶解至9mL,比90mL降低了10倍或10×),最终浓度变为3.1mg/L(0.31mg/L增加了10倍或10×)。尽管上述例子中采用10倍或10×的倍数,但实际使用中可以是任何数值。在微生物学中,由于该领域中使用对数标度,通常使用的10×、100×、1000×等数值一般采用对数的表示方式;但在分析化学领域则通常较少采用这些标准稀释值。

用于稀释和浓缩的最后一个术语系统是比率。但这类系统表述可能含糊不清,因此未在食品分析丛书或实验手册中使用。该系统将稀释称为“X∶Y”,其中X和Y是初始和最终溶液/样品的质量或体积。例如,可以表述为“溶液以1∶8比例进行稀释。”具体导致该系统表述不明确的原因如下。

(1)第一个和最后一个数字通常分别表示初始样品和最终样品(1∶8稀释即为1份初始样品和8份最终样品)。但是,这种表述是没有一种标准约定的,“X∶Y”稀释可以解读为任何一种方式。

(2)关于该系统描述“稀释至”或“用……稀释”(如上所述)方法,也是没有标准约定的。因此,将样品1∶5稀释可以解释为①用4mL溶剂去稀释1mL样品,终体积为5mL(“稀释至”),或②用5mL溶剂去稀释1mL样品,终体积为6mL(“用……稀释”)。

由于一般不鼓励使用这种模棱两可的“比率”表述方法,建议使用“倍数×”的方式。然而,在一些文献中还是存在比率稀释的描述,因此读者应调查明确其真实的含义。

另一个要考虑的因素是,液体的体积通常不只是简单的相加而已。例如,500mL 95% *V/V* 乙醇水溶液中加入500mL蒸馏水后,混匀后的总体积并不等于1000mL,而是接近970mL。少了的30mL哪去了呢?这是由于极性物质(如水)在纯溶液中的三维分子间结合力与在其他溶质/化学物质(如乙醇)混合物中是不同的,这种结合力差异会导致明显的体积压缩。同样的,向固定体积的水中加入溶质,待溶质溶解后的溶液体积也会发生变化。为了应对这种影响,一般在初始混合后,应使用定量玻璃器皿将混合的溶液补充至最终体积;当混合两种液体时,应先将第一种液体转移到容量瓶中,然后加入第二种液体,间歇性旋转或涡旋混合液体;当溶解固体化学物质时,应首先将待溶解物质置于容量瓶中,加入部分溶剂充分溶解后,再补充加入溶剂达到最终体积。

1.5.6 滴定管

滴定管主要用于滴定既定体积的实验。常见滴定管通常包括25mL或50mL,精密度能够达到0.1mL,并带有旋塞。针对微量化学中的一些精确分析方法,还会使用到微量滴定管。微量滴定管容量通常有5mL或10mL,精密度能够达到0.01mL。滴定管操作规则主要如下。

(1)不要晾干已清洁或使用过的滴定管,而应使用少量溶液冲洗。

(2)不要残留碱性溶液在滴定管中,除非滴定管由聚四氟乙烯制成,否则会损坏玻璃及冻结旋塞。

(3)50mL 滴定管的滴定速度不应超过 0.7mL/s,否则造成过多液体黏附在壁上,从而在滴定结束时凹液面又会逐渐上升,产生错误的读数值。

需要强调的是,不正确使用的滴定管和(或)读数,均会导致严重的计算错误。

1.5.7 玻璃器皿的清洗

所有盛装液体的玻璃器皿必须保证绝对清洁,从而使液体薄膜在任何地方都不会破裂。必须特别注意这一情况,否则将无法获得所需溶液的准确体积。清洁方法应适用于要去除或确定要加入的物质,一般可以用热水或冷水简单地洗掉水溶性物质,最后再连续用少量去离子水冲洗容器;其他难去除的物质,如脂质残留物或易燃物质等,可能需要使用洗涤剂、有机溶剂、硝酸或王水(浓盐酸和浓硝酸按体积比 3∶1 组成的混合物)。一般在实验结束后应尽快用自来水冲洗容器,否则附在玻璃器皿上的干燥物质将更难去除。

1.6 试剂

化学试剂、溶剂和气体有多种纯度等级,包括工业用、分析用和各种“超纯”级。分析化学中所需材料的纯度要求会随分析类型而变化。测量参数和检测系统的灵敏度和特异性是决定所需试剂纯度的重要因素。技术等级对于制备清洁溶液是有帮助的,例如,前面提到的硝酸和氢氧化钾乙醇溶液。对许多分析实验而言,分析纯试剂基本能够满足要求。而微量有机物和 HPLC 实验等其他分析研究,则经常需要特殊的“超纯”试剂和溶剂。一般未指定试剂纯度的实验中,建议使用分析级试剂,另外需注意不应使用纯度等级低于方法所规定的试剂。

目前关于分析试剂等级、试剂等级和 ACS 分析试剂等级的定义上存在一些混淆,但对文献和化学品供应目录的综述显示以上三个术语是同义的。美国国家处方集(NF)、美国药典(USP)和食品化学品法典(FCC)是经认证可用作食品成分的化学品等级。如果产品是用于供人类消费而不是化学分析的话,则只能采用以上的 NF、SP 或 FCC 等级物质作为食品添加剂。

1.6.1 酸

表 1.8 所示为常见市售酸溶液的浓度。

表 1.8 常见市售酸溶液的浓度

酸	分子质量/(g/mol)	浓度/(mol/L)	相对密度
冰乙酸	60.05	17.4	1.05

续表

酸	分子质量/(g/mol)	浓度/(mol/L)	相对密度
甲酸	46.02	23.4	1.20
氢碘酸	127.9	7.57	1.70
盐酸	36.5	11.6	1.18
氢氟酸	20.01	32.1	1.167
次磷酸	66.0	9.47	1.25
乳酸	90.1	11.3	1.2
硝酸	63.02	15.99	1.42
高氯酸	100.5	11.65	1.67
磷酸	98.0	14.7	1.70
硫酸	98.0	18.0	1.84
亚硫酸	82.1	0.74	1.02

1.6.2 蒸馏水

蒸馏水或软化水常用来稀释、制备试剂溶液以及冲洗洗涤后的玻璃器皿。

普通蒸馏水通常是不纯净的,它可能含有溶解气体以及从储存容器中浸出其他物质。这些污染物可能是从原料水中蒸馏出的挥发性有机物,也可以是通过蒸汽携带的非挥发性杂质。这些污染物的浓度通常很低,因此蒸馏水一般可用于常见的分析实验。常见的水净化的方法包括蒸馏、过滤和离子交换等。蒸馏主要利用水沸腾时所得蒸汽的冷凝,以消除非挥发性杂质(如矿物质);离子交换主要通过使用填充有离子残余物(通常带负电)的滤筒,去除水中带电的污染物(通常带正电荷的矿物质);最后,通过过滤和反渗透等方法除去特定尺寸以上的不溶颗粒物。

1.6.3 水纯度

水的纯度以许多不同的方式定义,但普遍接受的高纯度水的定义是指通过蒸馏或去离子处理后获得的电阻超过 500000Ω(2.0μΩ/cm 电阻率)的水。对于更加严格的要求时,表 1.9 所示为具体的纯度细分情况。

表 1.9　水纯度的分类

纯度	最大电导率/(μΩ/cm)	电解质近似浓度/(mg/L)
纯	10	2~5
非常纯	1	0.2~0.5
超纯	0.1	0.01~0.02
理论纯	0.055	0.00

蒸馏水通常通过金属蒸馏器制备,设备中加入的水往往已经过软化去除钙和镁,从而

防止水垢(Ca 或 Mg 的碳酸盐)的形成。有公司提供了离子交换系统来制备“蒸馏水”,其中离子交换滤芯的使用寿命很大程度上取决于给水的矿物质含量。因此,一般通过使用蒸馏或反渗透处理的水作为进水,从而大大延长了滤芯的寿命。这种方法也被用于制备超纯水,特别是当使用低流速并且离子交换柱为研究级时。

1.6.4 无二氧化碳水

水中的二氧化碳(CO_2)会对化学测量产生干扰,因此有必要生产不含 CO_2 的水。一般可以通过将蒸馏水煮沸 15min 并冷却至室温来制备不含 CO_2 的水。另一种替代方案是,蒸馏水可以用惰性气体(例如,N_2 或 He_2)通气一定的时间以实现去除 CO_2。水的最终 pH 应为 6.2~7.2。不建议长期储存不含 CO_2 的水。此外,为了确保不含 CO_2 的水保持这种状态,应在容器上安装一个捕集器,从而使进入容器的空气(如沸水冷却)不含 CO_2。常用的烧碱石棉是一种用 NaOH 涂覆的二氧化硅,它能够通过以下反应除去 CO_2:

$$2NaOH+CO_2 \rightarrow Na_2CO_3+H_2O$$

请注意,烧碱石棉在不使用时应密封隔离空气保存。

1.6.5 溶液和试剂的准备

准确和可重复的试剂准备工作是开展实验的基础。液体试剂使用适当的容量玻璃器皿(移液管和烧瓶)制备。而在采用固体试剂制备溶液时应注意(以氢氧化钠为例)以下几点。

(1)确定所需的固体试剂量。

(2)将 TC 容量瓶中加入约总体积 1/4~1/2 的溶剂。

(3)加入固体试剂(建议先通过少量液体将固体溶解在烧杯中,然后将其转移至容量瓶中;还应充分冲洗烧杯,并将冲洗液同样倒入容量瓶)。

(4)旋转混合直至溶解。

(5)补充溶剂至固定体积。

(6)盖上盖子后颠倒烧瓶 10~20 次至完全混合。

固体试剂与水溶液的混合也会造成体积的变化,尤其是高浓度溶液。例如,制备 10% NaOH 水溶液时,应首先向 1L 烧瓶中加入 25~500mL 水、100g NaOH,混合溶解后在补充至 1L 体积,而不应简单地将 100g NaOH 与 1L 水混合。溶解的固体在溶液中也会占据一定体积(需要注意的是,固体 NaOH 很难溶解,需要搅拌棒;同时溶解过程中还会释放热量,因此不应用手直接拿玻璃器皿)。此外,如果使用玻璃棒搅拌的话,还应确保在溶液溶解且补充至终体积前将其移开。一般超声处理的效果会优于在容量瓶中使用搅拌棒。

以下步骤适用于两种或多种液体试剂制备。

(1)确定溶液的最终体积。

(2)使用等于最终体积的 TC 容量瓶。

(3)首先通过 TD 容量器皿以添加最小体积的液体组分。

(4)然后用最大体积的液体组分稀释至终体积,并在添加过程中轻轻旋转。

(5)盖上盖子并颠倒烧瓶约10~20次以完全混合溶液。

应尽可能使用TC容量瓶使溶液达到最终体积。以制备1L 5%乙醇水溶液为例,应使用50mL TD移液管将50mL乙醇分装到1L TC容量瓶中,然后用水补充至终体积。简单地将50mL乙醇和950mL水混合起来是不正确的,复杂的物理性质决定了液体混合体积会产生差异,不能简单地假设两种不同密度和极性的液体组合相当于各自体积的总和。如果没有常用的TC容量瓶来确定终体积,也可以使用TD玻璃器皿添加所有试剂组分。

应避免使用带有刻度的量筒和烧杯等来测量试剂用量。

1.7 数据处理和报告

1.7.1 有效数字

"有效数字"是指把测量结果中能够反映被测量大小的带有一位存疑数字的全部数字。一般判读可能不是完全正确的,会造成有意义数字的丢失,而留下了无意义的结果。正确使用有效数字将表明所用分析方法的可靠性。因此报告的结果必须全部使用有效数字。有效数字包括了所有的真实测量值以及最后一位的不确定值。例如,结果中的18.8mg/L,则"18"必须是确定值,而"0.8"则为不确定值。数字零是否属于有效数字,应视情况而定。

(1)小数点后的末尾零值是有效数字。例如,9.8g记为9.800g,表明结果准确度接近毫克级别。

(2)小数点前的零,如果还有其他数字,则为有效数字;如果没有其他数字,则不是。

(3)如果小数点前没有其他数字,小数点后面紧挨着的零也不是有效数字,只是表示了小数点的位置。

(4)对于整数,末位的零是否是有效数字也需要具体确定。例如,电导率测量结果为1000μΩ/cm,但并没有表明电导率为(1000±1)μΩ/cm,那么零只表示数字的位数。

还可以通过指数表示的方式,来确定数字中的零是否属于有效数字。可以丢弃的零均不是有效数字。例如100.08g结果采用指数形式表示时,数字中的零均不能舍弃;但对于0.0008g的质量则可以指数形式表示为8×10^{-4}g,那么这些零就不是有效数字。有效数字结果也反映了所采用方法的局限性。如果想增加有效数字的位数,则需要其他的测量方法。

当某种分析方法的有效数字位数确定后,就会根据设定的修约规则分析得到的数据。

1.7.2 数字修约规则

修约规则是所有分析领域中的必要操作。然而,在化学计算领域经常出现由于不正确地使用修约规则而出现的最终错误结果。数字修约通常应仅适用如下条件。

(1)如果保留数字后一位数字小于5,则保留数字保持不变,如11.443修约为11.44。

(2)如果保留数字后一位数字大于5,则保留数字增加1,如11.446修约为11.45。

(3)如果保留数字后一位数字大于5,且5后面没有数字时,则按照"四舍六入五成双"的原则,若保留数字为奇数则增加1,保留数字为偶数则不变。如11.435修约为11.44,而

11.425修约为11.42。

1.7.3 数字修约独立计算规则

加法：当计算一系列数字的和时，总和应修约到的有效数字位数应与最少位数的加数相同。在具体计算时，应先计算各加数的和，然后再进行结果的修约。例如，

11.1+11.12+11.13=33.35 总和修约为33.4

乘法：当两个具有不同有效数字位数的数字相乘时，应先计算乘积，然后将结果修约，其有效数字位数应与较少位数的乘数相同。

除法：当要分开两个有效位数位数不同的数字时，应先计算商值，然后将结果修约，其有效数字位数应与较少位数的数字相同。

乘方和开方：当一个数字包含 n 个有效数字时，那么它的开方结果也将是 n 个有效数字，但它的乘方结果却不一致。

1.7.4 数字修约组合计算规则

有效数字修约规则对于简单计算是合理的。然而，当处理相差较少数字的一系列计算过程中，则可能出现丢失有效数字位数的可能，方差和标准差就是明显的例子。一般建议计算时增加额外几个数值，然后将最终结果修约到合适的位数。通过在计算器上使用记忆功能可以简化这种操作，对于大多数计算器一般会采用10位甚至更多位数的较大数字。

1.8 实验室安全

1.8.1 安全数据表

安全数据表(SDSs)是一系列综合性说明文件，原命名为材料安全数据表(MSDS)，旨在为使用人员和应急人员提供安全处理或使用该物质的操作程序，通常包括理化参数(熔点、沸点、闪点等)、毒性、健康影响、急救、反应性、储存、处置、防护设备和泄漏应急处理程序等(http://en.wikipedia.org/wiki/Material_safety_data_sheet#United_States)。

SDSs适用于实验室中使用的所有试剂、化学品、溶剂、气体等。关于如何安全处理材料、材料的潜在风险、如何正确清理泄漏物等疑问均可以查阅这些文件。以上文件一般集中存放于实验室中以便于取阅(通常是活页夹)，另外也可以通过向教师询问或在线查询等方式获得。通常MSDS或SDSs提供以下16部分信息。

(1)物质/混合物的鉴定。

(2)危害识别。

(3)成分/组成信息。

(4)急救措施。

(5)消防措施。

(6)意外释放措施。

(7)处理和储存。

(8)接触控制/个人防护。

(9)物理和化学特性。

(10)稳定性和反应性。

(11)毒理学资料。

(12)生态信息。

(13)处置考虑因素。

(14)运输信息。

(15)法规信息。

(16)其他信息。

1.8.2 危险化学品

与任何化学实验室一样,食品分析实验室通常含有危险化合物,包括:

(1)酸(盐酸、硫酸等)。

(2)碱(如氢氧化钠)。

(3)腐蚀性物质和氧化剂(硫酸、硝酸、高氯酸等)。

(4)易燃物(有机溶剂,如己烷、乙醚、乙醇)。

1.8.3 个人防护装备和安全设备

了解实验室安全设备的位置和使用是非常重要的,它将有助于:

(1)防止实验室发生事故或伤害。

(2)快速有效地应对实验室中的任何事故或伤害。

(3)能够在不过度担心实验室危险的情况下进行实验室操作。

实验室管理人员应提供有关基本实验室安全设备的说明,实验人员也应该了解一般规则以及相关设备的位置。

在任何化学实验室工作都需要适当的衣服。有关着装的标准和规则通常是广泛适用的,但也不排除实验室之间可能存在一定的差异:

(1)贴身鞋(不要穿人字拖鞋、凉鞋或其他“开放式”鞋)。

(2)长裤(某些实验室可能允许穿裙子和短裤)。

(3)不要穿过于宽松的衣服或配饰。

(4)应将长发扎成马尾辫或以其他方式束缚。

实验人员应该能够获得并佩戴以下个人防护装备(PPE)并了解其正确使用方法:

(1)安全眼镜、护目镜和面罩。

(2)实验服或实验工作裙。

(3)鞋套。

(4)乳胶或乙腈手套。

(5)防刺手套。

(6)耐热手套。

实验人员应该了解以下安全设备的位置及其正确使用方法:

(1)急救箱。

(2)体液清理套件。

(3)酸、碱和溶剂泄漏套件。

(4)灭火器和灭火毯。

(5)安全淋浴和洗眼台。

(6)固体、液体、氯化物和生物危害废物处理容器(如适用)。

(7)锐利和破碎的玻璃处理容器。

1.8.4 吃、喝等

触摸实验台、玻璃器皿等均会造成实验人员手被实验物质污染的风险,并且多数情况下实验人员并不知情。此外,其他实验人员的实验也会产生一些未知的有害物质。因此,为了避免将手上的潜在有害物质传播到脸部、眼睛、鼻子、嘴等(可能会产生刺激反应,或借助黏膜、摄入或吸入等引入体内),化学实验室严禁以下行为:吃东西、饮酒、吸烟、嚼烟或鼻烟、化妆(如涂润唇膏)。以下物品禁止带入化学实验室:食品、水、饮料、烟草、化妆品。一些无意识的行为很难避免,例如,触摸脸和眼睛等,但在实验室戴手套时应尽量避免这些行为。

1.8.5 其他信息

以下是适用于实验室工作的规则和准则。

(1)将酸和水混合时,将酸加入水中,而不是将水加入酸中。当酸溶解在水中时,会释放热量,这可能导致溶液飞溅;将酸添加到水中,热量会被消散,从而减少或消除了酸液的飞溅。

(2)将氢氧化钠溶解在水中会产生热量。制备高浓度的氢氧化钠水溶液可导致器皿壁很烫,应使用耐热手套或冷却处理,避免烫伤。

(3)处理碎玻璃和其他尖锐物(剃须刀片、手术刀片、针等)时,应在防刺破锐器容器中。

(4)不要将废物或化学物质直接倒入排水沟,这种做法可能会损坏建筑物的管道并污染环境。将液体、固体、氯、放射性和生物性等危害废物置于特定提供的容器中,如果不清楚可以咨询实验室指导老师。

(5)在通风橱中处理挥发性、有毒或腐蚀性化合物,并使用适当的个人防护装备。

相关资料

1. Analytical Quality Control Laboratory. 2010. Handbook for analytical quality control in water and wastewater laboratories. U.S. Environmental Protection Agency, Technology Transfer.
2. Anonymous. 2010. Instructions for Gilson Pipetman. Rainin Instrument Co., Inc., Washburn, MA.
3. Applebaum, S.B. and Crits, G.J. 1964. "Producing High Purity Water". Industrial Water Engineering.
4. Smith JS. 2017. Evaluation of analytical data, Ch. 4, In: Nielsen SS (ed.) Food analysis, 5th edn. Springer, New York.
5. Willare, H.H. and Furman, W.H. 1947. Elementary Quantitative Analysis - Theory and Practice. Van Norstrand Co., Inc., New York.

试剂和缓冲液的制备

2

2.1 特定浓度试剂的制备

事实上，几乎所有的分析方法包括湿法化学分析法都是从准备试剂开始的，这一步骤通常包括将固体溶于液体或稀释储备液。溶液中分析物的浓度可以用质量(kg、g 或更低的亚单位)，物质的量(mol)或单位体积(可互换的 L 或 dm^3、mL 或 cm^3以及更低的亚单位)来表示。制备正确浓度的试剂对分析方法的有效性和重现性都起着至关重要的作用。以下我们通过制备一个特定浓度的氯化钙试剂样品来说明。

[例 1]需要称多少氯化钙才能得到 4mmol/2L 的溶液？

解：

物质的量浓度等于每 1L 中的物质的量：

$$c\left(\frac{\text{mol}}{\text{L}}\right)=\frac{n(\text{mol})}{V[\text{L}]} \tag{2.1}$$

所需的物质的量浓度为 4mmol/L = 0.004mol/L；所需的体积为 2L。重新排列式(2.1)得：

$$c(\text{mol}) = M\left(\frac{\text{mol}}{\text{L}}\right) \times V(\text{L}) \tag{2.2}$$

通过式(2.3)中分子质量(MW)的定义式得出 1mol $CaCl_2$(110.98g/mol)的质量(m)。接着重新排列得到式(2.4)，计算出要称重的质量：

$$MW\left(\frac{\text{g}}{\text{mol}}\right) = \frac{m(\text{g})}{n(\text{mol})} \tag{2.3}$$

$$m(\text{g}) = n(\text{mol}) \times MW\left(\frac{\text{g}}{\text{mol}}\right) \tag{2.4}$$

现将式(2.2)代入式(2.4)，消去的部分通过加上删除线表示：

$$m(\text{g}) = c\left(\frac{\text{mol}}{\text{L}}\right) \times V(\text{L}) \times MW\left(\frac{\text{g}}{\text{mol}}\right) \tag{2.5}$$

$$m(\text{g}) = 0.004\left(\frac{\text{mol}}{\text{L}}\right) \times 2(\text{L}) \times 110.98\left(\frac{\text{g}}{\text{mol}}\right)= 0.888(\text{g}) \tag{2.6}$$

[例 2]如果使用氯化钙的二水合物(即 $CaCl_2 \cdot 2H_2O$)制备 4mmol/2L 的氯化钙溶液，

那么需要称多少克氯化钙?

解:

如磷酸盐、氯化钙和某些糖类,一些盐在结晶过程中,水分子可能会进入晶格中,因此这些化合物通过在名称中添加结合水分子的数目以得到正确的化学式。例如,$Na_2HPO_4 \cdot 7H_2O$称为七水磷酸氢钠,$CaCl_2 \cdot 2H_2O$ 称为二水氯化钙,其中的水分子紧紧地贴合在一起并且不可见(干燥的试剂看上去不结块)。许多市场上销售的盐都是以水合物的形式出售,在调整增加其分子质量后(包括结合水分子),可将其类似于对应干燥物使用。$CaCl_2$的分子质量从 110.98g/mol 变为 147.01g/mol,它说明约有两个摩尔质量为 18g/mol 的水分子处于结合水状态。因此,将式(2.6)修改为:

$$m = 0.004(\frac{mol}{L}) \times 2(L) \times 147.01(\frac{g}{mol}) = 1.176(g) \tag{2.7}$$

因此,配制所需溶液需要称量 1.176g $CaCl_2$,并加水使容量瓶中体积达到 2L。

对于残留分析中所遇到的极低浓度,例如 μg/mL、mg/L 和 μg/L 是首选单位。浓酸和浓碱通常以质量分数比或体积分数比表示。例如,28%(*w/w*)的氨水溶液表示在每 1000g 溶液中含有 280g 氨,或是在 1L 32%(*w/V*) 的 NaOH 溶液中含有 320g NaOH。对于用水稀释的溶液,由于水在室温下的密度约为 1kg/L(水的密度仅在 5℃时为 1kg/L),因此(*w/w*)和(*w/V*)几乎相等,但是在有机溶剂中,浓缩溶液的密度可能会大幅度偏差。因此,对于浓缩试剂,通过计算其密度可以找到稀释此类溶液所需的正确试剂量,如[例 3]所示。

[例 3]用浓硫酸制备 6mol/500mL 的硫酸溶液。

解:浓硫酸的密度决定了浓硫酸的单位体积质量:

$$d = \frac{m}{V}(\frac{g}{mL}) \tag{2.8}$$

通过重新整理式(2.3)和式(2.8)来确定浓硫酸的物质的量浓度。用以已知量(*MW* 和 *d*)表示未知的物质的量(*n*)。由于物质的量浓度是以 mol/L 为单位的,因此需要将密度乘以 1000,得到 g/L(密度单位为 g/mL 或 kg/L)。

$$变形式(2.3):n(mol) = \frac{m(g)}{MW(\frac{g}{mol})} \tag{2.9}$$

$$变形式(2.8):m(g) = d(\frac{g}{L}) \times 1000 \times V(L) \tag{2.10}$$

将式(2.10)代入式(2.9):

$$n(mol) = \frac{d \times 1000\left(\frac{g}{L}\right) \times V(L)}{MW(\frac{g}{mol})} \tag{2.11}$$

将式(2.11)代入式(2.1),98%*w/w*(如表 2.1 所示)可按比例因子处理:即每 g 溶液含有 0.98g 硫酸。为此,将式(2.1)乘以 *wt*%:

$$c(\frac{mol}{L}) = \frac{d \times V \times 1000}{MW} \times \frac{1}{V} \times wt\%(\frac{g}{g}) = \tag{2.12}$$

$$c\left(\frac{mol}{L}\right)=\frac{d\times 1000\left(\frac{g}{L}\right)}{MW\left(\frac{g}{mol}\right)}\times wt\%\left(\frac{g}{g}\right) \tag{2.13}$$

$$c\left(\frac{mol}{L}\right)=\frac{1.84\left(\frac{g}{L}\right)\times 1000\times 0.98\left(\frac{g}{g}\right)}{98.08\left(\frac{g}{g}\right)}=18.39\left(\frac{mol}{L}\right) \tag{2.14}$$

通过式(2.15)求得出配制 6mol/500mL 溶液所需物质的量的必要体积。

$$V_1(L)\times c_1\left(\frac{mol}{L}\right)=V_2(L)\times c_2\left(\frac{mol}{L}\right) \tag{2.15}$$

稀释体积、稀释物质的量浓度

$$V_{储备液}(L)=\frac{溶液(L)\times 溶液(mol/L)}{储备液物质的量浓度\left(\frac{mol}{L}\right)} \tag{2.16}$$

$$V(L)=\frac{0.5(L)\times 6}{18.39}=0.163L 或 163mL \tag{2.17}$$

因此,为了获得 500mL 溶液,需要将 163mL 浓硫酸与 337mL 水(500~163mL)混合。硫酸在水中的溶解是一个放热过程,这可能会导致溶液飞溅,玻璃器皿会变得很热(不能使用塑料容器配制)。建议的步骤是先在 500mL 容量玻璃烧瓶中添加一些水,例如,约 250mL,然后添加浓酸,让混合物冷却、混合,再加入水。

2.2 滴定法测定分析物浓度

食品分析中有各种滴定标准法,如碘值滴定、过氧化值滴定和可滴定酸度滴定。滴定法涉及以下概念。

· 将已知浓度的试剂(即滴定剂)滴定到浓度未知的分析物溶液中,然后测量试剂溶液的消耗量。

· 在随后的反应中,试剂和分析物将转化为反应物。

· 当所有分析物滴定完时,系统会发生可测量的变化,例如,颜色或酸碱度的改变。

· 由于滴定剂的浓度已知,因此可以通过计算得到反应物的量。通过化学计量计算分析物的浓度,例如,当用碘滴定的时候,每 100g 样品吸收多少克碘;当用过氧化氢滴定时,每千克样品中过氧化物的毫克当量;或当滴定酸度时,计算每体积酸度的质量分数的值。

酸碱反应和氧化还原反应是两种广泛使用与滴定的反应。对于这两种反应类型,正态性(n)的概念起着一定的作用,其等同于每升溶液中的溶质当量数。当量数对应于酸碱反应转移的 H^+ 数和氧化还原反应转移的电子数。物质的量浓度等于物质的量浓度与当量数的乘积(对于低分子质量的常见酸和碱,数值通常为 1~3),因此其数值等于或高于物质的量浓度。例如,0.1mol/L 硫酸溶液视为 0.2mol,因为每个分子硫酸可以提供两个 H^+。此外,如式(2.18)所示,0.1mol/L NaOH 溶液仍视为 0.1mol:

$$当量浓度=物质的量浓度\times 当量数 \tag{2.18}$$

用当量浓度代替物质的量浓度,反应当量可通过式(2.15)来表示,即:

$$滴定液的体积\times滴定液物质的量浓度=分析液体积\times分析液物质的量浓度 \tag{2.19}$$

一些分析过程中(如滴定酸度)需要使用的是当量而不是分子质量。其数值可以通过将分子质量除以在反应过程中转移的当量数得到。

$$等效质量(g)=\frac{分子质量(\frac{g}{mol})}{当量数(mol)} \tag{2.20}$$

使用等效质量可以方便计算,因为它可以解释分析物的反应基团数量。对于硫酸,等效质量将变为 $\frac{98.08}{2}=49.04g/mol$,而对于 NaOH,由于它只有一个 OH 基团,它的等效质量等于分子质量。

我们通过乙酸与氢氧化钠在水溶液中的反应继续说明这一概念,如下:

$$CH_3COOH+NaOH \longrightarrow CH_3COO^-+H_2O+Na^+$$

以该反应作为定量醋中乙酸含量(以乙酸为主)的模板。

[例4]用1mol/L 的 NaOH 溶液滴定100mL 的醋(本书21.2描述了如何标准化滴定)。如果将18mL 的 NaOH 溶液滴定完,醋中相应的乙酸浓度是多少?

解:

反应方程表明,NaOH 和 CH_3COOH 的当量数均为1,因为它们都只有一个反应基,因此,它们的当量浓度和物质的量浓度是相等的。可用式(2.19)求解[例4],在这种情况下,结果当量浓度数值上等于物质的量浓度:

$$18(mL)\times1(\frac{mol}{L})=100(mL)\times乙酸溶液的物质的量浓度(\frac{mol}{L}) \tag{2.21}$$

$$醋中乙酸的物质的量浓度和当量浓度数值(\frac{mol}{L})=\frac{18(mL)}{100(mL)}\times1(\frac{mol}{L})=0.18(\frac{mol}{L}) \tag{2.22}$$

有些情况,例如,当氢氧化钠与苹果以及其他水果中的苹果酸反应时它们的反应的化学计量是不同的。

$$\begin{array}{l}COOH\\ |\\ CHOH\\ |\\ CH_2\\ |\\ COOH\end{array} +2NaOH \longrightarrow \begin{array}{l}COO^-\\ |\\ CHOH\\ |\\ CH_2\\ |\\ COO^-\end{array} +2Na^++2H_2O$$

[例5]假设用100mL 苹果汁滴定1mol/L NaOH 溶液,用量为36mL。苹果汁中苹果酸的物质的量浓度是多少?

解:

苹果酸含有两个羧基,因此每摩尔苹果酸需要两摩尔氢氧化钠溶液来完全电离它。因此,苹果酸的物质的量浓度是氢氧化钠物质的量浓度的两倍。同样,使用式(2.19)来求解[例5]:

$$36(mL)\times1(\frac{mol}{L})=100(mL)\times2\times苹果酸溶液的物质的量浓度(\frac{mol}{L}) \tag{2.23}$$

$$苹果汁中苹果酸的浓度(\frac{mol}{L})=\frac{36(mL)}{100(mL)}\times 1(\frac{mol}{L})\times\frac{1}{2}=0.18\left(\frac{mol}{L}\right) \tag{2.24}$$

这与上述乙酸值相同。然而,由于苹果酸具有两个羧基而不是一个羧基,因此需要两倍于氢氧化钠溶液的量。

那些用于计算物质的量浓度、物质的量浓度和酸度的表格、计算器以及其他计算工具都可以在出版物和网上获得。然而,对于科学家来说,真正重要的是了解所涉及反应的化学计量学和反应部分的反应特性以正确理解这些表。

正态性的概念也适用于只有电子而不是质子转移的氧化还原反应上。例如,重铬酸钾 $K_2Cr_2O_7$可以提供 6 个电子,因此溶液的物质的量浓度是其物质的量浓度的 6 倍。虽然国际理论和应用化学联合会(IUPAC)不鼓励应用"正态性"这一术语。由于它可以简化并且加速计算过程,这一概念在食品分析中普遍存在,关于正态性如何应用于计算滴定实验结果,详见本书第 21 章。

2.3 缓冲液的制备

缓冲剂是一种水溶液,含有弱酸及其相应碱或弱碱及其相应酸。缓冲液的作用是保持酸碱度恒定。在食品分析中,缓冲液常用于酶的活化以及滴定弱酸或弱碱。为了解释弱酸或弱碱及其带电对应物如何维持一定的酸碱度,关键在于定义中的"可比较物质的量"部分:要使缓冲液有效,其组分必须以一定的摩尔比存在。本节旨在指导如何解决缓冲剂的计算和准备问题。掌握缓冲液的计算不仅对于食品科学家来说是很重要,它的发展最初源于科学家对化学的理解。图 2.1 和图 2.2 所示为一个典型的缓冲系统以及往系统中引入强酸后对其的影响。

只有弱酸和弱碱才能形成缓冲液。强酸/弱酸/弱碱的区别是根据各自生成 H_3O^+或 OH^-的量来区分的。在食品中发现的大多数酸都是弱酸;因此,一旦达到平衡,只有微量的酸被分解,并且绝大多数酸处于初始的、未结合的状态。在本节中,我们将缓冲组分称为酸 AH、非缔合态和相应的碱 A^-解离态。平衡浓度可以测量,并以离解常数 K_a 或其以 10 为底的负对数 pK_a 值的形式公布。这些值可以在试剂制造商的网站以及许多其他网站和教科书上找到。表 2.2 所示为食品中或常用于制备缓冲液的一些常见酸的 pK_a 值,以及酸的分子质量和当量。然而,对于同一化合物,报告中的 K_a/pK_a 文献值可能不同。例如,对于 H_2PO^{4-}来说,它们的范围在 6.71~7.21。离解常数取决于体系的离子强度,即使它们不起缓冲作用,它们也影响着体系中所有离子浓度。此外,严格来说,缓冲系统中的 pH 是由活性决定的,而不是由浓度决定的[4]。然而,对于那些浓度小于 0.1mol/L 的溶液,特别是对于单价离子,其活性约等于浓度。对于 H_2PO^{4-},pH=7.21 是最适合稀释的 pH。对于用于培养基或细胞培养的缓冲液,系统通常包含几个盐成分,通常体系 pH 为 6.8。如果文献中指定了几个 pK_a,请尝试查找获得这些值的离子强度信息,并计算/估计要使用缓冲液的溶液的离子强度。然而,即使对于相同的离子强度,也可能有不同的公布值,这取决于分析方法。制备缓冲液时,应始终进行测试,必要时调整 pH,即使对于市售的仅需溶解的干缓冲液混合物也是如此。表 2.2 所示为适用于 25℃ 的温度和 0mol/L 以及 0.1mol/L 的离子强度条件。

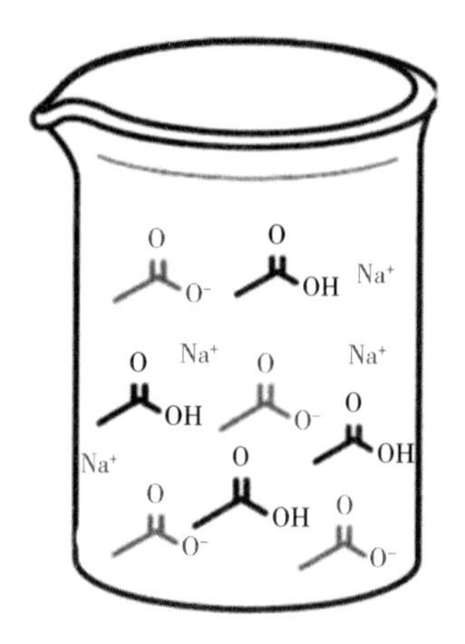

图 2.1 一种由乙酸(CH_3COOH)及其相应碱的盐乙酸钠($CH_3COO^-Na^+$)组成的缓冲溶液

在水溶液中,乙酸钠分解成 CH_3COO^-(乙酸酯离子)和 Na^+(钠离子),因此,这些离子被空间分离。钠离子不参与缓冲作用,将来可以忽略不计。注意,在我们的例子中,乙酸及其盐的浓度是相等的。典型的缓冲系统的浓度在 1~100mmol/L。

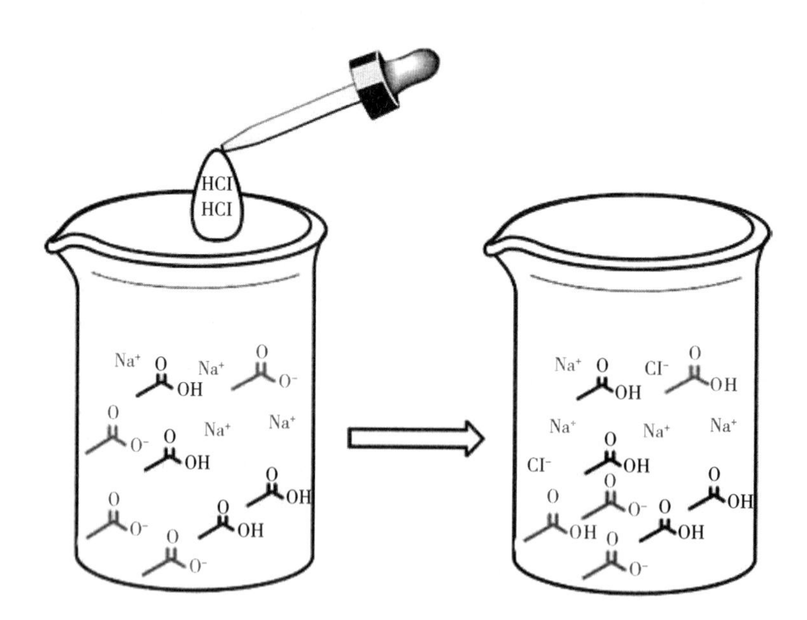

图 2.2 图 2.1 中缓冲液加入强酸 HCl 后引起的变化

HCl 可被认为完全分解成 Cl^- 和 H^+。由于 CH_3COO^- 是更强的碱,因此 H^+ 与 CH_3COO^- 而不是 H_2O 结合,从而形成额外的 CH_3COOH 而不是 H_3O^+,这改变了 CH_3COOH 和 CH_3COO^- 之间的比率,导致如[例 7]所示的溶液不同 pH 的问题。氯离子只是平衡电荷的抗衡离子,不参与缓冲反应,因此可以忽略不计。

表 2.1　　常见食品中酸的性质

	化学式	pK_{a_1}	pK_{a_2}	pK_{a_3}	相对分子质量	当量
乙酸	CH_3COOH	4.75②	—	—	60.06	60.06
碳酸	H_2CO3	6.4② 6.1③	10.3② 9.9③	—	62.03	31.02
柠檬酸	$HOOCCH_2C(COOH)OHCH_2COOH$	3.13② 2.9③	4.76② 4.35③	6.40② 5.70③	192.12	64.04
甲酸	HCOOH	3.75②	—	—	46.03	46.03
乳酸	$CH_3CH(OH)COOH$	3.86	—	—	90.08	90.08
苹果酸	$HOOCCH_2CHOHCOOH$	3.5② 3.24③	5.05② 4.68③	—	134.09	67.05
草酸	HOOCCOOH	1.25② 1.2③	4.27② 3.80③	—	90.94	45.02
磷酸	H_3PO_4	2.15② 1.92③	7.20② 6.71③	12.38② 11.52③	98.00	32.67
邻苯二甲酸钾	$HOOCC_6H_4COOK$	5.41②	—	—	204.22	204.22
酒石酸①	HOOCCH(OH)CH(OH)COOH	3.03	4.45	—	150.09	75.05

资料来源:摘自参考文献[1-2]。

①偶合常数值取决于立体异构体(D/L 与介子形式),其数值由 R,R 对映体(L 型)赋予。

②离子强度为 0mol/L 时。

③离子强度为 0.1mol/L 时。

最大缓冲容量始终出现在酸组分的 pK_a 值附近,在 pK_a 中,酸或相应碱的比率为 1∶1(不像通常错误地假设为 100∶0)。因此,某种确定酸或相应的碱基对适合缓冲 pK_a 的 pH 范围偏差值为±1。缓冲液的物质的量浓度是指酸和相应碱的浓度之和。缓冲液的最终 pH 由其浓度比控制,如 Henderson-Hasselbalch 方程所述:

$$pH = pK_a + \log\frac{[A^-]}{[AH]} \tag{2.25}$$

弱碱,如氨、NH_3,也可以与相应的碱形成缓冲液,在这种情况下,问题在于 NH_4^+ 所起到的作用。事实上 Henderson-Hasselbalch 方程并不会改变,因为 NH_4^+ 将起到酸的作用,表示 BH,碱 NH_3 表示为 B。酸组分总是能提供更多的 H^+。但是,你可以得到另一个方程:

$$pOH = pK_b + \log\frac{[BH^+]}{[B]} \tag{2.26}$$

接着将 pH 计算为 14-pOH。术语 pOH 是指当碱存在于系统中时,OH^-浓度会增大[4]。而由于 pK_b 通过 $14-pK_b=pK_a$ 与 pK_a 相联系,当使用式(2.25)和 BH^+代替 AH 以及用 B 代替 A^-可得出相同的结果。

以下是使用 Henderson-Hasselbalch 方程制备缓冲液的几个例子。

[例 6]将 36mL 0.2mol/L Na_2HPO_4溶液和 14mL 0.2mol/L NaH_2PO_4溶液混合,加水至

100mL,得到0.1mol/L缓冲液,所得缓冲液的pH是多少?

解:

使用Henderson-Hasselbalch方程需要知道酸性组分的pK_a值和两种缓冲组分的浓度。整理式(2.15),得:

$$\text{缓冲液中物质的量浓度}\left(\frac{mol}{L}\right)=\frac{\text{储存溶液物质的量浓度}\left(\frac{mol}{L}\right)\times\text{储存溶液体积}\left(\frac{mol}{L}\right)}{\text{缓冲液体积(L)}} \tag{2.27}$$

$$Na_2HPO_4\text{物质的量浓度}\left(\frac{mol}{L}\right)=\frac{0.2\left(\frac{mol}{L}\right)\times0.036(L)}{0.1(L)}=0.072\left(\frac{mol}{L}\right) \tag{2.28}$$

$$Na_2HPO_4\text{物质的量浓度}\left(\frac{mol}{L}\right)=\frac{0.2\left(\frac{mol}{L}\right)\times0.014(L)}{0.1(L)}=0.028\left(\frac{mol}{L}\right) \tag{2.29}$$

解决[例6]的另一个必要步骤是找到正确的pK_a。

$$H_3PO_4 \underset{K_{-1}}{\overset{K_1}{\rightleftharpoons}} H_2PO_4^- + H^+ \underset{K_{-2}}{\overset{K_2}{\rightleftharpoons}} HPO_4^{2-} \underset{K_{-3}}{\overset{K_3}{\rightleftharpoons}} PO_4^{3-} + H^+$$

在这个缓冲液中,H_2PO^{4-}也起到酸的作用,并且它比$HPO_4{}^{2-}$更能提供H^+。缓冲液中的酸性组分总是带有更多酸性H^+的组分。因此,相关的pK_a值为pK_2。如表2.2所示,该值为6.71。

[例6]的解决方案现在只需在式(2.25)中插入值:

$$pH=6.71+\log\frac{[0.072]}{[0.028]} \tag{2.30}$$

$$pH=6.71+0.41=7.12 \tag{2.31}$$

[例7]加入1mL 2mol/L HCl后,[例6]中缓冲液的pH将如何变化?(可以忽略添加HCl所引起的体积的微小变化)

解:用式(2.1)计算所需要提供的盐酸物质的量。由于HCl的pK_a值很高,$HPO_4{}^{2-}$是比H_2PO^{4-}更强的碱,因此HCl可以将$HPO_4{}^{2-}$转化为H_2PO^{4-}。这改变了[AH]:[A^-]的比率。计算新的比率时需要代入式(2.24)中,说明缓冲液的体积为0.1L并计算存在的$HPO_4{}^{2-}$和H_2PO^{4-}的量:

$$Na_2HPO_4\text{的物质的量浓度}=0.072\times0.1=0.0072(mol) \tag{2.32}$$

$$NaH_2PO_4\text{的物质的量浓度}=0.028\times0.1=0.0028(mol) \tag{2.33}$$

$$HCl\text{的物质的量浓度}(mol)=c\times V=0.0072(mol) \tag{2.34}$$

$$Na_2HPO_4\text{的物质的量浓度在加入盐酸后}(mol):0.0072-0.002=0.0052(mol) \tag{2.35}$$

$$NaH_2PO_4\text{的物质的量浓度在加入盐酸后}(mol):0.0028+0.002=0.0048(mol) \tag{2.36}$$

加入HCl后缓冲液的pH,通过式(2.1)将n转化为c:

$$pH=6.17+\log\frac{[0.052]}{[0.048]}=6.74 \tag{2.37}$$

注:由于等式变形中单位被消去,无论是否带入浓度或量,A^-与AH的比率都保持不变,因此式(2.1)中n不需要转换为c仍能得到正确结果。

[例8]制备250mL 0.1mol/L,pH为5的乙酸缓冲液。乙酸的pK_a为4.76(表2.2),乙

酸和乙酸钠的分子质量分别为 60.06g/mol 和 82.03g/mol。

解：

此例比[例 6]更复合实验室中的情况，需要缓冲液在一定的酸碱度下发挥作用，先查找 pK_a 值，并决定所需的物质的量浓度和体积。缓冲液的物质的量浓度等于$[A^-]+[AH]$的数值。为了解[例 8]，其中一个浓度需要用另一个浓度表示，这样使方程只包含一个未知量。对于这个例子，选择的是$[A^-]$，但是如果选择了$[AH]$结果将是相同的。将目标 pH(5)和 pK_a(4.76)一起代入式(2.25)：

$$\text{缓冲液物质的量浓度}\left(\frac{mol}{L}\right)=[AH]+[A^-] \tag{2.38}$$

$$0.1=[A^-]+[AH] \tag{2.39}$$

$$[A^-]=0.1-[AH] \tag{2.40}$$

$$5=4.76+\log\frac{0.1-[AH]}{[AH]} \tag{2.41}$$

$$0.24=\log\frac{0.1-[AH]}{[AH]} \tag{2.42}$$

$$1.7378=\frac{0.1-[AH]}{[AH]} \tag{2.43}$$

$$1.7378\times[AH]=0.1-[AH] \tag{2.44}$$

$$1.7378\times[AH]+[AH]=0.1 \tag{2.45}$$

$$[AH]\times(1.7378+1)=0.1 \tag{2.46}$$

$$[AH]=\frac{0.1}{1.7378+1} \tag{2.47}$$

$$[AH]=0.0365\left(\frac{mol}{L}\right) \tag{2.48}$$

$$[A^-]=0.1\sim0.0365=0.0653\left(\frac{mol}{L}\right) \tag{2.49}$$

制备这种缓冲液有 3 种方法：

(1)作为本书制备示范来配制 1L 0.1mol/L 乙酸和 0.1mol/L 乙酸钠溶液。乙酸钠是固体，可以直接称取 2.5g。用移液管吸取乙酸更容易。整理式(2.8)，以计算制备 1L 体积所需的浓乙酸体积(乙酸相对密度=1.05)。然后通过式(2.5)表示质量。

$$\text{乙酸钠质量}(g)=c\times V\times MW=0.1\left(\frac{mol}{L}\right)\times1(L)\times82\left(\frac{g}{mol}\right)=8.2(g) \tag{2.50}$$

$$\text{乙酸体积}(mL)=\frac{m(g)}{d\left(\frac{g}{mL}\right)} \tag{2.51}$$

$$\text{乙酸体积}(mL)=\frac{c\left(\frac{mol}{L}\right)\times V(L)\times MW\left(\frac{g}{mol}\right)}{d\left(\frac{g}{mL}\right)} \tag{2.52}$$

$$\text{乙酸体积}(mL)=\frac{60.06\left(\frac{g}{mol}\right)\times0.1\left(\frac{mol}{L}\right)\times1(L)}{1.05\left(\frac{g}{mL}\right)}=5.72(mL) \tag{2.53}$$

将上述质量的乙酸钠和乙酸分别溶解在1L水中,得到两个浓度为0.1mol/L的1L储备液。要计算如何混合储备液,要通过缓冲液的浓度,即从式(2.48)和式(2.49)中推算得到乙酸浓度0.0365$(\frac{mol}{L})$,乙酸钠浓度0.0635$(\frac{mol}{L})$以及式(2.15):

$$\text{乙酸储备液体积(L)}=\frac{\text{乙酸缓冲液物质的量浓度}\left(\frac{mol}{L}\right)\times\text{缓冲液体积(L)}}{\text{储存溶液物质的量浓度}(\frac{mol}{L})} \tag{2.54}$$

$$\text{乙酸储备液体积(L)}=\frac{0.0365\times0.25}{0.1}=0.091(L) \tag{2.55}$$

$$\text{乙酸钠储备液体积(L)}=\frac{0.0635\times0.25}{0.1}=0.159(L) \tag{2.56}$$

将0.091L的乙酸储备液和0.159L的乙酸钠储备液混合,得到0.25L的缓冲液,具有正确的pH和物质的量浓度。

(2)将适量的两种组分直接溶解在同一容器中,通过式(2.48)和式(2.49)计算得到缓冲液(即每升物质的量)中生成乙酸和乙酸钠的物质的量。与上面的方法(1)一样,应用式(2.5)和式(2.52)计算乙酸钠的m和乙酸的V,但这次使用0.25L的缓冲体积代入V中:

对于乙酸钠:

$$m(g)=c(\frac{mol}{L})\times V(L)\times MW(\frac{g}{mol})=0.0635\times0.25\times82.03=1.3(g) \tag{2.57}$$

对于乙酸:

$$V(mL)=\frac{c(\frac{mol}{L})\times V(L)\times MW(\frac{g}{mol})}{d(\frac{g}{mL})}=\frac{0.0365\times0.25\times60.02}{1.05}=0.52(mL) \tag{2.58}$$

将两种试剂溶解于同一个加入200mL水的玻璃器皿中,必要时调整pH,转移到容量瓶中后,最多可使用250mL。

注:最初溶解这些化合物的水量并不重要,但应大于总体积的50%。在某种程度上,缓冲液是独立于稀释的;但是,你既要确保完全溶解,又需要留出一些空间来调节酸碱度。

(3)用移液管吸取配制250mL 0.1mol/L乙酸溶液所需的乙酸量同时溶解于少于250mL(例如200mL)的溶剂中,然后逐滴添加浓NaOH溶液,直到达到pH为5,并将体积补充至250mL,乙酸的体积可类似地通过式(2.52)获得:

$$\text{乙酸体积(mL)}=\frac{c\times V\times MW}{d}=\frac{0.1\times0.25\times60.02}{1.05}=1.43(mL) \tag{2.59}$$

如果在线搜索缓冲液配方并在已发布的方法中查找,将发现上面描述的所有3种方法。例如,总膳食纤维的AOAC方法991.43涉及方法(3),它需要将19.52g 2-(N-吗啉)乙磺酸(MES)和12.2g 2-氨基-2-羟基甲基-丙烷-1,3-二醇(Tris)溶解在1.7L水中,用6mol/L NaOH溶液调节pH至8.2,然后将体积补充至2L。

然而,配制缓冲液最常见方法是方法(1),它的优点是一旦需要制备储备液,它们可以根据实验以不同的比例混合,以获得一系列的pH,它的缺点是,配制过程中如果需要调整

pH,则需要添加一些酸或碱,这会稍微改变体积,从而改变浓度。这个问题可以通过制备高浓度的储备液并向正确的体积中加水来解决。例如,[例6]中,将36mL和14mL的0.2mol/L储备液组合在一起,使其体积达到100mL,以得到0.1mol/L的缓冲液,这样,还可以纠正混合溶液时可能出现的体积收缩效应。储存溶液还有一个潜在缺点就是不便于长期保存。

2.4 缓冲液注意事项

在选择合适的缓冲体系时,酸组分的 pK_a 值是最重要的选择标准。但是,根据系统的不同,还需要考虑其他因素,具体如下(未按特定的重要性顺序列出)。

(1)缓冲成分需要完全地溶于水。有些化合物则需要加酸或碱才能完全溶解。

(2)缓冲配方可以包括不参与缓冲过程的盐,例如,用于磷酸盐缓冲盐的氯化钠。但是,添加这些盐会改变离子强度并影响酸的 pK_a。因此,在调整酸碱度之前,应将所有的缓冲成分都考虑进来。

(3)如果要在室温以外的温度下使用缓冲液,请在调整pH之前将其加热或冷却至预期温度。某些缓冲系统比其他系统受温度影响更大,因此建议经常检查溶液的pH和 pK_a。例如,2-[4-(2-羟乙基)哌嗪-1-基]乙磺酸[HEPES]是细胞培养实验中广泛使用的缓冲成分。在20℃下它的 pK_a 是7.55,但当温度从20℃升高到37℃时,pK_a 数值会以-0.014 △pH/℃改变。因此37℃下的 pK_a 值为:

$$37℃\text{ 下的 }pK_a = 20℃\text{ 下的 pH}- \triangle pH\times(T1-T2) \tag{2.60}$$

$$7.55\sim0.014\times(37\sim20)=7.31 \tag{2.61}$$

(4)在调整酸碱度之前,不要使缓冲液体积过大,为此,请使用相对浓缩的酸和碱,以便调节酸碱度所需的体积较小。

(5)确保缓冲液组分不与测试系统发生交互,这在活体系统(如细胞培养)中进行实验时尤其重要,尤其是在使用酶时,即使是体外系统也会受到交互的影响。例如,磷酸盐缓冲液容易与钙盐发生沉淀或是影响酶的功能。为此,有人研发了一系列具有磺酸和胺基的两性离子的缓冲剂,用于生理相关的pH测定。可通过Henderson-Hasselbalch方程描述的缓冲系统得出最适的pH与物质的量浓度的范围分别约为3~11和0.001~0.1mol/L。

(6)本章所述的计算和理论背景均适用于水相系统。如果希望在有机溶剂或水/有机溶剂混合物中制备缓冲液,请参阅相关文献。

(7)如果储存非高压缓冲液或盐溶液,请注意,随着时间的推移溶液可能会产生微生物生长或沉淀。使用前观察溶液,如有混浊或变色,应丢弃。如果选择高压灭菌,应检查缓冲组分是否适合高压灭菌。

(8)当为缓冲液的配制方法制定标准化操作流程时,应当包括所有相关细节(例如,试剂纯度)以及相关计算,细微的操作不当会导致缓冲液配制失败。

(9)有许多网络在线工具可以帮助你查到缓冲液配方,这样可以节省时间,并可以允许你进行验证计算,然而网上配方的内容不能完全代替所研究系统中的理论和细节。

2.5 思考题

(问题的答案见本书的第三部分。)

(1)①如何从固体盐开始制备500mL 0.1mol/L NaH_2PO_4溶液?

②当你在实验室寻找NaH_2PO_4时,会发现一个装有$NaH_2PO_4 \cdot 2H_2O$的罐子。你能用这种化学物质代替配制NaH_2PO_4来配制溶液吗?如果可以,你需要称多少?

(2)要配制150mL 10%*w/V*的氢氧化钠溶液,你需要称出多少克干燥的氢氧化钠粉末(分子质量40u)?

(3) 40%(*w/V*)氢氧化钠溶液的物质的量浓度是多少?

(4)中和200mL 2mol/L硫酸需要多少毫升当量浓度为10的氢氧化钠溶液?

(5)如何从浓盐酸开始制备250mL当量浓度为2的盐酸溶液?供应商声明其浓度为37%(*w/w*),相对密度为1.2。

(6)如何从浓乙酸(相对密度=1.05)开始制备1L ,0.04mol/L的乙酸浓度?供应商声明浓缩乙酸含量>99.8%,因此你可以假设其100%纯度。

(7)1%(*w/V*)乙酸溶液是否等同于0.1mol/L的乙酸溶液?通过计算说明你的答案。

(8) 10%(*w/V*) NaOH溶液与当量浓度为1的NaOH溶液相同吗?通过计算说明你的答案。

(9)0.2g重铬酸钾溶液(分子质量=294.185u)在100mL水中的物质的量浓度和物质的量浓度是多少?它是一种氧化剂,它的反应能转移6个电子。

(10)如何配制100mL的当量浓度为0.1的KHP溶液?注意:对于这个问题,只需要计算出要称出的量,而不需要解释如何将其标准化。本书第21章提供了有关如何将酸和碱标准化的更多信息。

(11)你想制作一个含有1000mmol/L Ca的原子吸收光谱测量标准。若要配制1000mL储备液需要称多少$CaCl_2$?Ca的原子质量单位为40.078,$CaCl_2$的分子质量为110.98u。

(12)概述如何在pH =5.5条件下制备用于酶促葡萄糖分析的250mL当量浓度为0.1mol/L乙酸缓冲液。

(13)用络合滴定法测定钙需要配制铵缓冲液,即在143mL浓氢氧化铵溶液[28%(*w/w*),相对密度=0.88;分子质量=17u;pK_b=4.74]中加入16.9g氯化铵(分子质量,53.49u)配制得到铵缓冲液,此外还需要添加1.179g $Na_2EDTA \cdot 2H_2O$(分子质量=372.24u)和780mg $MgSO_4 \cdot 7H_2O$(分子质量=246.47u)。将所有试剂混合后,将体积增加到250mL,此时EDTA和$MgSO_4$的物质的量浓度是多少,该缓冲液的pH是多少?

(14)实验室中有0.2mol/L的NaH_2PO_4和Na_2HPO_4储备液。

①计算需要称量多少量来制备0.5L 0.2mol/L $NaH_2PO_4 \cdot H_2O$(分子质量138u)和$Na_2HPO_4 \cdot 7H_2O$溶液(分子质量268u)。

②你要用这些储备液配制200mL pH为6.2的0.1mol/L的缓冲液,每种储备液你需要称量多少毫升?

③如果加入 1mL 6mol/L NaOH 溶液,pH 会如何变化(注:可以忽略体积变化)?

(15)Tris(2-氨基-2-羟基甲基-丙烷-1,3-二醇)是一种氨基化合物,适用于在生理 pH 范围内制备缓冲液,例如,膳食纤维分析。但是,其 pK_a 值易受温度影响。25℃时的 pK_a 值为 8.06,假设 pK_a 的下降值约为 0.023/℃,那么分别在 60℃和 25℃条件下,摩尔酸/碱比为 4∶1 的 Tris 缓冲液的 pH 是多少?

(16)甲酸铵缓冲液可用于液相色谱-质谱实验。如何用甲酸[pK_a=3.75,98%(*w/w*),相对密度=1.2]和甲酸铵(分子质量 63.06u)制备 1L pH=3.5、浓度为 0.01mol/L 的甲酸铵缓冲液?

注:可以忽略铵离子对酸碱度的影响,重点关注甲酸/甲酸阴离子的比例,计算时,可以将甲酸视为纯甲酸,即忽略质量分数。

相关资料

1. Albert A, Serjeant EP (1984) The determination of ionization constants. A laboratory manual, 3rd edn. Chapman and Hall, New York.
2. Harris, D (2015) Quantitative Chemical Analysis, 9th edn W. H. Freeman and Company, New York.
3. Harakany AA, Abdel Halim FM, Barakat AO (1984) Dissociation constants and related thermodynamic quantities of the protonated acid form of tris-(hydroxymethyl)-aminomethane in mixtures of 2-methoxyethanol and water at different temperatures. J. Electroanalytical Chemistry and Interfacial Electrochemistry 162:285~305.
4. Tyl C, Sadler GD (2017) pH and titratable acidity. Ch. 22. In: Nielsen SS(ed) Food analysis 5th edn. Springer, New York.

稀释和浓缩

3.1 引言

本章以第 1 章中提供的信息为基础,包括以下内容:

(1)食品分析中进行稀释和浓缩的原因;

(2)给定初始浓度和已知稀释/浓缩方案计算最终浓度的基本算法和策略(反之亦然);

(3)设计和执行稀释以获得标准曲线的策略;

(4)例题与思考题

这些信息将在食品分析课程(如家庭作业、实验室和考试)中反复使用。更重要的是,本章所述原则对于食品科学的几乎所有实验室或实验工作都是必不可少的,包括品质保证/品质控制、食品标签分析和产品配方等。

3.2 稀释和浓缩的原因

进行稀释和浓缩有多种原因,包括如下。

(1)稀释

①样品中分析物的浓度过高,需要降低到特定方法/仪器的操作范围或最佳范围内。

②样品中分析物的浓度过高,需要降低至特定方法/仪器的线性区域内或降低至确定的标准曲线范围内[思考题(5)和(7)]。

③将背景基质稀释至不干扰分析的水平。

④添加试剂,通过增加体积稀释样品。

⑤溶剂萃取,使用大量溶剂稀释样品,以便将分析物从样品转移到溶剂中[思考题(1)]。

(2)浓缩

①样品中分析物的浓度过低,需要增大到特定方法/仪器的操作范围或最佳范围内。

②样品中分析物的浓度过低,需要增大到特定方法的线性区域内或确定的标准曲线范

围内[思考题(1)]。

③萃取后溶剂的蒸发[思考题(1)]。

3.3 使用玻璃量器进行稀释和浓缩

第1章介绍了实验室玻璃器皿的使用。然而,一些对于稀释和浓缩的计算非常重要的关键点需要再次强调。

(1)A级玻璃容量瓶用于将样品或溶液带至已知的“可容纳(TC)”体积。

(2)A级玻璃移液管用于转移(传送)已知“传递(TD)”体积的样品。

(3)其他类型的移液管(非A级玻璃移液管、可调移液管、自动移液管、簧片移液管、刻度测量移液管)和其他玻璃器皿(刻度量筒、烧杯等)的精密度和准确度较低,不应用于测量需要定量的体积。

(4)稀释可以用“稀释至”或“稀释至最终体积”或“用……稀释”来描述。这些术语非常不同(定义见第1章)。要正确执行实验步骤和计算,了解这些稀释类型之间的差异至关重要。

3.4 稀释和浓缩的计算

3.4.1 简介

涉及稀释或浓缩的计算对于定量检测至关重要。许多分析方法(如分光光度法、色谱法、滴定法、蛋白质测定法等)是对稀释或浓缩后的样品进行检测的,分析结果必须转换为未稀释或未浓缩样品中的浓度,以便于标记或研究。使用这些计算的实例包括但不限于:

(1) 制作标准曲线[思考题(3)和(4)]。

(2)确定在特定范围内获得样品浓度所需的稀释度[思考题(5)和(7)]。

(3)确定从储备标准溶液制备标准曲线浓度范围所需的稀释范围[思考题(5)和(7)]。

(4)用于将从稀释或浓缩样品获得的分析结果转换为未稀释或浓缩的食品[思考题(1)和(6)]。

3.4.2 浓度的表达

样品或溶液中分析物浓度的定义如下:

$$c = \frac{X}{m} \text{或} c = \frac{X}{V} \tag{3.1}$$

式中 c——浓度;

X——分析物的量,g、mol等;

V——样品体积;

m——质量。

注:浓度也可以表示为质量/质量,质量/体积,或体积/体积。简单说5%乙醇是不明确的,它可以表示5% ,w/w,

w/V,或者 V/V。因此“%”的典型表示方法应有伴随的注释(w/w,w/V 等),用以说明“%”的含义。

$$X = cm \text{ 或 } X = cV \tag{3.2}$$

在稀释或浓缩的每一步中,样品或溶液的一部分(质量或体积)会被外加的液体稀释或减少体积。在稀释或浓缩过程中,样品的质量、体积和浓度会变化,但样品中分析物的量(mol,g 等)保持不变。因此,以下公式是正确的:

$$X_1 = X_2 \tag{3.3}$$

式中 X_1——稀释或浓缩步骤之前样品中分析物的量;

X_2——稀释或浓缩步骤之后样品中分析物的量。

[例 1]假设将 168mg 硫胺素溶解到最终体积 150mL,获得硫胺素储备液,将 0.25mL 储备液加到容量瓶里,再加入水,最终体积为 200mL。硫胺素储备液的浓度是:

$$c = \frac{168\text{mg 硫胺素}}{150\text{mL 溶液}} = \frac{1.12\text{mg 硫胺素}}{\text{mL 溶液}}$$

被稀释的 0.25mL 溶液中硫胺素的量:

$$X = (0.25\text{mL 溶液})\left(\frac{1.12\text{mg 硫胺素}}{\text{mL 溶液}}\right)$$

$$= 0.28\text{mg 硫胺素}$$

注意,我们仅关注被稀释/浓缩的样品(本例中 0.25mL)中分析物的量,而不是全部原始样品(本例中 150mL)中分析物的量。当 0.25mL 储备液(共包含 0.28mg 硫胺素)被稀释到最终体积 200mL 后,由于添加的水中不含硫胺素,因此硫胺素的总量(0.28mg)不变。因此:

$$X_1 = X_2 = 0.28\text{mg 硫胺素}$$

但是硫胺素的浓度发生了变化,因为现在 0.28mg 硫胺素的溶解体积是 200mL,而不是 0.25mL。

$$c = \frac{X}{V} = \frac{0.28\text{mg 硫胺素}}{200\text{mL 溶液}} = \frac{0.0014\text{mg 硫胺素}}{\text{mL 溶液}}$$

这样硫胺素溶液就被稀释了,因为它的最终浓度(0.0014mg/mL)小于初始浓度(1.68mg/mL)。

“浓度”和“量”是非常不同的概念。浓度是分析物的量与样品的量的比值。样品中分析物的浓度(mg/mL, mol/L 等)不依赖于样品的量。

[例 2]如果苹果酱样品中农药的浓度为 2.8μg/kg,该农药在苹果酱中均匀分布,因此无论分析的是 1μg、1mg、1g、1kg、1mL 还是 1L 苹果酱,该农药的浓度均为 2.8μg/kg。然而,分析物的总量取决于样品量的大小。我们可以很容易地看到,0.063kg 和 2.2kg 苹果酱含有相同浓度的农药,但总量却大不相同。

$$X = cm \tag{3.4}$$

$$0.063\text{kg 苹果酱}\left(\frac{2.8\mu\text{g 农药}}{\text{kg 苹果酱}}\right) = 0.176\mu\text{g 农药}$$

$$2.2\text{kg 苹果酱}\left(\frac{2.8\mu\text{g 农药}}{\text{kg 苹果酱}}\right) = 6.16\mu\text{g 农药}$$

一旦知道了样品或溶液的浓度,就可以提取样品的任何部分或全部。这会改变分析物的量,但不会改变浓度。然后,稀释或浓缩所选的等分样品会改变分析物的浓度,但不会改变其量。必须深入地理解这两个关键概念,才能掌握稀释和浓缩的概念。由于分析物的总量在每个步骤中都不会改变,因此可以推导出以下公式:

$$X_i = X_f \tag{3.5}$$

$X = cm$ 或者 $X = cV$,因此,

$$c_i V_i = c_f V_f \text{或者} c_i m_i = c_f m_f \tag{3.6}$$

i = 起始(稀释或浓缩前)

f = 最终(稀释或浓缩后)

3.4.3 正向计算

如果在稀释中已知稀释前或稀释后的浓度和质量或体积,则初始浓度和最终浓度之间的关系可用于确定初始浓度和/或最终浓度。如果已知起始浓度,则可计算最终浓度(正向计算):

$$c_f = \frac{c_i V_i}{V_f} \text{或} c_f = \frac{c_i m_i}{m_f} \tag{3.7}$$

同样,如果知道最终浓度,则可以计算起始浓度(反向计算)。由此关系可知,最终浓度可表示为初始浓度乘以初始浓度与最终浓度之比(或反之,用于计算初始浓度):

$$c_f = \frac{c_i V_i}{V_f} = c_i\left(\frac{V_i}{V_f}\right) \text{或} c_f = \frac{c_i m_i}{m_f} = c_i\left(\frac{m_i}{m_f}\right) \tag{3.8}$$

最终体积、质量或浓度与初始值之比称为稀释的"倍数"。每个步骤的起始和最终质量或体积之比称为该步骤的稀释系数(DF)(见思考题 2):

$$DF = \frac{V_i}{V_f} \tag{3.9}$$

最终浓度是初始浓度和 DF 的乘积(DF 是一个"乘数",可用于将初始浓度转换为最终浓度):

$$c_f = \frac{c_i V_i}{V_f} = c_i\left(\frac{V_i}{V_f}\right) = c_i(DF) \tag{3.10}$$

DF 的另一种含义是每一步的最终浓度和初始浓度之比:

$$DF = \frac{c_f}{c_i} \tag{3.11}$$

适用于术语"稀释系数"的一些惯例如下。

(1)DF 总是指前进方向(初始质量或体积除以每个步骤的最终质量或体积)。

(2)即使该步骤是浓缩,也经常使用术语 DF;另一个较不常用的术语"浓度因子"。

(3)因为 DF 是初始浓度的倍数:①如果步骤是稀释,$DF<1$($c_f<c_i$)。②如果步骤是浓缩,$DF>1$($c_f>c_i$)。稀释液的"倍数"或"×"定义如下:

$$稀释“倍数”或“\times” = \frac{1}{DF} \tag{3.12}$$

[例 3]对于上文所述的硫胺素溶液,如果将 1mL 溶液添加到 10mL 容量瓶中并稀释至刻度,则最终体积与初始体积之比为 10 : 1 或“10 倍”或“10×”稀释,因此最终浓度比初始浓度低 10 倍(10)或是其 1/10:

$$c_f = \frac{c_i V_i}{V_f} = c_i\left(\frac{V_i}{V_f}\right) = \frac{1.12\text{mg 硫胺素}}{\text{mL 溶液}}\left(\frac{1\text{mL}}{10\text{mL}}\right) = \frac{0.112\text{mg 硫胺素}}{\text{mL 溶液}}$$

对于 10 倍稀释:

$$稀释“倍数”或“\times” = \frac{1}{DF}$$

$$DF = \frac{1}{稀释“倍数”或“\times”}$$

$$DF = \frac{1}{10} = 0.1$$

$$c_f = c_i(DF) = \frac{1.12\text{mg 硫胺素}}{\text{mL 溶液}}(0.1) = \frac{0.112\text{mg 硫胺素}}{\text{mL 溶液}}$$

如上所述,注意这与向 1mL 硫胺素溶液中添加 10mL 水不同,后者使最终体积为 11 倍或 11×稀释:

$$c_f = c_i\left(\frac{V_i}{V_f}\right) = \frac{1.12\text{mg 硫胺素}}{\text{mL 溶液}}\left(\frac{1\text{mL}}{1\text{mL}+10\text{mL}}\right)$$

$$= \frac{1.12\text{mg 硫胺素}}{\text{mL 溶液}}\left(\frac{1\text{mL}}{11\text{mL}}\right) = \frac{0.102\text{mg 硫胺素}}{\text{mL 溶液}}$$

对于浓缩过程,除了分析物浓度从初始浓度增高到最终浓度外,计算方法相同。例如,假设将 12.8mL 硫胺溶液(通过煮沸、冷冻干燥、旋转蒸发等)减少到 3.9mL。最终浓度为:

$$c_f = c_i\left(\frac{V_i}{V_f}\right) = \frac{1.12\text{mg 硫胺素}}{\text{mL 溶液}}\left(\frac{12.8\text{mL}}{3.9\text{mL}}\right)$$

$$= \frac{3.68\text{mg 硫胺素}}{\text{mL 溶液}}$$

注意质量可以替代体积:

$$c_i m_i = c_f m_f \tag{3.13}$$

此外,质量和体积可以同时使用:

$$c_i m_i = c_f V_f \tag{3.14}$$

$$或者\ c_i V_i = c_f m_f \tag{3.15}$$

[例 4]假设每克大豆油含有 175mg 油酸,用己烷稀释 2.5g 大豆油至 75mL 的最终体积。最终溶液中油酸的浓度可测定如下:

$$c_i m_i = c_f V_f$$

$$c_f = c_i\left(\frac{m_i}{V_f}\right) = \frac{175\text{mg 油酸}}{\text{g 大豆油}}\left(\frac{2.5\text{g 大豆油}}{75\text{mL}}\right)$$

$$= \frac{5.83\text{mg 油酸}}{\text{mL}}$$

3.4.4 反向计算

到目前为止的例子都涉及“正向”计算[从已知初始浓度计算最终浓度,见思考题(3)和(4)]。然而,许多食品分析计算将涉及“反向”计算[从通过分析稀释或浓缩样品获得的最终浓度计算初始样品浓度,见思考题(1)和(6)]。该计算与“正向”计算相反,用最终浓度来计算初始浓度:

$$c_i V_i = c_f V_f \text{或者} \quad c_i m_i = c_f m_f, \text{所以}$$

$$c_i = \frac{c_f V_f}{V_i} = c_f\left(\frac{V_f}{V_i}\right) \text{或} c_i = \frac{c_f m_f}{m_i} = c_f\left(\frac{m_f}{m_i}\right) \tag{3.16}$$

注意,为了反向计算,我们翻转 DF:

$$c_i = \frac{c_f V_f}{V_i} = c_f\left(\frac{V_f}{V_i}\right) = c_f\left(\frac{1}{DF}\right) \quad \text{或者}$$

$$c_i = \frac{c_f m_f}{m_i} = c_f\left(\frac{1}{DF}\right) \tag{3.17}$$

[例 5]假设在 35mL 苹果汁样品中加入 50mL 水(因此,初始体积=35mL,最终体积=85mL),滴定表明稀释后的样品中苹果酸的浓度为 0.24%(w/V)。未稀释的果汁中苹果酸的浓度是多少?这可以使用式(3.17)确定:

$$c_i = c_f\left(\frac{V_f}{V_i}\right) = 0.24\%(w/V)\left(\frac{85\text{mL}}{35\text{mL}}\right) = 0.583\%(w/V)$$

浓缩的一个特殊情况是溶液完全蒸发或干燥(这样就没有液体残留,只有不挥发的溶质),然后用比初始体积小的液体进行复溶。从技术上讲,这是由两个不同的步骤组成的:浓缩步骤(干燥样品或溶液直到只剩下溶质,通常是很小的质量),然后是稀释步骤(将剩余的干物质稀释到一定体积)。

[例 6]假设 10mL 苹果汁(含有 0.025g 苹果酸/mL)被冷冻干燥,留下 0.09g 的残渣。然后用水将残渣重新组成 3mL 的最终体积。最终溶液中苹果酸的浓度是多少?对于第一步,问题设置为:

$$c_f = c_i\left(\frac{V_i}{V_f}\right) = \frac{0.025\text{g 苹果酸}}{\text{mL 果汁}}\left(\frac{10\text{mL 果汁}}{0.09\text{g 残渣}}\right) = \frac{2.78\text{g 苹果酸}}{\text{g 残渣}}$$

第二步,问题设置为:

$$c_f = c_i\left(\frac{V_i}{V_f}\right) = \frac{2.78\text{g 苹果酸}}{\text{g 残渣}}\left(\frac{0.09\text{g 残渣}}{3\text{mL}}\right) = \frac{0.0833\text{g 苹果酸}}{\text{mL}}$$

然而,在实际实验室操作中,这通常被视为一个步骤(从初始体积开始,到最终稀释体积结束),原因有两个:首先,整个干燥的样品通常是复溶的,因此第一步的最终质量和第二步的初始质量是相同的,因此在计算中相互抵消。第二,对于大多数涉及溶液的浓度,完全干燥后剩余的溶质质量太小,无法用大多数食品分析实验室常见的天平精确测量,很难准确地取出所有残留物进行称重。因此,这些问题通常通过以下步骤来解决:

$$c_f = c_i\left(\frac{V_i}{V_f}\right) = \frac{0.025\text{g 苹果酸}}{\text{mL 果汁}}\left(\frac{10\text{mL 果汁}}{3\text{mL}}\right)$$
$$= \frac{0.0833\text{g 苹果酸}}{\text{mL}}$$

只要复溶整个残留物,计算就可以作为一个步骤进行。

3.4.5 多级稀释和浓缩

到目前为止,我们只处理一步稀释和浓缩。然而,现实的分析应用中往往要求进行几次稀释和/或浓缩[见思考题(1)、(2)和(6)]。解决这个问题有两种方法。假设使用以下3种稀释液:

步骤1: $c_1 \rightarrow c_2$ 通过执行 $V_1 \rightarrow V_2$

步骤2: $c_2 \rightarrow c_3$ 通过执行 $V_3 \rightarrow V_4$

步骤3: $c_3 \rightarrow c_4$ 通过执行 $V_5 \rightarrow V_6$

显而易见的方法是求解第一步的最终(或初始)浓度,使用第一步的最终(或初始)浓度作为第二步的初始(或最终)浓度,依次类推:

$$c_2 = c_1\left(\frac{V_1}{V_2}\right) c_3 = c_2\left(\frac{V_3}{V_4}\right) c_4 = c_3\left(\frac{V_5}{V_6}\right)$$

这可能很耗时。此外,执行多次计算可能会引入舍入误差,并增加产生其他误差的概率。注意,可以用一步计算浓度的公式代替下一步计算浓度的值:

$$c_2 = c_1\left(\frac{V_1}{V_2}\right) c_3 = c_2\left(\frac{V_3}{V_4}\right) c_4 = c_3\left(\frac{V_5}{V_6}\right)$$

$$c_2 = c_1\left(\frac{V_1}{V_2}\right)$$

$$c_3 = c_2\left(\frac{V_3}{V_4}\right) = \left[c_1\left(\frac{V_1}{V_2}\right)\right]\left(\frac{V_3}{V_4}\right)$$

$$c_4 = c_3\left(\frac{V_5}{V_6}\right) = \left[c_1\left(\frac{V_1}{V_2}\right)\left(\frac{V_3}{V_4}\right)\right]\left(\frac{V_5}{V_6}\right)$$

因此,只要有每个步骤的体积(或质量),就可以将这个多步骤计算简化为一个步骤计算,直接从初始浓度到最终浓度(反之亦然),当正向计算(从初始样品到最终溶液)时,初始浓度乘以一系列每个步骤的稀释系数,初始质量/体积除以每个步骤的最终质量/体积。如果有 n 个步骤的稀释或浓缩方案,我们设置计算:

步骤1: $c_i \rightarrow c_2$ 通过执行 $V_1 \rightarrow V_2$

步骤2: $c_2 \rightarrow c_3$ 通过执行 $V_3 \rightarrow V_4$

以此类推,直到最后步骤:

步骤3: $c_3 \rightarrow c_f$ 通过执行 $V_{k-1} \rightarrow V_k$

然后,可以得到一个多步骤正向计算的公式:

$$c_f = c_i\left(\frac{m\text{ 或 }V_1}{m\text{ 或 }V_2}\right)\left(\frac{m\text{ 或 }V_3}{m\text{ 或 }V_4}\right)\cdots\left(\frac{m\text{ 或 }V_{k-1}}{m\text{ 或 }V_k}\right)$$
$$= c_i(DF_1)(DF_2)\cdots(DF_n) \tag{3.18}$$

可以合并每一步的 DF,得到整体 $DF(DF_{\Sigma})$,来简化这一计算过程:

$$DF_{\Sigma} = (DF_1)(DF_2)\cdots(DF_n) \tag{3.19}$$

$$c_f = c_i(DF_{\Sigma}) \tag{3.19}$$

从最终溶液到初始样品,计算结果是相反的:初始浓度乘以每个步骤的稀释系数,最终质量/体积除以每个步骤的初始质量/体积。多步骤反向计算的一般公式是:

$$\begin{aligned} c_i &= c_f\left(\frac{m\text{ 或 }V_2}{m\text{ 或 }V_1}\right)\left(\frac{m\text{ 或 }V_4}{m\text{ 或 }V_3}\right)\cdots\left(\frac{m\text{ 或 }V_k}{m\text{ 或 }V_{k-1}}\right) \\ &= c_f\left(\frac{1}{DF_1}\right)\left(\frac{1}{DF_2}\right)\cdots\left(\frac{1}{DF_n}\right) \end{aligned} \tag{3.20}$$

$$c_i = c_f\left(\frac{1}{DF_{\Sigma}}\right) \tag{3.21}$$

$$DF_{\Sigma} = \frac{c_f}{c_i}$$

这种在一个步骤中解决稀释或浓缩问题的方法可用于稀释、浓缩过程和同时涉及稀释和浓缩的混合过程。

[例 7]假设将 0.56g 绿茶提取物在沸水中稀释至 500mL,将 25mL 所得溶液与 100mL 磷酸盐缓冲液混合,将 75mL 该溶液冷冻干燥,将残余物溶解至甲醇中,最终体积 50mL,然后将该溶液与 50mL 乙醚混合。通过高效液相色谱分析咖啡因的最终浓度为 12.9μg/mL。绿茶提取物中的咖啡因浓度是多少(μg/g)?

可以这样设置问题:

步骤 1:c_i=? 0.56g(m_1)稀释至 500mL(V_2)

步骤 2:25mL(V_3)稀释至 125mL(V_4,25mL+100mL)

步骤 3:75mL(V_5)浓缩到 50mL(V_6)

步骤 4: 50mL (V_7)稀释至 100mL(V_8,50mL+50mL),

$$c_f = \left(\frac{12.9\mu g}{mL}\right)$$

这个计算是从最终浓度到起始浓度的逆反向计算:

$$\begin{aligned} c_i &= c_f\left(\frac{m\text{ 或 }V_2}{m\text{ 或 }V_1}\right)\left(\frac{m\text{ 或 }V_4}{m\text{ 或 }V_3}\right)\cdots\left(\frac{m\text{ 或 }V_k}{m\text{ 或 }V_{k-1}}\right) \\ &= c_f\left(\frac{1}{DF_1}\right)\left(\frac{1}{DF_2}\right)\cdots\left(\frac{1}{DF_n}\right) \end{aligned}$$

这里有 4 个步骤,所以必须有 4 个单独的 DF(这是确保正确处理问题的一个好方法;使用的 DF 数量是否等于步骤数量?)

$$c_i = c_f\left(\frac{\text{或 }V_2}{\text{或}V_1}\right)\left(\frac{\text{或 }V_4}{\text{或}V_3}\right)\left(\frac{\text{或 }V_6}{\text{或}V_5}\right)\left(\frac{\text{或 }V_8}{\text{或}V_7}\right)$$

$$\begin{aligned} c_i &= \frac{12.9\mu g\text{ 咖啡因}}{mL}\left(\frac{500mL}{0.56g\text{ 绿茶提取物}}\right)\left(\frac{125mL}{25mL}\right)\left(\frac{50mL}{75mL}\right)\left(\frac{100mL}{50mL}\right) \\ &= \frac{76,800\mu g\text{ 咖啡因}}{g\text{ 绿茶提取物}} \end{aligned}$$

另一种确保计算正确的方法是为每个解决方案分配一个字母或数字,这些解决方案应与单位一起“相互抵消”。如果单位和/或溶液标识没有正确抵消,则一个或多个浓度、体积或质量使用错误。对于这个问题,可以确定如下解决方案:

步骤 1:c_i =0.56g?(m_1)稀释至 500mL(V_2,溶液 A)

步骤 2:25mL(V_3,溶液 A)稀释至 125mL(V_4,溶液 B,25mL+100mL)

步骤 3:75mL(V_5,溶液 B)浓缩到 50mL(V_6,溶液 C)

步骤 4:50mL (V_7,溶液 C)稀释至 100mL(V_8,溶液 D,50mL+50mL)

$$c_f = \left(\frac{12.9\mu\text{g}}{\text{mL}}\right)$$

问题的解决方法与确定的解决方案相同:

$$\begin{aligned} c_i &= \frac{12.9\mu\text{g 咖啡因}}{\text{mL 溶液 D}}\left(\frac{500\text{mL 溶液 A}}{0.56\text{g 绿茶提取物}}\right)\left(\frac{125\text{mL 溶液 B}}{25\text{mL 溶液 A}}\right)\left(\frac{50\text{mL 溶液 C}}{75\text{mL 溶液 B}}\right)\left(\frac{100\text{mL 溶液 D}}{50\text{mL 溶液 C}}\right) \\ &= \frac{76785.7\mu\text{g 咖啡因}}{\text{g 绿茶提取物}} \end{aligned}$$

3.5 特殊案例

3.5.1 提取

有几个特殊的稀释案例值得特别提及:提取和均化/混合。关于提取,通常使用一种对被分析物具有高度亲和力的溶剂[例如,脂质在非极性溶剂(如己烷或氯仿)中比在食品中更易溶解,因此用这些溶剂从食品中“提取”脂质]从样品中提取分析物。溶剂通常与整个样品不相溶。这意味着样品和溶剂不能混合,可以通过离心或使用分液漏斗轻松分离。大部分分析物被转移到溶剂中,而大部分样品留在后面。为了稀释和浓缩的目的,假设 100% 的所需分析物从样品定量转移到溶剂中[见思考题(1)]。虽然这一假设从来都不是真的,但它对于我们的目的是必要的。随后可对萃取溶剂实施进一步稀释和/或浓缩。

在某些情况下,使用一个提取步骤。在这种情况下,样品与溶剂混合,以实现从溶剂中转移(提取)分析物的目的。然后分离样品和溶剂。这与我们之前所做的简单稀释问题不同,因为只有分析物被转移到溶剂中,样品仍然留在后面。然而,原理仍然是相同的:假设样品中 100%的分析物现在存在于溶剂中,我们可以使用前面讨论过的式(3.16)和式(3.17)。

[例 8]假设花生酱含有 0.37g 脂肪/g,用 100mL 己烷萃取 1.4g 花生酱。己烷中脂肪的浓度是多少(假设己烷的体积不会改变)?这个问题可以用标准程序来解决:

$$c_f = c_i\left(\frac{m_i}{V_f}\right) = \frac{0.37\text{g 脂肪}}{\text{g 花生酱}}\left(\frac{1.4\text{g 花生酱}}{100\text{mL}}\right) = \frac{0.00518\text{g 脂肪}}{\text{mL}}$$

请注意,这与将整个样品稀释到溶剂中的情况相同,但对于提取而言,实际上只转移了部分样品(但可能转移了所有分析物)。

实际上,只有一部分(通常未知)的分析物从样品转移到溶剂中。为了克服这一点,经常重复提取。这与单次萃取相同,只是每次用新鲜溶剂重复萃取,并且将每次萃取的溶剂体积组合成单次萃取。在这种情况下，可以将其视为单一萃取，其中组合溶剂体积为最终体积，再次假设 100%的分析物转移到溶剂中。

[例 9]假设调整上述花生酱实例，使花生酱用 75mL 新鲜己烷萃取 3 次，并将 3 种提取物合并。己烷中脂肪的浓度是多少？

此例中，最终体积为 3×75mL=225mL。

$$c_f = c_i\left(\frac{m_i}{V_f}\right) = \frac{0.37\text{g 脂肪}}{\text{g 花生酱}}\left(\frac{1.4\text{g 花生酱}}{225\text{mL}}\right) = \frac{0.00230\text{g 脂肪}}{\text{mL}}$$

萃取程序通常规定萃取溶剂在萃取后达到已知的最终体积。这说明了萃取过程中溶剂的潜在损失，或由于样品成分的萃取而导致体积的显著变化，同时也提高了萃取的精密度和准确度。这可以通过简单地将这个最终体积作为稀释计算的最终体积来处理。

[例 10]假设调整上述花生酱示例，将花生酱用 100mL 己烷萃取 2 次，并将汇集的己烷萃取液稀释至最终体积 250mL。己烷中脂肪的浓度是多少？

在这种情况下，最终体积将简单地为 250mL，因为汇集的提取物（约 200mL）进一步用约 50mL 稀释到 250mL 的准确总体积。然后，问题将如上所述解决，使用 250mL 作为最终体积。

总之，萃取可以被认为是稀释（或浓缩），最终体积是溶剂的总体积。无论萃取的次数如何，只要保留了从样品中提取的所有溶剂，并且知道提取样品的最终体积，就可以将其视为单一步骤。提取后，可对提取物进行稀释或浓缩；这些稀释或浓缩被当作任何其他稀释或浓缩处理。

3.5.2 均质/调配/混合

另一个需要考虑的操作是均质、调配和混合。通常，样品需要分散或混合到溶剂中以制备样品。这通常是使用实验室搅拌器、食品处理器、均质机、气孔器、声波发生器等完成的。这些过程通常不能在玻璃量器中完成。此外，从计算的角度来看，这些过程的问题在于固体与液体的均质、调配和混合通常会改变样品的体积。

[例 11]假设在 100mL 磷酸盐缓冲液中对 2.5g 干酪（体积未知）进行均质。最终体积是多少？液体的最终体积将大于 100mL，不容易用玻璃量器测量。因此，在本例中，最终体积未知。这对精确的稀释计算提出了挑战。这一过程通常与上述萃取过程相似：样品均质，定量转移到量器中，然后用用于均质的相同溶剂稀释到已知的最终体积。

[例 12]假设 22.7g 剑鱼鱼片与 150mL 变性缓冲液用实验室搅拌器均质。均质后，将液体倒入 500mL 烧瓶中。用新鲜变性缓冲液（约 25mL）冲洗搅拌机，冲洗液也倒入烧瓶中。用变性缓冲液将烧瓶内溶液体积增大到满刻度。稀释匀浆中甲胺的浓度为 0.92μmol/mL。鱼中甲胺的浓度是多少？

在这种情况下，均质过程总体上是将 22.7g 鱼稀释成 500mL 最终体积。因此，计算如下：

$$c_i = c_f\left(\frac{V_f}{V_i}\right) = \frac{0.92\mu\text{mol 甲胺}}{\text{mL}}\left(\frac{500\text{mL}}{22.7\text{g 鱼肉}}\right)$$

$$= \frac{20.3\mu\text{mol 甲胺}}{\text{g 鱼肉}}$$

总之,混合过程可以被认为是稀释(或浓缩)步骤,最终体积是溶剂的总体积。无论涉及多少步骤,只要保留整个样品的所有匀浆,并且知道稀释样品的最终体积,就可以将其视为单个步骤。记住,混合和定量稀释后,可进行随后的稀释或匀浆浓度,并将其作为任何其他稀释或浓度处理。

3.6 标准曲线

分析时通常需要一条标准曲线,这是一组含有不同浓度分析物的溶液。通常,制备含有高浓度分析物的储备液,并进行各种稀释以获得所需的标准曲线溶液[见思考题(3)、(4)、(5)和(7)]。这些稀释可通过连续稀释[图 3.1(1)]或平行稀释[图 3.1(2)]进行。

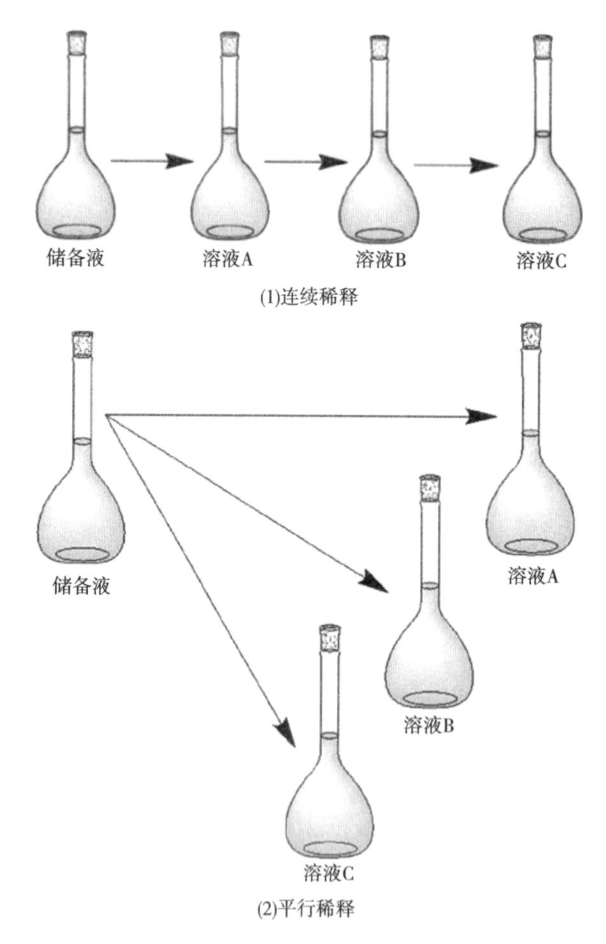

图 3.1 标准曲线稀释方案示例

[例 13]假设按如下顺序连续稀释 1mol/L 柠檬酸溶液:1mL 柠檬酸溶液用 2mL 水稀释,并以相同方式(1mL 柠檬酸溶液+2mL 水)稀释所得溶液,直到获得 4 种稀释溶液。每种

溶液的浓度是多少？

我们可以通过为每个稀释方案指定一个名称（稀释方案 A~D），然后计算每个稀释方案中的浓度来解决这个问题。每一步，初始体积为 1mL，最终体积为 3mL，因为 2mL 水与每一种溶液混合，初始浓度为前一种溶液的浓度（配制溶液 A 时储备液的浓度，配制溶液 B 时溶液 A 的浓度等）：

$$\text{溶液 A}: c_f = c_i\left(\frac{V_i}{V_f}\right) = 1\text{mol/L}\left(\frac{1\text{mL}}{3\text{mL}}\right) = 0.333\text{mol/L}$$

$$\text{溶液 B}: c_f = c_i\left(\frac{V_i}{V_f}\right) = 0.333\text{mol/L}\left(\frac{1\text{mL}}{3\text{mL}}\right) = 0.111\text{mol/L}$$

$$\text{溶液 C}: c_f = c_i\left(\frac{V_i}{V_f}\right) = 0.111\text{mol/L}\left(\frac{1\text{mL}}{3\text{mL}}\right) = 0.0370\text{mol/L}$$

$$\text{溶液 D}: c_f = c_i\left(\frac{V_i}{V_f}\right) = 0.0370\text{mol/L}\left(\frac{1\text{mL}}{3\text{mL}}\right) = 0.0123\text{mol/L}$$

在平行稀释中，储备液应用不同 *DF* 以得到需要的溶液。

$$\text{储备液} \xrightarrow{DF_1} \text{溶液 A}$$

$$\text{储备液} \xrightarrow{DF_2} \text{溶液 B}$$

$$\text{储备液} \xrightarrow{DF_3} \text{溶液 C}$$

[例 14]假设按以下方式稀释 1mol/L 的柠檬酸储备液：将 1mL 储备液稀释至 5、10、25 和 50mL 体积。每种溶液中的柠檬酸浓度是多少？我们可以通过为每个稀释方案指定一个名称（稀释方案 A~D），然后计算每个稀释方案中的浓度来解决这个问题。对于每次稀释，起始浓度是储备液浓度（因为它们是平行进行的），最终体积是每个容量瓶的体积。

$$\text{溶液 A}: c_f = c_i\left(\frac{V_i}{V_f}\right) = 1\text{mol/L}\left(\frac{1\text{mL}}{5\text{mL}}\right) = 0.200\text{mol/L}$$

$$\text{溶液 B}: c_f = c_i\left(\frac{V_i}{V_f}\right) = 1\text{mol/L}\left(\frac{1\text{mL}}{10\text{mL}}\right) = 0.100\text{mol/L}$$

$$\text{溶液 C}: c_f = c_i\left(\frac{V_i}{V_f}\right) = 1\text{mol/L}\left(\frac{1\text{mL}}{25\text{mL}}\right) = 0.040\text{mol/L}$$

$$\text{溶液 D}: c_f = c_i\left(\frac{V_i}{V_f}\right) = 1\text{mol/L}\left(\frac{1\text{mL}}{50\text{mL}}\right) = 0.020\text{mol/L}$$

制备平行标准溶液通常比制备系列标准溶液更准确，因为每次稀释都是从原料一步进行的。这减少了与每个稀释方案相关的错误。

[例 15]假设制备稀释液的误差为 1%（系数为 0.01），如果溶液是平行制备的，第 3 种溶液的误差是多少？同时进行 3 次稀释会使每种溶液的浓度降低约 1%：

$$\text{储备液} \xrightarrow{DF_1} \text{溶液 1}(X\pm1\%\text{或者 }1.01\%)$$

$$\text{储备液} \xrightarrow{DF_2} \text{溶液 2}(X\pm1\%\text{或者 }1.01\%)$$

$$\text{储备液} \xrightarrow{DF_3} \text{溶液 3}(X\pm1\%\text{或者 }1.01\%)$$

如果连续进行稀释，则误差会增大，因为每种溶液都用于制备下一种溶液。

[例 16]对于相同的 3 种稀释,如果连续制备稀释液,第 3 种溶液的误差是多少?

在连续制备时,误差随着每次后续稀释而增大:

储备液→溶液 1(±1%或者 1.01%X)→溶液 2(±1%或者 1.01X)→溶液 3(±1%或者 1.01X)

$$溶液1中误差 = \pm 1.01X = \pm 1\%$$

$$溶液2中误差 = \pm(1.01)1.01X = \pm 1.0201X = \pm 2.01\%$$

$$溶液3中误差 = \pm(1.01)(1.01)1.01X = \pm 1.030301X = \pm 3.0301\%$$

为了准确度和改进标准曲线的定量效果,平行稀释通常优于连续稀释。不管它们是如何执行的,都适用稀释计算的原则。与任何稀释一样,这些稀释可按“稀释至”或“用……稀释”的程序进行,并相应地进行计算。

3.6.2 稀释方案设计

有时,你可能会得到储备液浓度和所需浓度的标准曲线溶液,并要求设计稀释方案。这样做的方法是为每个稀释方案计算所需的 DF,然后设计一个方案来实现 DF。

[例 17]假设你有一个 0.2%(w/V)的氯化钠溶液,你需要 0.1、0.04、0.02、0.01 和 0.002%(w/V)的标准曲线溶液,你会怎么做?首先,从储备液开始计算每个 DF:

$$DF = \frac{c_f}{c_i}$$

$$DF_A = \frac{c_f}{c_i} = \frac{0.1\%}{0.2\%} = 0.5\left(即\frac{1}{2}\right)$$

$$DF_B = \frac{c_f}{c_i} = \frac{0.04\%}{0.2\%} = 0.2\left(即\frac{1}{5}\right)$$

$$DF_C = \frac{c_f}{c_i} = \frac{0.02\%}{0.2\%} = 0.1\left(即\frac{1}{10}\right)$$

$$DF_D = \frac{c_f}{c_i} = \frac{0.01\%}{0.2\%} = 0.05\left(即\frac{1}{20}\right)$$

$$DF_E = \frac{c_f}{c_i} = \frac{0.02\%}{0.2\%} = 0.01\left(即\frac{1}{100}\right)$$

从这一点来说,有几个选择。可以连续或平行稀释。而且,你可以“稀释到”或者“用……稀释”以达到所需的浓度。为简单起见,表 3.1 所示为平行的“稀释至”示例。

表 3.1　标准曲线的稀释例子

溶液	c_i/%(w/V)	稀释/mL	最终体积/mL	DF	c_f/%(w/V)
A	0.2	1	2	0.5	1
B	0.2	1	5	0.2	0.04
C	0.2	1	10	0.1	0.02
D	0.2	1	20	0.05	0.01
E	0.2	1	100	0.002	0.002

你应该能够设计一个方案,使用平行稀释和连续稀释将储备液稀释到大量溶液,并执行“稀释到”或“用……稀释”程序。要记住的一个因素是,A 级容积玻璃器皿的体积是精确

的，只有这些体积才能用于需要最大准确度和精密度的稀释。最常见的体积有：

（1）A 级容量瓶　5、10、25、50、100、200、250、500 和 1000mL

（2）A 级容量移液管　1、2、3、4、5、10、20、25、50 和 100mL

因此，如有可能，你设计的稀释方案应仅使用这些体积来传输体积（移液管）和达到体积（容量瓶），以优化准确度和精密度。某些方案可能需要使用可调移液器（以转移或添加体积，例如 0.1mL、950μL 等），特别是在使用小体积时。在准备标准曲线时，通常是这样［思考题（3）和（4）］。

［例 18］假设在 0.1mol/L HCl 中有 2000mg/L 铁（Ⅱ）的储备液。你需要通过将不同体积的储备液和 0.1mol/L HCl 混合，制备 1mL 1000、750、500、250 和 100mg/L 的铁（Ⅱ）。应该使用哪些体积？

我们知道起始浓度（2000mg/L）和最终浓度（1000～100mg/L）、最终体积（1mL）。因此，必须计算配制每个溶液所需的初始储备液体积：

$$c_i V_i = c_f V_f \text{ 和 } V_i = \frac{c_f V_f}{c_i}$$

$$1000\text{mg/L}: V_i = \frac{c_f V_f}{c_i} = \frac{(1000\text{mg/L})(1\text{mL})}{2000\text{mg/L}} = 0.5\text{mL}$$

$$750\text{mg/L}: V_i = \frac{c_f V_f}{c_i} = \frac{(750\text{mg/L})(1\text{mL})}{2000\text{mg/L}} = 0.375\text{mL}$$

诸如此类。一旦知道每次稀释的储备液体积，我们就计算稀释到 1mL 所需的 0.1mol/L HCl 的量：

1000mg/L：0.5mL→1mL－0.5mL＝0.5mL 0.1mol/L HCl

750mg/L：0.375mL→1mL－0.375mL＝0.625mL 0.1mol/L HCl

诸如此类。稀释方案如表 3.2 所示。

表 3.2　标准曲线的稀释例子

Fe（Ⅱ）/（mg/L）	储备液/mL	0.1mol/L HCl/mL	总体积/mL
A	0.2	1	2
B	0.2	1	5
C	0.2	1	10
D	0.2	1	20
E	0.2	1	100

在使用可调移液器的情况下，应通过经常校准和维护移液器来优化精密度。此外，在这些情况下，使用适当（和一致）的手动移液技术至关重要。

3.7　单位换算

到目前为止，我们已经检查了稀释单位和浓度单位“匹配”的计算，这样就不需要转换来得到正确的答案。然而，在实际的实验室操作中并不总是如此。这将要求进行单位转换以获得正确且有意义的答案。

[例 19]假设你用水将 14.4g 酸乳稀释到 250mL。稀释样品的高效液相色谱分析表明,核黄素维生素 B_2 浓度为 0.0725ng/μL。酸乳中的核黄素含量是多少?这是一个简单的稀释问题,解决方法如下:

$$c_i = c_f\left(\frac{V_f}{V_i}\right)$$

但是,如果计算没有进行单位换算,答案如下:

$$c_i = c_f\left(\frac{V_f}{V_i}\right) = \frac{0.0725\text{ng 维生素 B}_2}{\mu\text{L 稀释样本}}$$

$$\left(\frac{250\text{mL 稀释样本}}{14.4\text{mL 酸乳}}\right) = \frac{1.26\text{ng 维生素 B}_2 \times \text{mL}}{\text{g 酸乳} \times \mu\text{L}}$$

显然,(ng×mL)/(g×μL)用来表示产品中核黄素浓度并不合适。因此,我们必须将 μL 改为 mL 或 mL 改为 μL,以便在最终答案中正确表达单位。正确计算如下:

$$c_i = c_f\left(\frac{V_f}{V_i}\right) = \frac{0.0725\text{ng 维生素 B}_2}{\mu\text{L 稀释样品}} = \left(\frac{1000\mu\text{L}}{\text{mL}}\right)$$

$$\left(\frac{250\text{mL 稀释样本}}{14.4\text{mL 酸乳}}\right) = \frac{1260\text{ng 维生素 B}_2}{\text{g 酸乳}}$$

如果不转换单位,在这种情况下,最终答案的数值(仅限数字)将减少 1000 倍,并且单位错误。通过跟踪单位,可以很容易捕捉到错误的值并调整计算。

3.8 避免常见错误

与稀释和校正相关的最常见错误如下。

(1) 计算设置不正确(使用提供的信息不正确)。

(2) 缺少所需的单位转换或单位转换不正确。

可以采用以下 3 种策略来避免这些错误,如果已经犯了错误也可以找出它们:

(1) 绘制稀释或浓缩方案的图片。

(2) 执行单位分析(又称维度分析或因子标签方法),并为方案中的每个溶液分配“名称”。

(3)执行“嗅探测试”。

3.8.1 画图

绘制一张图片对于确保正确设置问题非常有用。可视化的稀释或浓缩方案通常很有帮助。绘制图片或图表有助于阐明所提供信息的含义,并有助于设置计算。

[例 20]假设 1.2mL 脱脂牛乳用水稀释至 100mL。将要绘制的图片可能类似于图 3.2(1)。相比之下,如果用 100mL 水稀释 1.2mL 脱脂牛乳,则将要绘制的图片可能类似于图 3.2(2)。

绘制图片对于可视化复杂的多步骤过程特别有用。

[例 21]你有 100mL 蜂蜜(27.9%葡萄糖,按质量计)。加入 50mL 水溶解 12.8mL 蜂蜜,

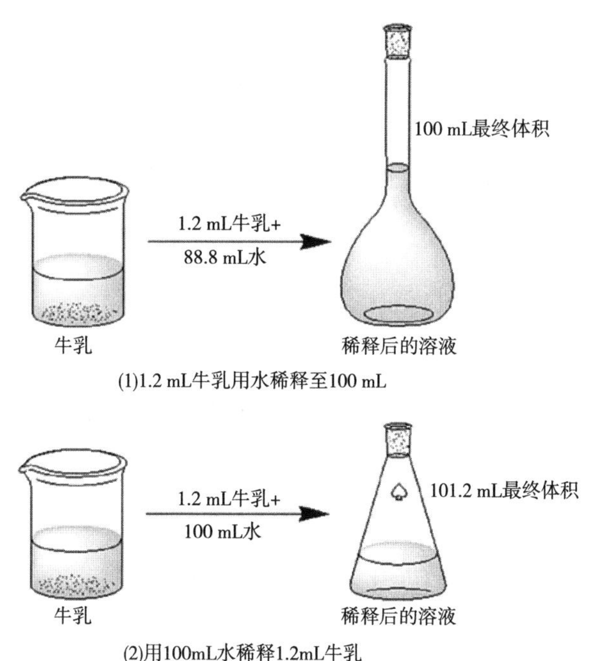

图 3.2 稀释方案

取 17mL 蜂蜜冻干,用水重新配制成总体积为 10mL 的蜂蜜,5mL 蜂蜜与 30mL 甲醇混合。最终溶液中葡萄糖的质量百分比是多少?

如图 3.3 所示,可以对这些信息进行图解。

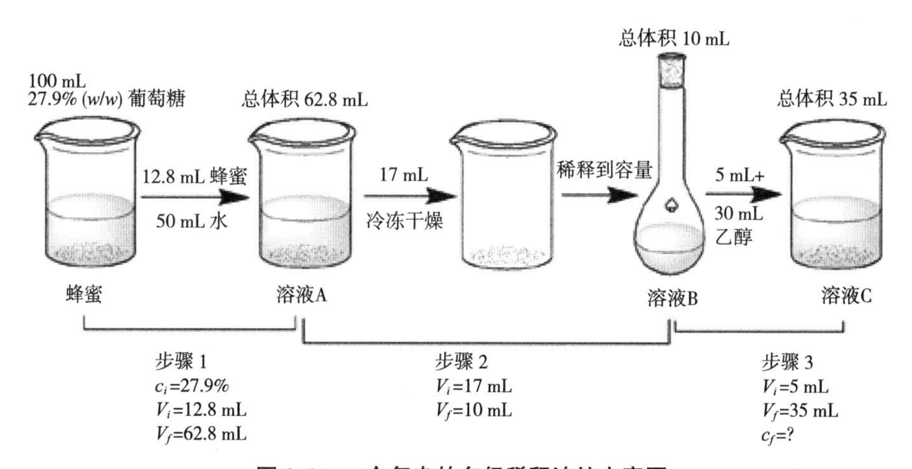

图 3.3 一个复杂的多级稀释浓缩方案图

图 3.3 所示为一个相当复杂的方案,在你的头脑中组织信息是很有挑战性的。绘制此方案允许你为各种溶液指定名称,并组织信息,以便可以轻松地将其插入计算中。

3.8.2 单位分析

我们已经讨论了单位分析,这是验证计算是否正确的关键步骤。此外,为方案中的每个溶液指定名称并将这些名称合并到计算中可以确保在计算中正确设置了每个步骤。如果问题设置正确,中间步骤的每个溶液名称都应“取消”,计算完成后只留下最终溶液或样本。

[例22]对于图3.3中的示例,最终溶液的浓度计算如下:

$$c_f = 27.9\%\text{葡萄糖}\left(\frac{12.8\text{mL 样品}}{62.8\text{mL 溶液 A}}\right)\left(\frac{17\text{mL 溶液 A}}{10\text{mL 溶液 B}}\right)\left(\frac{5\text{mL 溶液 B}}{35\text{mL 溶液 C}}\right) = 1.38\%\text{葡萄糖}$$

在这个例子中,我们看到单位和中间溶液的名称都抵消了。但是,很容易意外地逆转其中一个稀释因子。例如,如果我们不小心颠倒了步骤 A→B 的 *DF*:

$$c_f = 27.9\%\text{葡萄糖}\left(\frac{12.8\text{mL 样品}}{62.8\text{mL 溶液 A}}\right)\left(\frac{10\text{mL 溶液 B}}{17\text{mL 溶液 A}}\right)\left(\frac{5\text{mL 溶液 B}}{35\text{mL 溶液 C}}\right) = 0.478\%\text{葡萄糖}$$

单位仍然抵消,但你会得到一个错误的答案。但是,通过跟踪每个溶液的指定名称,你很快就会发现此步骤的 *DF* 是相反的,因为溶液的名称不会抵消。因此,这是一种快速查找和纠正稀释计算误差的简单方法。

3.8.3 “嗅探试验”

最后,在计算中使用“嗅探测试”来检测任何明显的错误。

(1) 如果整体过程是稀释,则最终浓度应低于初始浓度。

(2) 如果整体过程为浓缩,则最终浓度应高于初始浓度。

(3) 除了极少数例外情况(如一些样品以干重表示水分百分比),样品中分析物的百分比永远不会大于100%。

(4)计算值有意义吗?例如,我们不希望以下计算为真实数值。

①极干产品中水分的%>?

②稀溶液中固体的%>?

③根据产品的已知情况(如含35%水分或12%脂肪的植物油),脂肪、蛋白质、灰分或碳水化合物的%是没有意义的。

④对于已知的典型产品成分(特别是大于预期1个数量级),分析物水平没有意义。

对于嗅探测试,如果可能的话,了解少许正在分析的产品是很重要的。如果“嗅探测试”显示错误,请仔细重新检查如何设置问题以及如何执行计算。

3.9 思考题

以下示例问题演示了涉及稀释和浓缩的真实计算。

(1)从生产线中随机选择一杯苹果酱(含113g苹果酱)。用50mL乙酸乙酯萃取10.3g苹果酱3次,将萃取液浓缩,然后用乙酸乙酯稀释至250mL。将25mL提取物在氮气流下蒸发至干燥,然后用甲醇将残留物重新溶解至5mL。甲醇的气相色谱分析表明甲氧虫酰肼(methoxyfenozide)的浓度为0.00334μg/mL。苹果酱中甲氧虫酰肼的浓度是多少(μg/g)?

苹果酱杯中甲氧虫酰肼的总量是多少(μg)?

(2)给你提供(-)表儿茶素(EC,*MW* = 290.26g/mol)溶于水的储备液(0.94mg/mL)。通过连续稀释制备一系列溶液①用水将0.5mL储备液稀释至10mL(溶液A),②1.5mL溶液A用4mL水稀释(溶液B),③3mL溶液B用9mL水稀释(溶液C)。溶液C的浓度是多少(mg/mL和μmol/L)?总*DF*是多少?将储备液稀释到溶液C的"倍数"是多少?

(3)你正在使用商用试剂盒对核黄素(riboflavin)进行分光光度测定。该试剂盒中含有2mL的核苷(1.45mg/mL)溶液。说明书告诉你用25mL的水稀释核黄素来配制储备液。然后,用0.5mL(A)、0.75mL(B)、1mL(C)、2mL(D)和5mL(E)水稀释100μL储备液,制成一套标准溶液。储备液和5个标准溶液中的核黄素浓度(mg/mL)是多少?

(4)你正在使用比色法测量树莓汁中的花青素色素。该方法要求总样品体积为2mL。你需要160g/L花青素的储备液,并且需要0、0.1、0.2、0.3和0.5mg/mL的溶液。使用常用的容量瓶、体积移液管和/或可调移液管以获得所需浓度(但不要使用任何小于0.2mL的体积,每种溶液的最终体积必须至少为2mL)。

(5) 如前所述,样品通常需要稀释或浓缩,以获得标准曲线范围内的分析物浓度。理想情况下,样品浓度应接近标准曲线值的中间。这可能具有挑战性,因为在分析之前你通常不知道样本浓度的近似值。问题4中描述的标准曲线涵盖了0~0.5mg/mL的范围。假设你将一种新型果汁的样品放入品质保证实验室,并且不知道如何稀释果汁进行分析。科学文献表明,这种果汁的花青素浓度在750~3000μg/mL。根据这些信息,设计一种可将稀释后果汁样品的花青素浓度落在标准曲线范围内的稀释方案。

(6) 你正在使用原子吸收光谱(AAS)分析牛乳中的钙含量。该分析需要干法灰化,以将无机物与样品分离(干法灰化本质上是一个浓缩和提取步骤:将样品焚烧以去除所有有机物,只留下无机物)。将2.8mL牛乳样品进行干法灰化,将灰烬溶解在12mL 1mol/L HCl溶液中,并用1mol/L HCl溶液将溶液稀释至50mL。取7mL该溶液通过添加13mL 1mol/L HCl溶液进一步稀释。然后用原子吸收分光光度法分析0.5mL样品和0.5mL标准品(10~100mg/L Ca),发现稀释后的样品含有28.2mg/L Ca。未稀释牛乳中的Ca含量是多少(mg/L)?

(7)你正在用高效液相色谱法(HPLC)测定饮料中的咖啡因(194.2g/mol)。你准备了0~100μmol/L咖啡因的标准溶液。你的方法要求在分析前用水稀释样品至250mL。你知道一种特定的饮料每400mL含有170mg咖啡因。应该将多少mL样品稀释到250mL,使样品中咖啡因的浓度落在标准曲线中间?

4 食品实验数据统计分析

4.1 引言

本章是对基本统计学的回顾,并将展示如何在食品分析的背景下应用统计学。可以说它是一个供参考的“生存指南”。修读食品分析课程的学生,应已修读本科统计学课程或同时正在修读。本章的基础是《食品分析:第五版》中第4章“分析数据的评估”。本章的学习目标如下。

(1) 计算样本数据集的平均值,标准差,Z评分和t分数。

(2) 使用单个样本的t检验确定总体与给定值是否存在显著差异。

(3) 使用t分数计算样本平均值的置信区间。

(4) 使用两个样本的t检验确定两个总体是否存在显著差异。

典型食品分析课程的一个重要组成部分以及在专业环境(行业、研究、监管/政府)中的应用食品分析是对分析数据的评估。在食品分析实验室的试验中,首先要收集数据(值),或者要处理数据(即用于实验练习、家庭作业、考试等)。然后,对数据进行评估和处理并回答以下问题。

(1) 这些值与期望值是否存在显著差异?

(2) 两个值之间是否存在显著差异?

在食品分析课程中,将使用统计学来解决食品行业,研究,监管/政府情景中通常遇到的问题。本章将使用数据分析概念。

4.2 总体分布

总体中给定值的分布是指总体的各个个体的观测值形成的相对频数分布。通过绘制直方图可以来检查总体分布,直方图中的x轴为参数值,y轴为各个参数值的分数数量(即每个参数值的“频率”)。假设一个总体中有100瓶水,并且知道这些水中的钠含量,该总体的直方图如图4.1所示。许多总体是呈正态分布的(又称正态总体)。正态总体的直方图大致如图4.2所示。直方图的y轴可以是总体中某一给定值的绝对数量,可以是总体中某一给定值的比例(分数或小数),或者是总体中某一给定值的百分比。有些总体呈非正态分布,不属于本章讨论的范畴。出于本章的目的,我们将假设一个正态分布。正态总体分布由两个参数定义(图 4.3)。

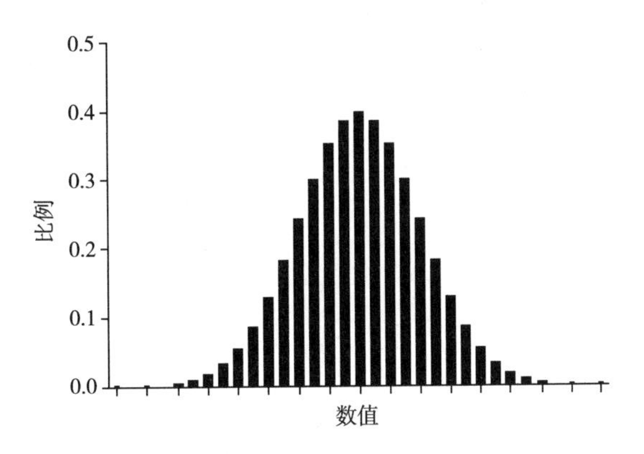

图 4.1　正态分布示例

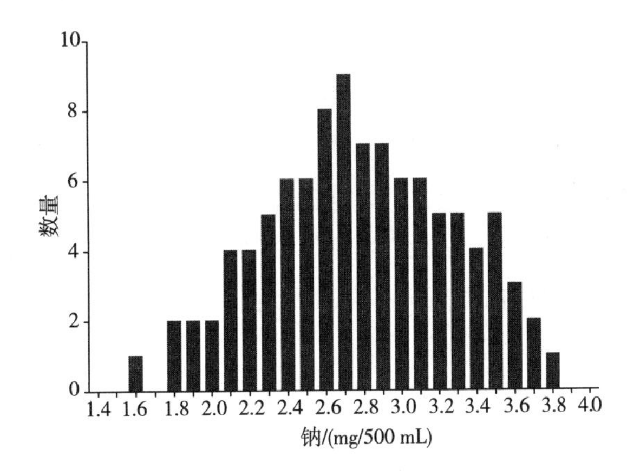

图 4.2　总体直方图示例

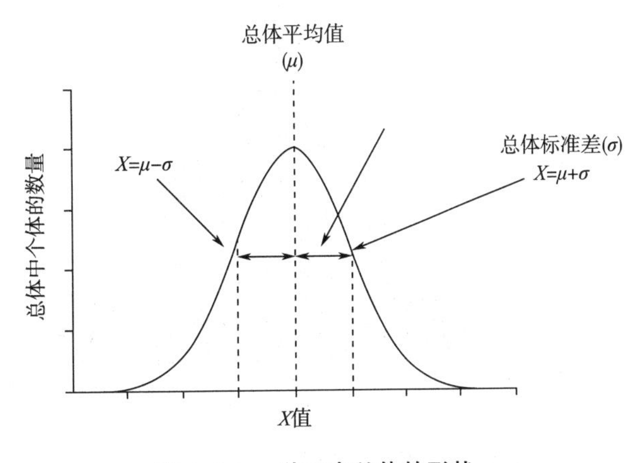

图 4.3　一种正态总体的形状

（1）总体平均值(μ)　图的中心。

（2）总体标准差(σ)　度量数据分布的分散程度。

对于示例的钠数据,可以由总体平均值(μ)和总体标准差(σ)绘制数据的直方图。如果将钠的含量定义为(x),则可以计算 x 的平均值和标准差:

$$x\text{的总体平均值} = \mu_x = \frac{\sum x_i}{n}$$

$$= \frac{x_i + x_i + \ldots + x_{n-1} + x_n}{n} \tag{4.1}$$

$$x\text{的标准偏差} = \sigma_x = \sqrt{\frac{\sum (x_i - \bar{x})^2}{n}} \tag{4.2}$$

$$\text{总体平均值} = \mu_x = 2.783 \times \text{标准偏差}$$

$$= \sigma_x = \sqrt{\frac{\sum (x_i - 2.783)^2}{100}} = 0.492$$

如图 4.4 所示的钠的数值,可以使用这些值来计算数据的中心与分布。正态分布可以具有不同的形状,但是仍然可以定义为$N(\mu,\sigma)$。符号“$N(\mu,\sigma)$”表示具有中心μ和标准差σ的正态分布(N)总体。正态分布的曲线形状由标准差决定。图4.5所示为3个总体,每个总体的平均值相同,但标准差不同。对于正态分布的总体,如果随机选取(或抽样)总体中的一个个体,则随机选择的个体可以在总体中具有任何值。由于大多数总体都集中在平均值附近,因此随机选择的值最有可能接近平均值。一个值离平均值越远,其在总体中出现的频率越低,从总体中随机选择的可能性就越小。如图4.6所示,如果已知μ和σ,则可以预测从总体中随机选择任何给定值的概率。正态分布有以下特点。

（1）50%的值>μ,50%的值<μ。

（2）有68%、95%和99.7%的值分别在μ的±1,±2和±3倍标准差(σ)之内。

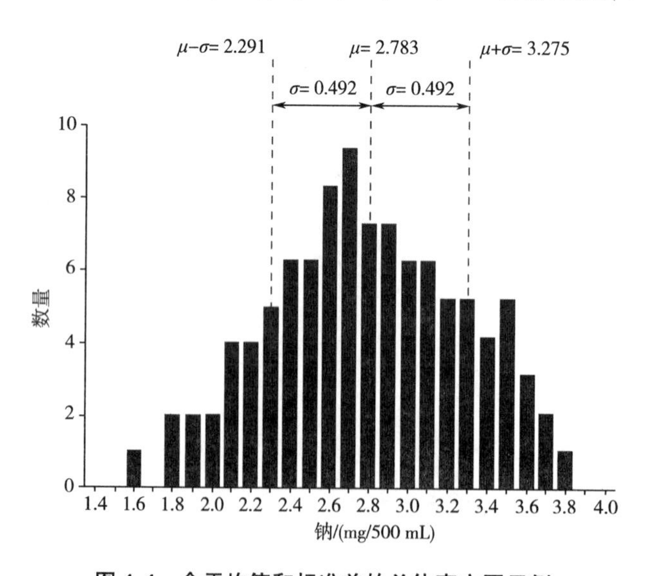

图 4.4　含平均值和标准差的总体直方图示例

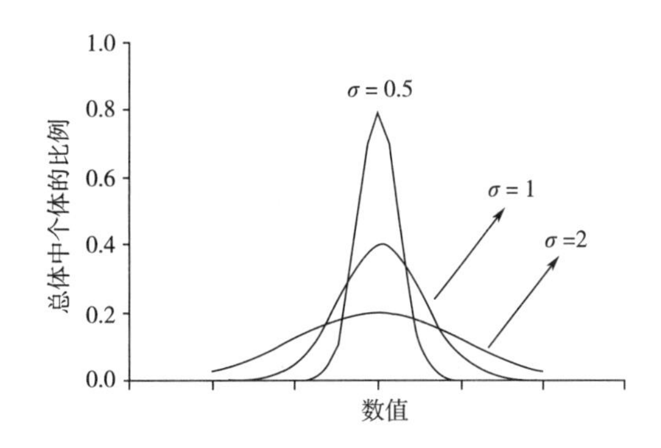

图 4.5　具有相同平均值但不同标准差的正态总体

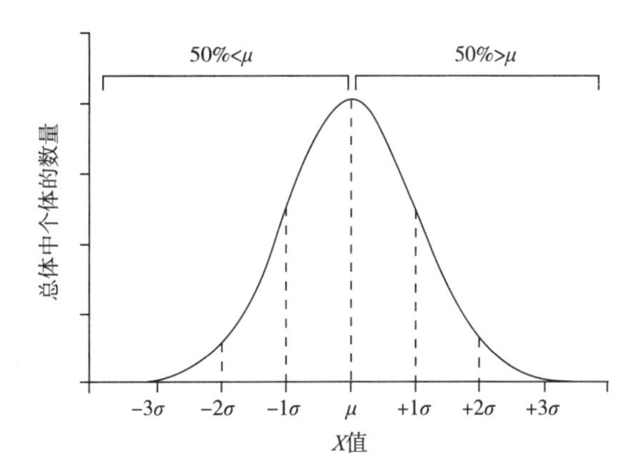

图 4.6　正态分布的密度

假设从 100 个水瓶中随机抽取 4 瓶,对应的钠含量为 1. 9、2. 7、2. 9 和 2. 9mg/500mL。如图 4. 7 所示,随机选取的 3 个值接近平均值,另外一个值与平均值差得较远。需要注意的是,这 100 个值中的任何一个值都可以是随机选择的。但是,最接近平均值的值被选中的概率最高。

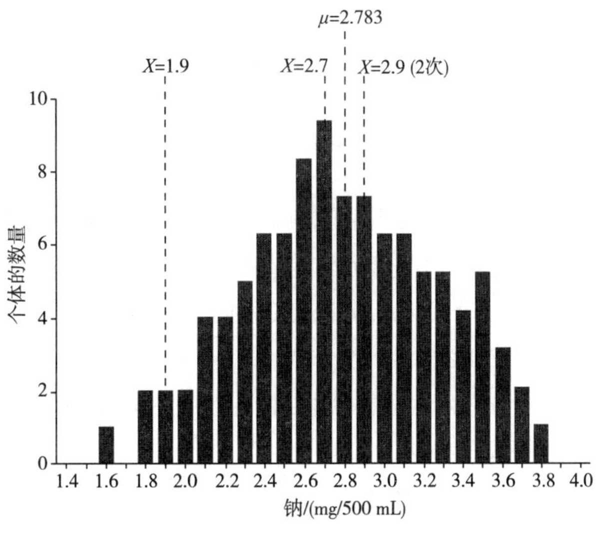

图 4.7　示例分布中的随机值

4.3 Z 评分

每个正态分布有不同的μ和σ。然而,这不便于统计计算。为了更容易处理正态分布,通过转换或“标准化”所有呈正态分布的总体,即通过转换总体值(x)为标准化变量,称为 Z:

$$Z = \frac{x - \mu}{\sigma} \tag{4.3}$$

通常,变量 x 是具有平均值μ和标准差σ[$x \sim N(\mu,\sigma)$]的正态分布。Z 评分的分布为 $Z \sim N(0,1)$,即“标准正态分布”(图 4.8)。

(1)Z 评分分布的中心是$\mu=0$。

(2)由$\sigma=1$定义 Z 评分分布的波动或发散程度。

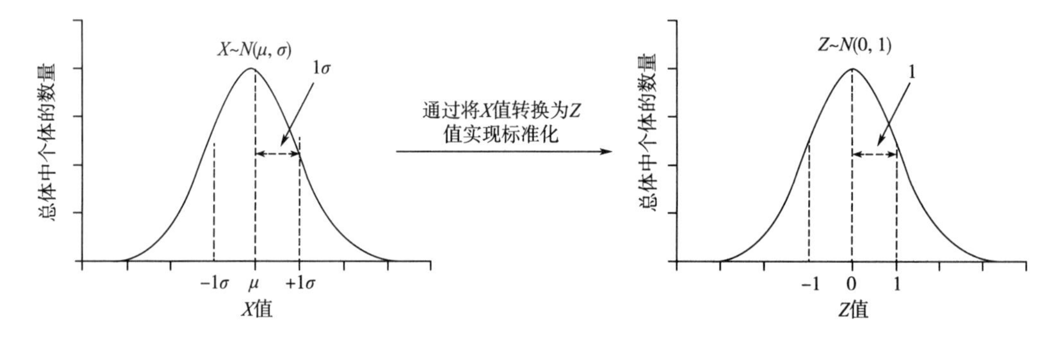

图 4.8　x 值到 Z 评分的转换

总体中每个变量 x 值有一个对应的 Z 评分。对于任意一个 x 值,相应的 Z 评分是标准差 x 偏离μ的数量。来自μ(或0)的标准差 x(或 Z)越大(即σ或1的倍数),该值从总体中随机选择的可能性就越小。对于任意的 x 值都可以计算 Z 评分。

[例1]对于钠数据,假定 x 值接近平均值(2.45)和偏离平均值(3.8),计算其 Z 评分。

$$x=2.45, Z=\frac{x-\mu}{\sigma}=\frac{2.45-2.783}{0.492}=\frac{-0.333}{0.492}=-0.677$$

$$x=3.8, Z=\frac{x-\mu}{\sigma}=\frac{3.8-2.783}{0.492}=\frac{1.017}{0.492}=2.067$$

因此,对于 $X \sim N(2.783,0.492)$,当 x 值为 2.45 和 3.8 时,Z 评分分别是 x 值与平均值之间的差值的 0.68 倍标准差和 2.07 倍标准差。

同一个正态分布既适用于 $X \sim N(\mu, \sigma)$,也适用于 $Z \sim N(1, 0)$:

(1)0%的 Z 评分>0 且 50%的 Z 评分<0。

(2)68%, 95%和 99.7%的 Z 评分在 0 的±1, ±2 和±3 范围内。

正态分布的一些其他重要性质:

(1) 正态分布曲线=100%的总体数值。

(2) 正态分布曲线下的面积=100%或1。

(3) 正态分布曲线下任意两点间的面积百分数=从总体中随机选择该范围内的一个数值的概率。

基于正态分布的这些性质,统计学家发明了一个“Z 表”(www.normaltable.com)。当总体分布为 $Z \sim N(1,0)$ 时,Z 表则包含比获得比观测 Z 评分(又称实得评分或原始评分)小的 Z 评分的概率(P)(图 4.9)。利用这个 Z 表:

(1)查找到观测 x 值。

(2)根据 x 值计算 Z 评分(Z_{obs})。

(3)若总体分布为 $x \sim N(\mu, \sigma)$,$Z \sim N(1, 0) = P(x < x_{obs})$,则从 Z 表中找到相应的 P 值($Z < Z_{obs}$)。

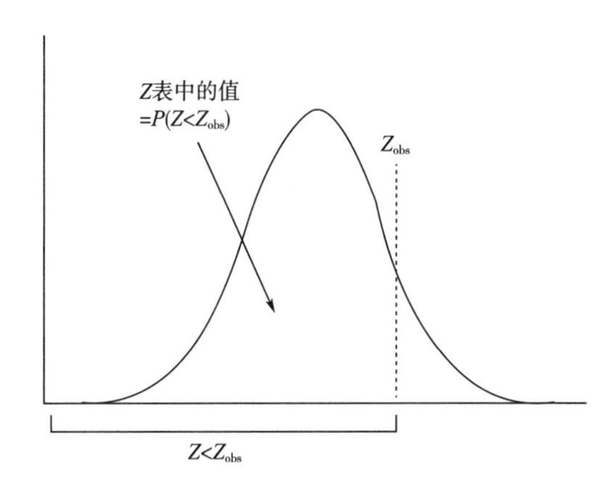

图 4.9　Z 表中值的含义

为了便于使用,Z 表的左侧是 Z 的前两位数字,顶部是第三位数字(小数点后第二位:0.00,0.01,0.02 等)。因此,对于查找 $P(Z < 1.08)$,先从左边找到 1.0,然后沿着该行定位到 0.08 列。上述列出的步骤可用于分析钠的数值。

[例 2]计算钠数据中低于 2.783mg/500mL(平均值)和低于 3.5mg/500mL 的概率。

计算钠含量的两个给定值的 Z 评分:

$$\text{当 } x=\mu=2.783, z=\frac{x-\mu}{\sigma}=\frac{2.783-2.783}{0.492}$$

$$=\frac{0}{0.492}=0$$

$$\text{当 } x=3.5, z=\frac{x-\mu}{\sigma}=\frac{3.5-2.783}{0.492}=\frac{0.717}{0.492}=1.4$$

查找这些 Z 评分对应的 Z 表的值:

$$P(Z<0)=Z \text{ 的 } Z \text{ 表值}=0 \rightarrow 0.05\ (50\%)$$

$$P(Z<1.46)=Z \text{ 的 } Z \text{ 表值}=1.46 \rightarrow 0.9279\ (92.79\%)$$

对于钠总体(正态分布,$\mu = 2.783$,$\sigma = 0.492$),观测的钠值<2.783 和 3.5 的概率分别为 50%和 92.79%。

标准化为 Z 评分消除了对每个总体的不同 Z 评分的需求。虽然 Z 表包含获得 Z 评分

小于观测 Z 评分的 P 值,但是可以计算获得 Z 评分大于观察 Z 评分的 P 值。由于正态分布曲线之内的面积之和等于 1(100%),因此获得 Z 评分小于观测 Z 评分的 P 值与大于观测 Z 评分的 P 值之和等于 100%:

$$P(Z>Z_{obs})+P(Z<Z_{obs})=1(100\%) \tag{4.4}$$

因此:

$$P(Z>Z_{obs})=1-P(Z<Z_{obs}) \tag{4.5}$$

完整的表达式变为

$$P(Z>Z_{obs})+P(Z<Z_{obs})+P(Z=Z_{obs})=1(100\%) \tag{4.6}$$

该等式涵盖了所有可能的 Z 评分。因此,获得 Z 评分大于观测 Z 评分所对应的 P 值就是获得 Z 评分大于观测 Z 评分所对应 $1-P$ 值。所以,要获得 Z 评分大于观测到的 Z 评分的 P 值(图 4.10):

(1) 由 x 值计算 Z 评分(Z_{obs})。

(2)根据 Z_{obs} 查找 Z 表中的值= $P(Z<Z_{obs})$。

(3)如果正态分布为 $X\sim N(\mu,\sigma)$,则由 $P(Z<Z_{obs})$ 计算 $P(Z>Z_{obs})=1-Z_{obs}$ 所对应的 Z 表中的值= $P(X>Z_{obs})$。

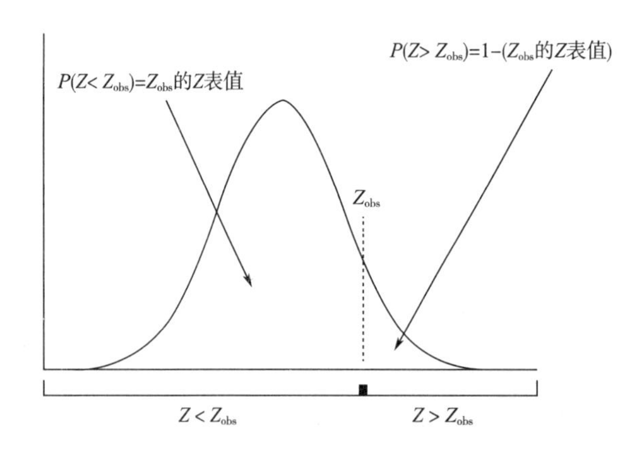

图 4.10 观测的 Z 小于 Z_{obs} 的概率

[例 3]根据按照前面列出的步骤进行计算获得钠含量大于 2.9mg/500mL 的概率。

计算 Z 评分:

$$当\ x=2.9, Z=\frac{x-\mu}{\sigma}=\frac{2.9-2.783}{0.492}=\frac{0.117}{0.492}=0.24$$

查找 Z 评分的 Z 表:

$$P(Z<0.24)=Z\ 的\ Z\ 表值=0.24\rightarrow 0.5948(59.48\%)$$

用 1 减去 $P(Z<0.24)$,变为 $P(Z>Z_{obs})$:

$$(Z>Z_{obs})=1-P(Z<Z_{obs})=1-0.5948$$

$$=0.4052=40.52\%$$

因此,对于正态分布为 $\mu=2.783$ 和 $\sigma=0.492$ 的钠总体,观察钠值>2.9 的概率为 40.52%。

那么，如何计算在两个 x 值（具有相应的 Z 评分）之间获得一个 x 值（和相应的 Z 评分）的概率呢？从两个给定 Z 评分中获得一个 Z 评分的概率就是 Z 表中两个值之间的差值 $P(Z<Z_{obs})$（即用较大值减去较小值）（图 4.11）：

$$P(Z_1<Z<Z_2)=P(Z<Z_1)-P(Z<Z_2) \tag{4.7}$$

[例 4]计算在 1.9mg/500mL 和 3.1mg/500mL 之间获得钠含量的概率。

计算 Z 评分：

$$当\ x=1.9, z=\frac{x-m}{s}=\frac{1.9-2783}{0.492}=\frac{-0.883}{0.492}=-1.79$$

$$当\ x=3.1, z=\frac{x-\mu}{\sigma}=\frac{3.1-2.783}{0.492}=\frac{0.317}{0.492}=0.64$$

查找 Z 评分的 Z 表值：

$$P(Z<0.64)=Z\ 表值=0.64\rightarrow 0.7389$$

$$P(Z<0.64)=Z\ 表值=-1.79\rightarrow 0.0376$$

计算这两个 Z 评分的面积百分数：

$$P(Z_1<Z<Z_2)=P(Z<Z_2)-P(Z<Z_1)$$

$$=0.7389-0.0376=0.7013=70.13\%$$

因此，对于正态分布为 $\mu=2.783$ 和 $\sigma=0.492$ 的钠总体，在 1.9mg/500mL 和 3.1mg/500mL 范围内获得钠含量的概率为 70.13%。

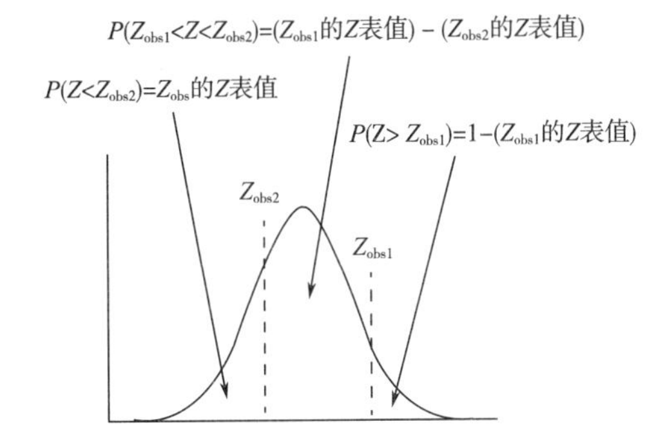

图 4.11 在两个 Z_{obs} 值之间获得 Z 的概率

4.4 样本分布

实际的总体值几乎是不能获知的，这由于以下几个因素造成的。首先，总体往往太大，无法对所有样本进行抽样。其次，抽样通常意味着产品不再可使用。通常抽取几个样本（n）并根据样本参数估算总体参数。总体参数如下：

$$总体(x)\ 的平均值 = \mu_x \tag{4.8}$$

$$总体(x)\ 的标准差 = \sigma_x \tag{4.9}$$

样本参数如下：

$$样本数量 = n \tag{4.10}$$

$$x - 分布的平均值 = \mu_{\bar{x}} \approx \mu_x \tag{4.11}$$

$$x - 分布的标准差 = \sigma_{\bar{x}} = \frac{\sigma_x}{\sqrt{n}} \tag{4.12}$$

样本参数与总体参数相关:

(1) 样本平均值≈总体的平均值。

(2)样本的标准差<总体的标准差。

这意味着可以采用抽样方式来估计总体参数。

[例5]如果从总体中抽取5个或10个样本,则可确定样本的平均值和标准差。

对于两者的平均值:

$$\mu_{\bar{x}} \approx \mu_x = 2.783$$

样本平均值的标准差:

$$\sigma_{\bar{x}} = \frac{\sigma_x}{\sqrt{n}} \quad 当 n = 5, \quad \sigma_{\bar{x}} = \frac{\sigma_x}{\sqrt{n}} = \frac{0.492}{\sqrt{5}} = 0.220$$

$$当 n = 10, \quad \sigma_{\bar{x}} = \frac{\sigma_x}{\sqrt{n}} = \frac{0.492}{\sqrt{10}} = 0.156$$

可以得出:

(1)样本平均值的标准差<总体的标准差。

(2)样本的数量(n)大可以减小样本平均值的标准差。

从具有正态分布的总体中抽样使所有可能的样本平均值($\bar{x}$)呈正态分布。总体分布是指 x 的个体分布值。样本平均值分布是指通过抽样 x 形成的样本平均值($\bar{x}$)。由于样本平均值是总体参数的平均值:

(1)样本平均值与总体参数平均值相同。

(2)样本平均值的分布范围小于总体的(抽样某个样本平均值稀释了总体中的异常值)。

样本数量(n)越大,样本平均值分布越紧密(SD):

$$\bar{x} 分布的 SD = S_{\bar{x}} = \frac{S_x}{\sqrt{n}}$$

$$因此,当 n\uparrow, S_{\bar{x}}\downarrow$$

所有有关总体参数的 Z 评分都适用于样本平均值。可以将样本平均值分布转换为 Z 分布:

$$\bar{x} \sim N\left[\mu, \frac{\sigma}{\sqrt{n}}\right] \rightarrow Z \sim N(0,1) \tag{4.13}$$

可以将已转换的样本平均值转换为相应的 Z 评分:

$$Z = \frac{\bar{x} - \mu}{\frac{\sigma}{\sqrt{n}}} \tag{4.14}$$

可以使用 Z 表来计算获得某一样本平均值小于或大于一个已知平均值的概率或者获

得某一样本平均值介于两个已知平均值之间的概率(与之前相同的数学运算)。

[例6]如果从钠总体中抽取4瓶,那么样本平均值大于3.0mg/500mL的可能性有多大?

将 $\bar{x}$ 转换为 Z 评分:

$$Z=\frac{\bar{x}-\mu}{\frac{\sigma}{\sqrt{n}}}=\frac{3-2.783}{\frac{0.492}{\sqrt{4}}}=\frac{0.217}{0.246}=0.88$$

对 Z 评分(Z_{obs}左侧的区域)进行 Z 表查找:

$$P(Z<0.88)=Z\text{ 的 }Z\text{ 表值}=0.88:0.8106$$

查找 $P(Z>Z_{obs})$:

$$P(Z>0.88)=1-(Z<0.88)=1-0.8106=0.1894$$
$$=18.94\%$$

因此,对于钠数据,从中抽取 $n=4$ 瓶,获得样本平均值大于3.0mg/500mL的概率为18.9%。

4.5　置信区间

对观测的样本平均值接近实际总体平均值有多大的把握呢?接近程度如何?假设总体呈正态分布且样本平均值等于总体平均值,那么可以计算获得某一样本极端值概率。

步骤:

(1) 计算 $\bar{x}$ 的 Z 评分。

(2) 找到介于 $+Z$ 与 $-Z$ 之间的区域 $=P(Z<|Z_{obs}|)=C$。

区域(C)是获得某一样本极端值概率(图4.12)。可以计算获得某一样本的任一侧(α)极端值的概率,或者获得单侧($\frac{\alpha}{2}$)极端值的概率。

$$C=P(-Z_{obs}<Z_{obs}<+Z_{obs})$$
$$=P(Z<+Z_{obs})-P(Z<-Z_{obs}) \tag{4.15}$$
$$\alpha=1-C \tag{4.16}$$
$$\frac{\alpha}{2}=\frac{1-C}{2} \tag{4.17}$$

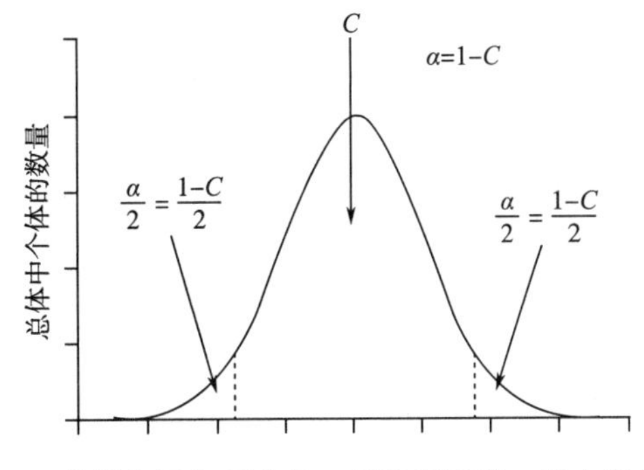

图4.12　获得与已知样本值一样极端的某一样本值的概率

[例 7]假设从钠总体中抽样 $n = 3$ 瓶,已知样本平均值为 2.4mg/500mL。分别计算获得某一个样本极端值小于 1.8mg/500mL 以及大于 1.8mg/500mL 的概率。

计算已知总体平均值的 Z 评分:

$$Z_{\text{obs}}=\frac{\bar{x}-\mu}{\frac{\sigma}{\sqrt{n}}}=\frac{2.4-2.783}{\frac{0.492}{\sqrt{3}}}=\frac{-0.383}{0.284}=-1.35$$

查找+Z 和-Z 值:

$Z=-1.35$,因此,目标在 $Z=1.35$ 和 -1.35 范围内。

从 Z 表中查找 $C=P(-Z_{\text{obs}}<Z<+Z_{\text{obs}})$:

$$C=P(-Z_{\text{obs}}<Z<+Z_{\text{obs}})$$
$$=P(Z<+Z_{\text{obs}})-P(Z<-Z_{\text{obs}})$$
$$C=P(Z<+Z_{\text{obs}})-P(Z<-Z_{\text{obs}})$$
$$=Z\text{ 表值}(+Z_{\text{obs}})-Z\text{ 表值}(-Z_{\text{obs}})$$
$$C=0.9115-0.0885=0.82=82.3\%$$

对于钠总体 $N(2.783,0.492)$,如果从总体中取样 $n=3$ 瓶,那么在平均值的两侧获得某一样本值在 1.35 倍标准差($-1.35<Z<1.35$)之内的概率为 82.3%。

然后,计算 α:

$$\alpha=1-C=1\sim0.823=0.177=17.7\%$$

对于 $N(2.783,0.492)$的钠总体,如果从总体中抽样 $n=3$ 瓶,那么获得某一样本平均值>1.35 倍标准差($Z<-1.35$ 或 $Z>1.35$,即 $Z>|1.35|$)的概率为 17.7%。

接着,计算$\frac{\alpha}{2}$:

$$\frac{\alpha}{2}=\frac{1-C}{2}=\frac{1-0.823}{2}=0.0885=8.85\%$$

对于 $N(2.783,0.492)$的钠总体,如果从总体中抽样 $n=3$ 瓶,那么获得某一样本平均值> 1.35 倍标准差($Z>+1.35$)的概率为 8.85%。

通常,在不知道实际总体的平均值(μ)或标准差(σ)的情况下,可以通过抽样并计算样本平均值(观测值为 $\bar{x}$)和样本标准差(样本 $\text{SD}=\sigma\bar{x}$)来估计这些参数(观测的 $\bar{x}\approx\mu\bar{x}=\mu x$ 和 $\text{SD}\approx\sigma x=\frac{\sigma x}{\sqrt{n}}$)。观测到的样本平均值不太可能与总体的平均值完全相等。可以在我们观测察到的样本周围计算一个具有一定统计可信度的范围(即"区间"),这个范围很可能包含真实的总体平均值。置信区间(CI)给出了样本平均值的误差幅度:

$$\text{CI}:\bar{x}\pm\text{误差幅度} \tag{4.18}$$

假设想获得在某一指定的标准差(即 Z 评分的数值)之内的 CI,使用 Z 评分的公式:

$$Z=\frac{\bar{x}-\mu}{\frac{\sigma}{\sqrt{n}}}\rightarrow Z\left(\frac{\sigma}{\sqrt{n}}\right)=\bar{x}-\mu$$

由于它可能位于平均值的两侧,所以转化为

$$\pm Z\left(\frac{\sigma}{\sqrt{n}}\right)=\bar{x}-\mu$$

然后,选择样本误差幅度的大小。可以通过选择每一侧的标准差数来实现此目的,这样可以得到 Z 的最大绝对值。在给定的置信水平(C)情况下,可以确定 CI 覆盖的真实均值。这意味着 CI 不包括真实平均值的概率为 $1-C$(定义为 α):

$$\alpha=1-C \rightarrow C=1-\alpha$$

然后,找到"临界"Z 评分,其中:

(1)$P(Z_{crit}<Z<Z_{crit})=C$(期望的置信水平)。

(2)$P(Z>|Z_{crit}|)=\alpha=1-C$(CI 没有覆盖真实平均值的概率)。

最简单的方法是查找到$\frac{\alpha}{2}$,然后找到相应的 Z 评分:

首先,根据期望的置信水平(C)确定$\frac{\alpha}{2}$:

$$\frac{\alpha}{2}=\frac{1-C}{2}=\frac{1-0.823}{2}=0.0885=8.85\%$$

$\frac{a}{2}$是 Z_{crit} 右侧的区域,用于确定 Z_{crit} 左侧区域(又称 $Z_{1-\frac{\alpha}{2}}$),即 $P(Z<Z_{1-\frac{\alpha}{2}})$(图 4.13):

$$P(Z<Z_{crit})=P(Z<Z_{1-\frac{\alpha}{2}})=1-\frac{\alpha}{2}=1-\frac{1-C}{2}=\frac{1+C}{2}$$

$P(Z<Z_{1-\frac{\alpha}{2}})$ 是 $Z_{1-\frac{\alpha}{2}}$ 的 Z 表数值,通过此查找 $Z_{1-\frac{\alpha}{2}}$。

接下来计算 CI 的"误差幅度":

$$\text{误差幅度}:\pm Z_{1-\frac{\alpha}{2}} x \frac{\sigma}{\sqrt{n}} \tag{4.19}$$

置信水平为 C 的置信区间为

$$\text{CI}:X\pm\text{误差幅度}\rightarrow\text{CI}:x\ -\pm Z_{1-\frac{\alpha}{2}} x \frac{\sigma}{\sqrt{n}} \tag{4.20}$$

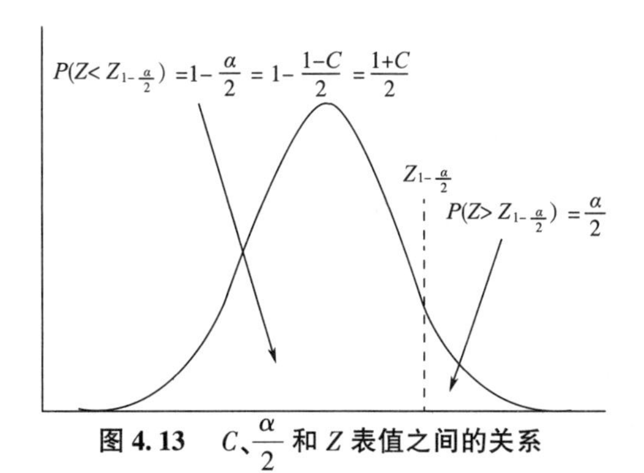

图 4.13　C、$\frac{\alpha}{2}$ 和 Z 表值之间的关系

不要被统计细节弄得混乱,只需执行以下步骤:

(1)确定所需的 C。

(2)计算$\frac{\alpha}{2}$。

(3)计算$1-\frac{\alpha}{2}$。

(4)使用$1-\frac{\alpha}{2}$值查找$Z_{1-\frac{\alpha}{2}}$。

(5)计算 CI 值。

(6)从C得到$\frac{\alpha}{2}$,再得到$1-\frac{\alpha}{2}$,再得到$Z_{1-\frac{\alpha}{2}}$。

(7)将这些值代入公式并计算 CI。

通常,在食品分析中使用 90%、95%或 99%的置信水平。当然,可以选择任一所需的置信水平。

[例 8]假设抽样$n=5$罐苏打水,咖啡因的平均含量为 150mg/罐。可知,总体的标准差(σ)为 15mg 咖啡因/罐。那么置信水平为 95%时,每罐咖啡因平均含量的置信区间是多少?

计算$\frac{\alpha}{2}$:

$$\frac{\alpha}{2}=\frac{1-C}{2}=\frac{1-0.95}{2}=\frac{0.05}{2}=0.025$$

计算$1-\frac{\alpha}{2}$:

$$P(Z<Z_{1-\frac{\alpha}{2}})=1-\frac{\alpha}{2}=1-0.025=0.975$$

$1-\frac{\alpha}{2}=P(Z<Z_{1-\frac{\alpha}{2}})=Z_{1-\frac{\alpha}{2}}$的$Z$表值,然后使用该值查找到$Z_{1-\frac{\alpha}{2}}$:

$$Z\text{表值}=0.975\rightarrow Z_{1-\frac{\alpha}{2}}=1.96$$

计算 CI 值:$\bar{x}\pm Z_{1-\frac{\alpha}{2}}x\frac{\sigma}{\sqrt{n}}$

$$150\text{mg/罐}\pm1.96x\frac{150\text{mg/罐}}{\sqrt{5}}\rightarrow150\text{mg/罐}\pm13.1\text{mg/罐}$$

$$\text{下限和上限}=150\text{mg/罐}\pm13.1\text{mg/罐}=136.9\sim163.1\text{mg/罐}$$

因此,置信度为 95%下估计真实总体的平均浓度在 136.9mg 和 163.1mg 咖啡因/罐之间。

(1) 置信度越高,那么置信区间范围就宽。

(2) 置信度越低,那么置信区间范围就越窄。

[例 9]对于苏打水数据,计算样本平均值在 90%置信水平下的 CI。

计算$\frac{\alpha}{2}$:

$$\frac{\alpha}{2}=\frac{1-C}{2}=\frac{1-0.90}{2}=\frac{0.10}{2}=0.05$$

计算$1-\frac{\alpha}{2}$:

$$1-\frac{\alpha}{2}=1-0.05=0.95$$

$$1-\frac{\alpha}{2}=P(Z<Z_{1-\frac{\alpha}{2}})=Z_{1-\frac{\alpha}{2}}\text{的 }Z\text{ 表值。}$$

使用该值查找：$Z_{1-\frac{\alpha}{2}}$：

$$Z\text{ 表值}=0.95\rightarrow Z_{1-\frac{\alpha}{2}}=1.645$$

计算 CI 值：$\bar{x}\pm Z_{1-\frac{\alpha}{2}}x\frac{SD}{\sqrt{n}}$

$$150\text{mg/罐}\pm 1.642x\frac{15\text{mg/罐}}{\sqrt{5}}\rightarrow 150\text{mg/罐}\pm 11.0\text{mg/罐}$$

$$\text{下限与上限值}=150\text{mg/罐}\pm 11.0\text{mg/罐}=139.0\sim 161.0\text{mg/罐}$$

因此，在 90%的置信水平下，可以估计真实总体平均值在 139.0～161.0mg/罐。因此，可以看出该置信区间变窄了，但是包含真实总体平均值的可能性降低了。

4.6 t 评分

如果样本数量 n 不大而且不知道 σ 值，使用 Z 分布已经不能满足要求。因此统计学家又开发了 t 评分：

$$t=\frac{\bar{x}-\mu}{\frac{\text{SD}}{\sqrt{n}}} \tag{4.21}$$

计算样本标准偏差（SD）方法如下：

$$\text{SD}_n=\sqrt{\frac{\sum(x_i-\bar{x})^2}{n}}\text{或者 }\text{SD}_{n-1}=\sqrt{\frac{\sum(x_i-\bar{x})^2}{n-1}} \qquad (4.22)\text{和}(4.33)$$

当样本数量 $n<25\sim30$，应该使用 SD 的“$n-1$”公式，t 评分与 Z 评分相似。然而，它们也有一些关键的差异。t 评分：

（1）使用样本的 SD（已知）而不是总体样本总数 σ（通常未知）。

（2）比 Z 分布更保守（对于给定均值和 SD，t 大于 Z）。

（3）通常仅针对少数选择$\frac{\alpha}{2}$的值（通常为 0.1、0.05、0.025、0.01 和 0.005，分别对应于常用的置信度值为 80%、90%、95%、98%和 99%）。

（4）仅以正值列出，而不是负值。

通常，当样本数量（样本 SD）$n<25\sim30$ 使用 t 分布；当样本数量（样本 SD）$n>25\sim30$，使用 Z 分布。t 分布在表（www.normaltable.com）中呈现，类似于 Z 分布。t 和 Z 之间的一个主要区别是 t 是基于在一个称为自由度（df）的值上。这个值基于样本大小：

$$\text{d}f=n-1 \tag{4.24}$$

因此，对于每个样本大小值（n），存在一个单独的 t 评分。注意，对于每个$\frac{\alpha}{2}$值，t 表被分成列，并且在这些列中，都有对应的 df 值。另外，请注意 t 列表给出了 t 右边的区域（图 4.14），而 Z 列表给出了 Z 左边的区域。虽然刚开始的时候容易混淆这两种统计方法，但实际上用于 CIs 它使得 t 评分比 Z 评分要更简单容易。

首先,从所需的置信度(C)确定$\frac{\alpha}{2}$:

$$\frac{\alpha}{2}=\frac{1-C}{2}$$

这是 t 的表值。从表值中,找到 $t_{\frac{\alpha}{2}}$,df = n−1,然后,使用此值计算 CI:

$$\text{CI}: \bar{x} \pm t_{\frac{\alpha}{2},\,\text{d}f=n-1} x \frac{\text{SD}}{\sqrt{n}} \tag{4.25}$$

在食品数据分析课程中,几乎完全使用 t 评分(而不是用 Z 评分),这对于食品工业中样品的分析十分有用。因为对于 Z 评分来说 t 评分更保守,所以如果使用 t 计算,相同的置信水平将给出更宽的区间。

[例 10]假设采样 n = 7 的能量补给棒,平均总碳水化合物含量为 47.2%,样品标准偏差为 3.22%。计算 99%置信区间数据的显著性。

因为 n 相对较小,我们使用 t 分布。

确定$\frac{\alpha}{2}$:
$$\frac{\alpha}{2}=\frac{1-C}{2}=\frac{1-0.99}{2}=\frac{0.01}{2}=0.005$$

因此,您可以查看 t 表上的 0.005 列。

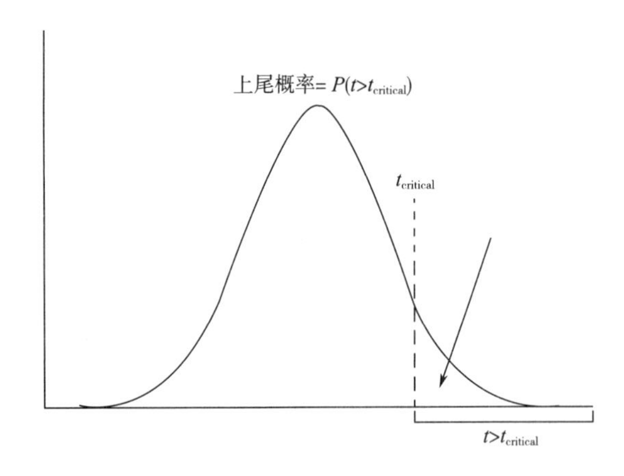

图 4.14　t 表中数据说明

然后,找到 $t_{\frac{\alpha}{2}}$,df= n−1:df= n−1= 6−1 = 5,因此,在 t 表的 0.005 列中,找到 df= 5 的行:$\frac{\alpha}{2}$=0.005 和 df= 5→$t_{0.005,\,\text{d}f=5}$=4.032

计算 CI:

$$\text{CI}: \bar{x} \pm t_{\frac{\alpha}{2},\,\text{d}f=n-1} x \frac{\text{SD}}{\sqrt{n}} \to 47.2\% \pm 4.032x \frac{3.22\%}{\sqrt{7}}$$

$$\to 47.2\% \pm 4.91$$

$$\text{CI}: \bar{x} \pm t_{\frac{\alpha}{2},\,\text{d}f=n-1} x \frac{\text{SD}}{\sqrt{n}} \to 47.2\% \pm 4.032x \frac{3.22\%}{\sqrt{7}}$$

$$\to 47.2\% \pm 4.91$$

上限值=47.2%+4.91%=52.1%

下限值 = 47.2% ~ 4.91% = 42.3%

因此，置信度为 99%，估计总体的平均值在 42.3% ~ 52.5%。

抽样分析得到的样本均值是单点估计，这可能不完全正确。因为单点估计几乎总是不正确的，所以在食品分析中几乎无用。那么，为什么还要采样和分析呢？

［例 11］假设某公司的产品规格中指出在某产品中使用的干酪粉必须含有 17.0% 的蛋白质。抽样检测干酪粉末（$n = 10$ 袋），计算出平均值为 16.8%（质量），SD 值为 0.3%。

观察到的样本均值不等于规格值（并且不太可能完全落在 17.0% 上）。因为蛋白质含量不是 17.0%，你会拒绝这批干酪粉吗？你是否会继续采样，直到其平均值为 17.0%？但是，假设贵公司提出指定原料必须符合规格，而且采样数量必须是 10，这里就要使用 95%CI。

CI 是指：

$$\bar{x} \pm t_{\frac{\alpha}{2}, df=n-1} x \frac{SD}{\sqrt{n}} \rightarrow 16.8\% \pm t_{0.025, df=4} x \frac{0.3\%}{\sqrt{10}}$$

$$\rightarrow 16.8\% \pm 2.77 x \frac{0.3\%}{\sqrt{10}}$$

CI：16.8% ± 0.263% 或者表示为：16.537% ~ 17.063%

因此，虽然点估计值不等于规格值，但在 95% 置信区间内，真实均值介于 16.537% 和 17.063% 之间，其中包含规格值（17.05）。基于以上算法，我们可以判定这批干酪粉原材料是合格的。

［例 11］证明了 CI 的效用。它是一系列具有可能性的值，并且包含真实的总体平均值，而点估计值很可能是真正的平均值。您可能会想知道，如果一个 CI 是一个值的范围，那它是怎么应用的？然而，通过在总体中随机抽样并选择适当的置信水平，可以获得非常“准确”的 CI（即有用的窄范围）。正如在《食品分析 ：第五版》第 4 章中所讨论的，我们可以使用 CI 的概念来确定获取特定范围内的 CI 的样本 n 的大小。除了 CI 之外，还有另一种方法，通常用于表示观察样本平均值，如一系列值将算出样本平均值 ± SD 或平均值 ± SEM。SEM 和均值的标准误差简便算法如下：

$$SEM = \frac{SD}{\sqrt{n}} \tag{4.26}$$

在 t 检验和 CI 公式中，SEM 术语出现过［式（4.21）和式（4.25）］。当表示被观察到的样本平均值 ± SD 或 SEM 时，没有给出基于概率的估计（这将需要用于 t 检验和 CI 的 t 项乘数），而是基于样本的可变性简单地将数据表示为平均值的估计值。根据 SEM 计算的范围将始终比 t 检验和 CI 更窄，因此更不保守。因此，样本大小将影响 SD 计算范围的准确性。对于干酪粉的数据（例 11），我们可以将其估算值表示为：

平均值 ± SD = 16.8% ± 0.3% = 16.5% ~ 17.1%

平均值 ± SEM = 16.8% ± 0.0949% = 16.705% ~ 16.895%

基于以上数据，平均值 ± SD 的原材料是可以接受的，但不能接受平均值 ± SEM。因此，依据什么样的判定标准来分析和使用获得的数据将显得十分必要。通常，这些具体规则是由实验室按照行业标准或监管机构要求制定的质量控制手册。

4.7 t 检验

有时我们需要确定观察到的样本均值是否能反映所选值与总体值相同或不同。如果有样本均值($\bar{x}$),标准偏差(SD),样本大小(n)和所需的总体均值(μ),就可以使用 t 检验。检验一个样本平均数与一个已知的总体平均数的差异是否显著。首先,通过置信度(C)和 df 值来确定$\frac{\alpha}{2}$,如前所述:

$$\frac{\alpha}{2}=\frac{1-C}{2} \text{和 } df=n-1$$

从这些值中找到表值 $t_{\frac{\alpha}{2},df=n-1}$。这是 t 检验的“临界值”,标记为“t_{critical}”。然后,利用样本均值、SD 和 n 值计算 t 评分(“t_{obs}”)

$$t=\frac{\bar{x}-\mu}{\frac{\text{SD}}{\sqrt{n}}}$$

将 t_{critical} 与 t_{obs} 值进行比较,

如果 $|t_{\text{obs}}|>t_{\frac{\alpha}{2},df=n-1}$→表示在置信区间($C$)中样本均值与总体平均值 μ 差异显著,

如果 $|t_{\text{obs}}|< t_{\frac{\alpha}{2},df=n-1}$→表示在置信区间($C$)中样本均值与总体平均值 μ 差异不显著。

这里要提一下注意事项:

(1)要想得到准确的结果就需要更大的置信区间,t 临界值越大,t_{obs} 也越大,以提供样本均值与总体平均值 μ 显著不同的证据。

(2)将 t_{obs} 的绝对值与 t 临界值的绝对值进行比较,因为该表仅列出了 t 正态分布。

(3)选择总体平均值 μ 与已知样本均值进行比较。通常总体平均值未知,但可以假设一个“目标值”,假设这个总体应该具有均值并将其标记为 μ。

[例 12]假设某公司生产的含多种维生素胶囊的标签上标明维生素 E 含量值为 35mg。根据 FDA 要求,标签值含量值必须在实际值的一定范围内。抽取 8 粒胶囊并测定其维生素 E 的含量。其维生素 E 的含量样品平均值为 31. 7mg/胶囊,样品标准偏差为 3. 1mg/胶囊。在 99%置信度内,你能说样本均值在这个标签值范围内吗?

确定$\frac{\alpha}{2}$和 df:

$$\frac{\alpha}{2}=\frac{1-C}{2}=\frac{1-0.99}{2}=\frac{0.01}{2}=0.005, df=n-1=8-1=7$$

从这些值中找到“t_{critical}”,$t_{\frac{\alpha}{2},df=n-1}$:

$$T_{0.005,df=7}=3.499$$

从样本数据计算 t_{obs}:

$$t=\frac{\bar{x}-\mu}{\frac{\text{SD}}{\sqrt{n}}}=\frac{31.7-35}{\frac{3.1}{\sqrt{8}}}=-3.01, |t_{\text{obs}}|=3.01$$

由于$|t_{obs}|(3.01) < t_{\frac{\alpha}{2},df=n-1}(3.499)$，在置信度为99%区间内样本均值与标签值(35mg/胶囊)没有显著差异。如果$|t_{obs}|(3.01) > t_{\frac{\alpha}{2},df=n-1}(3.499)$，我们可以说样本均值与标签值(35mg/胶囊)显著差异。这里我们要注意，是t_{obs}的绝对值($|t_{obs}|$)与t临界值的关系。根据选择的置信度，t临界值为3.499，因此只要$|t_{obs}| < 3.499$，可以得出所测样本均值与所选总体样品μ值没有显著差异的结论。因此，t_{obs}可以是间隔中的任何位置(-3.499，+3.499)，并且通常被认为与标签值没有显著差异。所以测到的样本平均值可以高于或低于所选择总体平均值μ，只要它在这个区间范围内。

置信区间和t检验要选定相同置信水平。使用任意步骤来比较样本均值和所选择的总体平均值μ。两个样本平均数与其各自所代表的总体的差异是否显著(相对于一个样本和一个选定的总体平均值μ)。样本均值是“点估计值”。仅两个样本平均数不完全相同并不意味着总体平均值有显著差异。样本数量足够大是基础，用来说明它们具有某种程度的置信度相同(或不相同)。给定两个样本均值($\bar{x}_1$和$\bar{x}_2$)，标准差(SD_1和SD_2)以及样本大小(n_1和n_2)，首先我们确定置信水平(C)，并且我们像以前一样计算$\frac{\alpha}{2}$。然后，我们确定df。对于两个样本均值，df计算如下：

$$df = n_1 + n_2 - 2 \tag{4.27}$$

然后使用$\frac{\alpha}{2}$和df值找到前面的$t_{critical}$：

$$t_{\frac{\alpha}{2},df=n_1+n_2-2}$$

利用$t_{critical}$值计算t_{obs}，方法如下：

$$t_{obs} = \frac{|\bar{x}_1 + \bar{x}_2|}{\sqrt{s_p^2\left(\frac{1}{n_1} + \frac{1}{n_2}\right)}} \tag{4.28}$$

双样本公式与单样本t检验的不同之处在于，使用n_1和n_2，并且使用称为合并方差(s_p^2)的值而不是单样本方差SD。合并方差是两个样本SD值的加权平均值。合并方差计算如下：

$$合并方差 = s_p^2 = \frac{(n_1-1)SD_1^2 + (n_2-1)SD_2^2}{n_1 + n_2 - 2} \tag{4.29}$$

方差就是标准偏差的平方。

尽管不会使用此值，但知道“合并标准偏差”(s_p)平方根是两个样本SD值的加权平均值是很有用的：

$$s_p = \sqrt{合并方差} = \sqrt{s_s^2} = \sqrt{\frac{(n_1-1)SD^2 + (n_2-1)SD^2}{n_1 + n_2 - 2}} \tag{4.30}$$

如果获得了$t_{critical}$值和t_{obs}值，就可以将它们与单样本t检验进行比较：

$$t_{obs} > t_{\frac{\alpha}{2}}, df = n_1 + n_2 - 2 \rightarrow 在指定的置信区间有显著差异(C)$$

$$t_{obs} < t_{\frac{\alpha}{2}}, df = n_1 + n_2 - 2 \rightarrow 在指定的置信区间没有显著差异(C)$$

[例13]为了明确食品生产企业两条生产线生产的意大利面酱中酸度的含量是否符合

规定。通过两组取样,分别测定两组样品中可滴定酸度的值,第一组:2.1、2.0、2.1、2.2、2.3 和 2.4;第二组:2.7、2.3、2.2、2.2、2.4、2.6 和 2.5。请问,这两天生产线生产产品的酸度在 90%置信度是否存在显著差异?

(1)计算每组的 n, $\bar{x}$ 和 SD 值:

第一组: $n=6$, $\bar{x}=2.183$, SD$=0.147$

第二组: $n=7$, $\bar{x}=2.4$, SD$=0.195$

什么是 90%(0.9)置信度?

(2)计算:

$\frac{\alpha}{2}$:

$$\frac{\alpha}{2}=\frac{1-c}{2}=\frac{1-0.9}{2}=\frac{0.1}{2}=0.05$$

$$df=n_1+n_2-2=6+7-2=11$$

在表中找到 t 值:

$$t_{\frac{\alpha}{2},df=n_1+n_2-2}=t_{0.05,11}=1.796$$

计算合并方差(s_p^2)

$$s_p^2=\frac{(n_1-1)\mathrm{SD}_1^2+(n_2-1)\mathrm{SD}_2^2}{n_1+n_2-2}$$

$$=\frac{(6-1)(0.147)^2+(7-1)(0.195)^2}{6+7-2}$$

$$=\frac{0.1083+0.2286}{11}=0.03063$$

计算:

$$t_{\mathrm{obs}}=\frac{|\bar{x}_1-\bar{x}_2|}{\sqrt{s_p^2\left(\frac{1}{n_1}+\frac{1}{n_2}\right)}}=\frac{|2.183-2.4|}{\sqrt{0.03063\left(\frac{1}{6}+\frac{1}{7}\right)}}=\frac{|-0.217|}{0.09737}=2.23$$

结果:因为

$$t_{\mathrm{obs}}=2.23;$$

所以

$$t_{\frac{\alpha}{2},df=n_1+n_2-2}=1.796\rightarrow t_{\mathrm{obs}}>t_{\frac{\alpha}{2},df=n_1+n_2-2}$$

因此:第一组和第二组之间差异显著(90%置信度)

4.8 实例分析

以下是在实际应用中的一些注意事项,可以为我们在食品分析课程中数据分析提供统计学上的帮助。

4.8.1 样本大小

(1)更大的样本量可以更准确地反映真实的总体样本值。

(2)较大的样本量降低了样品的 SD 值。

(3)使用 t 表示 $n<25\sim30$,使用 z 表示 $n>25\sim30$.

(4)样本大小决定 df,它确定了指定$\frac{\alpha}{2}$值的临界值。

(5)多取样通常是有用的,但也不是说越多越好。

(6)为了达到最佳的样本数量,提供最近似的平均值,需要固定置信区间,这是通过计算所需的最小样本量来完成的(在本书中关于抽样的章节中有介绍)。

4.8.2 置信度

(1)根据消费者(安全、劣质等),公司(质量、利润率、配方准确性等)或政府监管机构(例如标签准确性)可接受的风险选择置信度的值。

(2)置信度决定$\frac{\alpha}{2}$。在指定的 df 值内确定 t_{critical}。

(3)需要更多的置信度:

(①)CI 范围要广;

(②)t_{critical}值要大;

(③)t_{obs}值$>t_{critical}$值;

(④)n 的大小越大,就越具有显著性。

(4) 增加所需的置信度会增加显著差异,但也会增加相应的统计负担。因此,通常使用 90%~99%的置信区间(一般选取 95%)。

(5)增加置信度并不一定都符合实际。

4.8.3 t 评分如何应用

表 4.1 不同场合使用检验方法的“经验法则”

问题	检验/计算	举例
研究一组数据在统计上是否与选定的值相似或不同?	单样本 t 检验	实际值是否与标签值一致? 允许水平是都能被接受? 原料是否符合公司规格? 成品的组分是否和说明书一直? 移液器是否能提供所需的体积? 包装机是否能达到所需的规格?
真实的样本值是多少?	单样本 CI	目标化合物的实际浓度是多少?
研究两组数据的差异性	双样本 t 检验($\mu=0$)	两组是否相同? 生产不同成分的产品有两条线? 分析两个厂家相同产品的?

4.9 思考题

(1)汤品罐头制造商的质量管理人员确保鸡肉面条汤中钠含量和标签上标明的一致

(343mg/杯)。取样6罐汤,测量钠含量:322.8、320.7、339.1、340.9、319.2和324.4mg/杯。样品的平均值是多少(mg/杯)? 总体样本的标准差是多少(mg/杯)? 计算样本均值的96%置信区间,并确定置信区间的上限和下限。确定样本平均值在置信度为99%时不符合规定。

(2)使用强制通风炉分析甜炼乳中的水分含量。获得以下数据。A组:86.7%、86.2%、87.9%、86.3%和87.8%;B组:89.1%、88.9%、89.3%、88.8%和89.0%。在95%的置信度,两组样品之间是否存在差异?

4.10 术语和符号

置信度(C):基于偶然性的正确概率统计。

置信区间(CI):用于预测有关样本信息的一系列值(确定平均值,再加上统计分析确定的误差)。

自由度(df):可以独立变化样本的数量。

分配:总体中的所有值以及每个值的相对或绝对出现次数。

直方图:总体样本中的所有值及每个值的相对或绝对出现概率。

平均数(μ):平均值。

正态分布(N):其形状由平均和标准差决定。

合并方差(s_p^2):两个样本的变异性度量,包含样品大小和样品标准差。

总体样本:所有的样本。

总体样本平均值(μx):所有总体样本的平均值。

总体标准差(σ):每个样本的值与总体样本平均值之间的平均差异。

概率(P):偶然事件发生的可能性。

样本:从总体样本中选定的个体,从而推断出整个总体样本。

样本平均数($\mu\bar{x}$):所有样本的平均值。

样本标准差(SD,$\sigma\bar{x}$):每个样本的值与样本平均值之间的平均差值。

单点估计值:用于预测总体样本的单个值(平均值或单个数据点)。

平均数标准误(SEM):测量样品的可变性,包括样品标准偏差和样品大小。

t评分(t):是指一个值与平均值之间有多少标准差,但比Z评分更保守。

Z评分(Z):是指一个值与平均值之间的标准差有多少。

第二部分　实验操作

5 电脑程序制作营养标签

5.1 引言

5.1.1 实验背景

1990 年营养标签和教育法(NLEA)要求食品必须具有明确的营养标签。因此,为了制作营养标签,需要针对大量食品的成分进行分析。营养标签指南(21CFR 101.9)的解释和修约规则的正确使用,营养成分含量声明,参考量以及份量大小都是具有挑战性的问题。另外,在产品的研制过程中,配方的改变对营养标签的影响也是非常重要的。例如,某种成分含量的微小改变决定了该产品是否可以标记为低脂肪。因此,立即推测某种配方改变如何影响营养标签的能力变得很有用。在某些情况下,可能会出现相反的情况,逆向工程的概念就此提出。在逆向工程中,可用营养标签的信息来确定产品的配方,但应用时必须小心谨慎。在大多数情况下,逆向工程只能获得近似的配方,而配方中所需的一些其他信息在营养标签上并没有标识。

利用营养数据库和计算机程序来编制和分析营养标签,有利于解决上述问题。本实验将使用计算机程序制备产品配方的营养标签,分析配方的改变如何影响营养标签,同时学习逆向工程的实例。

5.1.2 阅读任务

《食品分析》(第五版)第 3 章营养标签,中国轻工业出版社(2019)。

5.1.3 实验目的

制备酸乳配方的营养标签,分析配方改变如何影响营养标签,观察逆向工程的实例。

5.1.4 实验材料

TechWizard™-制作配方和营养标签软件,适用于 Microsoft Excel。

Owl Software. TechWizard™ Software Manual, Columbia, MO. www. owlsoft. com

5.1.5 实验备注

本实验所用软件的安装和使用说明,请访问 www. owlsoft. com 中标题栏下的 Academic 链接。自本书英文版出版发布以来,TechWizard™程序可能已经更新,网页上也将显示如下所述的程序变化。

* 在实验室操作前安装软件,以确保它适用于你的电脑。

5.2 制备酸乳配方的营养标签

(1)启动 TechWizard™程序 启动程序,出现信息"TechWizard successfully opened the necessary files..."后单击"OK"。单击"Enter Program"按钮。选择用户名"Administrator"并单击"OK"。

(2)进入营养标签区 从"Labeling"选项卡中选择"Labeling Section"。屏幕左上角显示"TechWizard™- Nutrition Info & Labeling with New Formats"。

(3)输入表 5.1 #1 配方中的成分 单击"Add Ingredients"按钮,从成分表窗口中选择某种成分,单击"Add"按钮。每种成分的添加按上述步骤重复操作。所有成分添加完成后,关闭窗口。

(4)输入成分的含量 在 %(wt/wt)列中输入配方 #1 中每种成分的百分比值。选择该列上方的"Sort"按钮,"Sort Descending"将根据配方中的 %(wt/wt)值对成分进行排序。

(5)输入份量大小 普通家庭单元和等效公制数量和份数。首先单击"Common Household"单元下的"Serving Size"按钮,在窗口中输入 8,单击"OK",然后从单元下拉列表中选择"oz";接下来单击"Equivalent Metric Quantity"栏的"Serving Size"按钮,在窗口中输入 227,单击"OK",然后从单元下拉列表中选择"g";最后单击"Number of Servings"按钮,在窗口中输入 1,单击"OK"。

(6)保存配方 #1 单击"File"选项卡,单击"Formula",然后单击"Save Formula As"。在"Formula Name"窗口中输入"学生姓名_配方名称",单击"Save"按钮,单击"OK",关闭窗口。

(7)查看营养标签并选择标签选项 单击"View Label"按钮,单击"Label Options"按钮,选择"Standard";选择"Protein" - 由于酸乳蛋白含量高,显示自愿标识成分的 ADV,在"PDCAAS"中输入 1;选择标签后,单击"Apply",单击"OK",然后单击"Close"查看标签。

(8)复制配方 #1 的营养标签并粘贴到 Microsoft Word 文件中 单击"Labeling"选项卡

上的“Copy”按钮,选择“Standard Label”,输入新标签格式 1。单击“OK”。当提示标签已复制时,单击“OK”。打开 Word 文档,输入配方名称并贴上标签。返回 TechWizard™程序。

(9)编辑成分表　单击“View/Edit Declaration”按钮,在询问“Do you wish to generate a simple formula declaration using individual ingredient declarations?”时单击“Yes”。顶部的窗口可以选择配方中的每种成分,成分表可以在中间窗口中编辑。

(10)复制配方 #1 的成分表并粘贴到 Microsoft Word 文件中　选择编辑配方表,单击“Copy”按钮,单击“OK”,关闭弹出的窗口。成分表粘贴到 Microsoft Word 文档中。

(11)返回到 TechWizard™程序的“Nutrition Info & Labeling”部分　转到 TechWizard™程序并单击“Return”按钮。

(12)配方 #2 按照上述过程重复操作(表 5.1)　重复步骤(4)~(10)。

表 5.1　　酸乳样品配方

	配方 #1/%	配方 #2/%
牛乳(3.7% 脂肪)	38.201	48.201
牛乳(脱脂),未添加维生素 A	35.706	25.706
牛乳(脱脂),浓缩(35% TS)	12.888	12.888
甜味剂,糖(液体)	11.905	11.905
改性淀粉	0.800	0.800
稳定剂、明胶、干粉、不加糖	0.500	0.500

5.3 向配方中添加新成分并分析如何影响其营养标签

配方有时候可能需要添加额外的成分。例如,假设你决定在酸乳配方 #1 中额外添加钙。在联系了几家供应商后,选择在酸乳中添加天然乳钙(Fieldgate Natural Dairy Calcium 1000),这种磷酸钙产品由第一区协会乳品公司[First District Association(Litchfield, MN)]生产。该产品是一种天然的乳清矿物浓缩物,含有 25% 的钙。你需要确定添加多少 Fieldgate Natural Dairy Calcium 1000,才能在一份酸乳中含有满足 50% 和 100% 每日需要量(*DV*)的钙。Dairy Calcium 1000 添加成分如表 5.2 所示。

(1)数据库中添加新成分名称　从“Edit Ingredient File”选项卡中,选择“Edit Current File”;再次单击“Ingredients”组中的“Edit Ingredient File”选项卡;单击“Add”,在“Enter Ingredient Name”框中输入成分名称“Dairy Calcium 100_Student name”,单击“Add”。询问时选择“Yes”,单击“OK”。关闭窗口。

(2)输入新的成分组成(表 5.2)　在“Ingredients and Properties”栏中选择成分名称。单击“Ingredients”组中“Edit Ingredient File”选项卡下的“Edit Selected”,行变成蓝色后,在适当的栏内输入各成分/营养素的含量。

(3)编辑新成分的成分表(该项将会出现在成分清单上)　在名称为“Default, Spec TEXT, zzzIngredient Declaration”列中输入“Whey mineral concentrate”。

(4)保存成分文件中的修改部分　单击"Finish Edit"按钮,询问时选择"Yes"。从"Edit Ingredient File"文件选项卡中选择"Close Ingred. File"。

(5)打开程序配方开发区中配方 #1 的食品分析　单击"Formula Dev and Batching"选项卡和"Formula Dev"。从"File"菜单中选择"Open Formula",然后选择配方 #1 文件"Student Name_Formula Name",单击"Open"按钮,第一个询问选择"No",剩下的询问选择"Yes"。

(6)食品分析配方 #1 中加入新的 Dairy Calcium 1000 成分　单击添加"Add Ingredient"按钮,从成分列表中选择成分"Dairy Calcium 1000_Student Name",单击"Add"按钮,然后关闭窗口。

(7)计算 50% 和 100% 的 *DV* 钙含量(mg/100g)(参见下面的例子)

$$钙需要量=\left(\frac{钙\ DV}{份量大小}\right)\times 100\ \mathrm{g}\times \%DV$$

$$50\%DV\ 的钙需要量=\left(\frac{1300\mathrm{mg}}{227\mathrm{g}}\right)\times 100\mathrm{g}\times 0.50$$

$$50\%DV\ 的钙需要量=286\left(\frac{\mathrm{mg}}{100\ \mathrm{g}}\right)$$

(8)输入配方中所需的钙含量　除了脱脂牛乳和 Dairy Calcium 1000 外,限制其他所有成分的含量(在"Property"栏中找到"Calcium",在钙最小和最大列中输入 286。程序记录每 100g 含有 286mg 的钙。在所有成分的最小和最大列中,依次输入牛乳(3.7%脂肪)为 38.201;牛乳(脱脂),浓缩(35% TS)为 12.888;Swtnr,糖(液体)为 11.905;改性淀粉为 0.800;Stblzr,明胶,干粉,无糖为 0.500。让程序调整脱脂牛乳和乳制品钙 1000(磷酸钙)的含量,保持其他成分含量不变。单击"Formulate"按钮,单击"OK"。)数据记录到 5.5 节的问题 2。

(9)用自己的名字命名保存修改后的配方　依次单击"File"选项卡,"Formula","Save Formula As"。在"Formula Name"窗口输入"Student Name_Formula #1added calcium",单击"Save"按钮,单击"OK",关闭窗口。

(10)在营养标签区新建配方　单击"Labeling"选项卡,选择"Labeling Section",单击"File"选项卡,单击"Open Formula",并选择配方"Student Name_Formula #1added calcium 50 % DV",单击"Open",第一个询问选择"No",剩下的询问选择"Yes"。

(11)确保份量大小的正确[详见第 5.2(5)]。

(12)查看并打印新的 50% *DV* 钙含量配方营养标签　按照 5.2 步骤(6)~(10)的说明进行操作。

(13)制作 100% *DV* 钙含量的配方和标签　除了需要使用满足 100% *DV* 钙计算含量外,重复步骤 8~12。钙含量必须按照步骤 7 的示例计算。

表 5.2　Fieldgate Natural Dairy Calcium 1000 的组成

组分	含量
无机盐/%	75
钙/(mg/100g)	25000
能量/(cal/100g)①	40
乳糖/%	10

续表

组分	含量
磷/(mg/100g)	13 000
蛋白质/(g/100g)	4.0
糖/(g/100g)	10
总碳水化合物/(g/100g)	10
总固体/%	92
水/%	8.0

注:①1cal=4.1855J。

5.4 产品研发中逆向工程实例

该实例中程序将通过逆向工程自动运行 从“Help”菜单中选择“Cultured Products Automated Examples”,单击实例 #4。单击“Next”按钮进入下一步。具体步骤如下所述。

(1)在程序中输入逆向工程产品的营养标签信息 本例中的份量大小、热量、脂肪热量、总脂肪、饱和脂肪、胆固醇、钠、总碳水化合物、糖、蛋白质、维生素 A、维生素 C、钙、铁都要输入。

(2)以 100g 为基础计算每个营养成分的最小和最大值 程序使用四舍五入规则来确定每种营养素的可能范围。

(3)营养成分的最小值和最大值将转存到程序中的配方开发区 该程序转换营养成分信息为统一格式,方便制定程序过程使用。

(4)基于营养标签上成分表说明选择配方中的成分 由于很难选择正确的原料,故有必要深入了解成分表的规则。此外,某些所需的成分可能不在数据库中,需要自行添加。

(5)尽可能根据配方限制每种成分的含量 关键步骤是了解产品成分的特有水平。另外,基于成分表中的规则,可以确定大概范围。本例中,改性淀粉的用量在 0.80% 以内,明胶的用量在 0.50% 以内,培养物的用量在 0.002% 以内。

(6)运用程序计算出近似配方 程序利用营养成分的范围和组成信息,计算配方中每种成分的含量。

(7)程序通过营养成分信息和原始营养标签之间的比较来开发配方 相关信息可通过选择“Reverse Engineering”选项卡中“Reverse Engineering Section”区,在“Nutrition Label to Formula Spec”区中进行查看。完成后单击“X”关闭“Cultured Products Example”示例窗口。

表 5.3 巧克力饼干的配方

组分	数量	质量/g
小麦粉,白,多功能,营养强化,未漂白	2.25 杯	281.25
糖,颗粒状糖果,半甜巧克力	0.75 杯	
糖,棕色	100g	100

续表

组分	数量	质量/g
牛油(加盐)	1杯	227
鸡蛋,整个,新鲜	2个	112
盐	0.75茶匙	

资料来源:TechWizard,美国农业部数据资源。

换算数据来源:USDA网站。

5.5 思考题

(1)基于5.2中酸乳配方 #1 和 #2 中制备的标签,针对每种配方可以提出哪些营养成分声明(参见21CFR 101.13,营养成分含量声明 - 一般原则 - 21CFR 101~54-101.67,营养成分含量声明或总结表的具体要求来自FDA或基于CFR部分的其他来源)?

(2)含有50%和100% *DV* 钙的酸乳配方中需要添加多少乳制品钙1000?

(3)如果乳制品钙1000每磅2.50美元,若在酸乳中添加100% *DV* 钙,那么制作一份酸乳花费在这个成分上的额外费用是多少?

(4)如果添加足够多的乳制品钙1000形成100% *DV* 钙酸乳,预期添加多少钙会造成酸乳质地的改变?

(5)用表5.3中巧克力饼干的配方和其他信息制作一个营养标签(为简单起见,假设在烘焙期间失水率为0%,份数 = 1,每份质量=30g)。糖和盐的质量转换系数参考美国农业部食物营养成分的标准参考资料库,网站:http://ndb.nal.usda.gov/。在配方中添加成分时,必须从"Add Ingredients"窗口的"USDA Ingredients as Source"选项卡中选择添加的成分。在%(*w*/*w*)列中输入每种成分的克数。从"Labeling"选项卡中选择"Normalize",转换这些数值使总数为100。成分中的糖果和半甜巧克力没有添加糖数据。可以输入这些成分信息的临时值来计算营养标示。单击"Labeling"选项卡的"Composition"。在成分列中向右滚动,直到找到以"g"为单位的添加糖列。输入添加糖的数值(提示:观察糖值)并单击"Enter"键。这些值仅用于制作标签,不保存在成分文件中。

相关资料

1. Metzger LE, Nielsen SS (2017) Nutrition labeling. Ch. 3. In: Nielsen SS edn. Food analysis, 5th edn. Springer, New York

2. Owl Software TechWizard™ Manual, Columbia, MO. www.owlsoft.com

准确度和精密度的估算

6

6.1 引言

6.1.1 实验背景

分析实验室常用到玻璃器具、移液器、天平等,如果掌握了这些玻璃仪器和设备的基本操作方法,实验就会变得更容易、更让人感兴趣,实验结果也会更准确和精密。准确度和精密度可以通过由玻璃仪器和设备得到的数据来计算,并以此来评估操作者的技能和所用仪器设备的好坏。

利用分析天平称量是分析实验室最基本的测量方法,对质量进行测定和比较是水分以及脂肪含量测定等分析的基础。在各种分析测试中,准确称量试剂是配制溶液的第一步。

在分析测试中,只要天平经过准确校准,实验人员操作得当,分析天平的准确度和精密度要高于其他常用的仪器。在正确的校准和操作条件下,分析天平的准确度和精密度只取决于天平本身的读数精度。反复称量一个标准样品,可获得有关天平校准和操作人技术的有用信息。

如果分析天平的性能和操作人的技能都是合格的,那就可以用称量的方法来估算其他分析仪器的准确度和精密度。所有分析实验室都会用到玻璃量具和机械式移液器,要得到可靠的分析结果必须掌握它们的使用方法。要科学公正地报告实验取得的分析结果,就必须理解准确度和精密度。

目前已有许多能有效评估所得数据的准确度和精密度的方法。本实验内容包括自动移液器的准确度和精密度的估算。例子就是通过测定在某项分析或质量保证实验中所用自动移液器的准确度,并估计其可靠性,确定其是否需要修正。实验人必须定期检查移液器所取水样的体积是否准确。检查的方法就是称量移液器所取的水样,再根据当时的水温下水的密度换算成体积。如果换算的体积显示移液器的准确度和/或精密度有问题时,就必须修正后才能再次安心使用。

数据至少要求包括平均值、精密度和平行样本数(Smith 2017)。平均值的有效数字的位数反映了数值本身的不确定度,在衡量某方法的相对精密度时,必定是取决于其中最大的不确定度。平均值经常表达为置信区间(CI)的一部分,CI 表示的是真实平均值所期望的范围。将平均值或 CI 与标准值或真实值比较是准确度评估首先采用的方法。如果 CI 能覆盖标准值的话,可以认为实验方法或实验操作是正确的;如果 CI 明显大于读数精密度,说明操作人的技术有待提高。在用标准砝码测定分析天平的准确度时,如果 CI 未能覆盖标准砝码值,说明要么是天平需要校正,要么是标准物的质量已不是原来的标示值。有时也用测定平均值和真实值之间的相对误差(E_{rel}%)来估计准确度,但 E_{rel}%只能反映趋势,实际工作中,即使平均值和真实值之间没有统计差异,也常常会计算 E_{rel}%。并且,要注意 E_{rel}%的计算中有没有考虑到平行样本数,这说明平行样本数在任何规模上都不会影响准确度的估算。绝对精密度用标准偏差来反映,而相对精密度用变异系数(CV)来反映。除了平行样本数越多会得到更好的总体方差外,精密度的计算与平行样本数基本无关。

本实验课中所述的方法或测定技术既可用于实验室常用设备的准确度和精密度的确认,也可在最基本的水平上用于单项实验的确认。但为了获得更广泛的认可,程序经过多个不同实验室间联合研究的确认。联合评估得到了美国分析化学家协会(AOAC)、美国谷物化学家协会(AACC)、美国油脂化学家协会(AOCS)等组织的支持。要将程序作为核准的方法在这些组织的手册中发表时,这样的联合研究是必备的先决条件。

6.1.2 阅读任务

《食品分析》(第五版)第 1 章食品分析简介,中国轻工业出版社(2019)。

《食品分析》(第五版)第 5 章取样和样品制备,中国轻工业出版社(2019)。

6.1.3 实验目的

熟悉或再次熟悉天平、机械式移液器、玻璃量具的使用,并对所得数据的准确度和精密度进行评估。

6.1.4 实验原理

分析测试中,正确使用设备和玻璃仪器有助于确保结果更准确和精密。

6.1.5 实验材料

- 烧杯 3 个,20mL 或 30mL、100mL、250mL 各一个
- 25mL 或 50mL 滴定管
- 500mL 三角瓶
- 漏斗,直径约 2cm(用于滴定管装液)
- 1000μL 机械式移液器,配塑料取样吸头
- 塑胶手套
- 铁圈和铁夹(用于固定滴定管)
- 吸耳球或移液管

- 50g 或 100g 标准砝码
- 温度计,测量室温
- 100mL 容量瓶
- 1mL 和 10mL 定量移液管各一支

6.1.6 实验设备

- 分析天平
- 顶加载天平

6.1.7 实验备注

实验前或实验中,教师应该鼓励学生进行如下讨论:①从定量移液管和刻度移液管中放出液体有何不同;②10mL 和 25mL 或 50mL 滴定管的标记有何不同。

6.2 实验步骤

(将数据录入下表)

(1)取 400mL 重蒸水,置于 500mL 三角瓶中备用,并用温度计测量水温。

(2)分析天平和定量移液管

①100mL 烧杯去皮,用定量移液管取 10mL 水放入烧杯中,记录质量。重复该步骤,去皮,加 10mL 水,记录质量,得到该移液管的 6 组测量数据(注意此时水的总体积为 60mL。)(无须每次移液后都倒空烧杯)。

②用 20mL 或 30mL 烧杯和 1.0mL 定量移液管重复步骤(2)①,测量 6 次。

(3)分析天平和滴定管

①用 100mL 烧杯、装满水的 50mL(或 25mL)滴定管重复步骤(2)①,放出水 10mL(也就是将 100mL 烧杯去皮,从滴定管放出 10mL 水到烧杯中,记录质量)(须戴着手套拿取烧杯,防止手上的油脂残留到烧杯上)。重复该步骤,去皮,加 10mL 水,记录质量,得到该滴定管的 6 组测量数据。(注意此时水的总体积为 60mL)(无须每次添加后都倒空烧杯)。

②用 20mL 或 30mL 烧杯和 1.0mL 滴定量重复上一步骤,测量 6 次。

(4)分析天平和机械式移液器　用 20mL 或 30mL 烧杯、1.0mL 机械式移液器重复步骤(2)①(也就是将 20mL 或 30mL 烧杯去皮,用机械式移液器移取 1mL 水到烧杯中并记录质量)。重复该步骤,去皮,加 1mL 水,记录质量,得到该移液器的 6 组测量数据。(注意此时水的总体积为 6mL)(无须每次移液后都倒空烧杯)。

(5)总容量(*TC*)与总移液量(*TD*)　将 100mL 容量瓶放在顶加载天平上去皮。然后加水至刻度线,称量容量瓶中的水。然后将 250mL 烧杯去皮,再将容量瓶中的水倒入烧杯,称量倒出的水的质量。

(6)可读性与准确性。将顶加载水平调零,并称量 100g(或 50g)标准砝码的质量,记录观察到的质量。拿取标准砝码时应戴上手套或指套,以防手上的油脂残留在砝码上。在两种以上顶加载天平上重复称量同一个标准砝码,记录观察值以及所用天平的种类和型号(例如,Mettler、Sartorius)。

6.3 数据和计算

使用称得的质量及水的已知密度(表 6.1),计算实验步骤(2)~(5)中水的实际体积。并利用体积数值,计算以下准确度和精密度指标值:均值、标准偏差、变异系数、相对百分误差和 95%置信区间。使用前 3 个数据计算 $n=3$ 时上述各指标值,使用全部 6 个数据计算 $n=6$ 时上述各指标值。

实验步骤(2)~(4)中的数据记录

	定量移液管				滴定管				机械式移液器	
	1mL		10mL		1mL		10mL		1mL	
重复	质量	体积	质量	体积	质量	体积	质量	体积	质量	体积
1										
2										
3										
4										
5										
6										
$n=3$										
均值	—		—		—		—		—	
标注偏差	—		—		—		—		—	
变异系数	—		—		—		—		—	
相对百分误差	—		—		—		—		—	
95%置信区间	—		—		—		—		—	
$n=6$										
均值	—		—		—		—		—	
标注偏差	—		—		—		—		—	
变异系数	—		—		—		—		—	
相对百分误差	—		—		—		—		—	
95%置信区间	—		—		—		—		—	

实验步骤(5)的数据记录

	质量	体积
容量瓶中的水		
烧杯中的水		

实验步骤(6)的数据记录

天平	天平的类型/型号	标准物的质量/g
1		
2		
3		

表 6.1 不同温度下水的黏度和密度

温度/℃	密度/(g/mL)	黏度/cps	温度/℃	密度/(g/mL)	黏度/cps
20	0.99823	1.002	24	0.99733	0.9111
21	0.99802	0.9779	25	0.99707	0.8904
22	0.99780	0.9548	26	0.99681	0.8705
23	0.99757	0.9325	27	0.99654	0.8513

6.4 思考题

(思考题请参阅 6.2)

(1)理论上,标准偏差、变异系数、均值、相对百分误差,95%置信区间是如何受下列因素影响的:①更多的平行样本数和②更大的测量范围?对定量移液管和滴定管而言,当$n=3$与$n=6$时,移液量为 1mL 与 10mL 时,从实际结果看影响明显吗?

	理论值		实测值	
	更多平行样本数	更大测量范围	更多平行样本数	更大测量范围
标注偏差				
变异系数				
均值				
相对百分误差				
95%置信区间				

(2)比较实验步骤(2)和实验步骤(3)中当定量移液管和滴定管的移液量分别为 1mL 和 10mL 的准确度和精密度时,为什么要分别用相对百分误差和变异系数,而不只是用平均值和标准偏差分别进行比较?

(3)比较和讨论用定量移液管、滴定管和机械式移液器移取 1mL 体积时的准确度和精密度[实验步骤(2)、实验步骤(3)、实验步骤(4)],结果与预测是否一致?

(4)如果移液器的准确度和/或精密度比预测的要低,你会怎样改进其准确度和/或精密度?

(5)在滴定实验中使用滴定管分析时,每次滴定时你会用远小于 10mL 的溶液吗?你能预测如果采用 10mL 或 50mL 的滴定管,哪个会获得更好的准确度和精密度?为什么?

(6)实验步骤(5)中"定容"和"移取"结果有什么不同?容量瓶是用来"定容"的还是"移液"的?移液管的作用呢?

(7)根据实验步骤(6)中的结果,如果天平可以读到 0.01,你是否可以马上认为它的准确度是 0.01g?

(8)在实验步骤(2)~(4)中,什么来源(人员的或仪器的)的误差是明显的或可能的,如何减少或消除这些误差?请具体说明。

(9)如果你在实验室中考虑采用一种新的分析方法来测定谷物产品的水分,你会如何测定该新方法的精密度,如何将其与旧方法比较?你会如何测定(或估算)新方法的准确度?

相关资料

1. Neilson AP, Lonergan DA, and Nielsen SS (2017) Laboratory standard operating procedures, Ch. 1. In: Food analysis laboratory manual, 3rd ed., Nielsen SS (ed.), Springer, New York
2. Nielsen SS (2017) Introduction to food analysis, Ch. 1. In: Nielsen SS (ed) Food analysis, 5th edn. Springer, New York
3. Smith JS (2017) Evaluation of analytical data, Ch. 4. In: Nielsen SS (ed) Food analysis, 5th edn. Springer, New York

7 高效液相色谱法

7.1 引言

7.1.1 实验背景

高效液相色谱法(HPLC)在食品化学领域具有广泛的用途,可用于多种食品成分的分析检测,包括有机酸、维生素、氨基酸、糖、亚硝胺、农药、代谢物、脂肪酸、黄曲霉毒素、色素和食品添加剂等。与气相色谱不同,液相色谱不要求待测物质具有挥发性,但其要求待测物质必须在流动相中具有一定的溶解度。同时,用于HPLC分析的待检测样品中不能存在任何固体颗粒物质,因此常通过离心和过滤去除待检测样品中的这些杂质。在HPLC分析前,常通过固相萃取去除待测样品中的干扰物质。

食品相关的HPLC分析多采用反相色谱法,其中流动相相对极性,如水、稀释缓冲溶液、甲醇或乙腈等;固定相(柱填料)相对非极性,通常为C_8或C_{18}烃类包衣的二氧化硅颗粒。当混合物通过色谱柱时,它们在烃类固定相和流动相之间进行分配,其中流动相在色谱分析过程中可以是恒定的(如等度洗脱),也可以逐步或连续变化(如梯度洗脱);当混合组分在色谱柱末端彼此分离时,对各组分进行定性和定量检测。相同洗脱条件下,通过比较样品组分和标准物质的保留体积或保留时间可对该组分进行定性鉴定,通过比较样品组分和标准品的峰高或峰面积可对该组分进行定量,定量结果通常以mg/g或mg/mL食品样品表示。

7.1.2 阅读任务

《食品分析》(第五版)第12章色谱分离的基本原理,中国轻工业出版社(2019)。

《食品分析》(第五版)第13章高效液相色谱,中国轻工业出版社(2019)。

7.2 通过高效液相色谱法分析饮料中的咖啡因

7.2.1 简介

将饮料进行简单的过滤处理,通过反相HPLC可以对饮料组分进行分离,并确定其中的咖啡因含量。一般情况下,采用流动相等度洗脱足以将咖啡因与其他饮料组分进行分离。咖啡等饮料多含有复杂的化合物组分,相比之下,软饮料中的咖啡因成分更易于分离、定量。通常以市售咖啡因作为外标,通过峰高或峰面积来定量测定饮料中的咖啡因含量。

7.2.2 实验目的

采用带有紫外检测器的反相高效液相色谱检测软饮料中的咖啡因含量,用峰高和峰面积进行计算。

7.2.3 化学药品

	CAS 编号	危害性
乙酸(CH_3COOH)	64-19-7	腐蚀性
咖啡因	58-08-2	有害的
甲醇,HPLC 级(CH_3OH)	67-56-1	易燃的;有毒的

7.2.4 注意事项、危害和废物处理

遵守正常的实验室安全操作规程,实验过程中佩戴安全眼镜,废甲醇必须作为危险废弃物处理,其他废弃物或可使用水冲洗排放至下水道中,但必须遵循所在机构环境健康安全协议中的良好实验室操作规范。

7.2.5 实验试剂

实验试剂需提前准备,所需实验试剂如下:

- 流动相

去离子蒸馏水(dd 水):HPLC 级甲醇:乙酸=65:35:1($V/V/V$),通过 0.45μm 的尼龙微滤膜过滤并脱气。

- 不同浓度的咖啡因标准品溶液

将 20mg 咖啡因溶解到 100mL 的 dd 水中,制备 0.20mg/mL 咖啡因储备母液;取 2.5、5.0、7.5 和 10mL 的咖啡因储备母液,分别加入 7.5、5.0、2.5 和 0mL 的 dd 水,制备浓度为 0.05、0.10、0.15 和 0.20mg/mL 的咖啡因标准溶液。

7.2.6 实验材料

- 一次性塑料注射器,3mL(用于过滤样品)
- HPLC 进样注射器,25μL(如果手动注射样品)
- 巴斯德吸管和洗耳球
- 自动进样器样品瓶(若使用自动进样器,用于存放待测样品)
- 含咖啡因的软饮料

- 注射过滤器组件(含注射器和 0.45μm 过滤器)
- 试管,如 13mm×100mm 一次性试管(用于过滤样品)

7.2.7 实验仪器

- 分析天平
- HPLC 系统,含紫外检测器
- 膜过滤脱气系统

7.2.8 高效液相色谱条件

色谱柱	WatersμBondapak C_{18}柱(Waters, Milford, MA)或等效的反相色谱柱
保护柱	Waters Guard-Pak 预柱模块,含 C_{18}Guard-Pak 填料或等效物
流动相	dd 水∶HPLC 级甲醇∶乙酸=65∶35∶1(*V/V/V*)(混合后过滤、脱气)
流速	1mL/min
进样量	10μL
检测波长	254nm 或 280nm
敏感度	满刻度吸光度=0.2
图表记录速度	1cm/min

7.2.9 实验步骤

(1)饮料样品过滤

①从 3mL 塑料注射器中取出柱塞,并将注射器针筒固定到注射器过滤器组件上(带虑膜)。

②使用巴斯德吸管将饮料样品转移到注射器针筒中,插入、按压注射器柱塞,样品通过膜过滤器被收集到小试管中。

(2)先用过滤后的样品润洗 HPLC 进样注射器,然后缓慢吸取 15~20μL 的过滤样品(尽量避免吸取气泡)。

(3)当 HPLC 进样阀处于 LOAD 位置时,将注射器针头完全插入进样针口。

(4)缓慢按压注射器柱塞,使样品完全充满 10μL 的进样环回路。

(5)注射器保持原位不动,将阀门旋转到 INJECT 位置(流动相将样品带入色谱柱中),并按下检测器上的图表标记按钮(标记图表记录纸上开始运行的位置)。

(6)取下注射器(阀门仍置于 INJECT 位置,流动相将连续冲洗注射器回路,从而防止样品间的交叉污染)。

(7)当咖啡因被洗脱出来后,将阀门返回至 LOAD 位置,以备下次进样。

(8)重复步骤(3)~(7),每个浓度的咖啡因标准溶液进样 2~3 次(在实验开始前,实验室助理可完成标准品溶液的进样检测)。

7.2.10 数据和计算

(1)可由实验室助理将色谱图和峰面积结果报告打印出来。利用标准品的峰面积绘制标准曲线,通过标准曲线的线性回归方程计算样品中咖啡因的浓度。如有需要,可将样品适当稀释,根据稀释因子计算咖啡因的浓度。将所有的数据对应填入下表。

标准曲线:

咖啡因浓度/(mg/mL)	重复	峰面积/cm^2
0.05	1	
	2	
	3	
0.10	1	
	2	
	3	
0.15	1	
	2	
	3	
0.20	1	
	2	
	3	

样品:(针对每种样品数据完成下表)

重复	保留时间/min	峰面积/cm^2	根据标准曲线计算的浓度/(mg/mL)	根据稀释倍数计算的浓度/(mg/mL)
1				
2				
3				
	$\bar{X}$			
	SD=			

(2)使用平均值计算样品中的咖啡因浓度,并计算其标准误差。

7.2.11 思考题

(1)为何流动相和样品的过滤脱气很重要?

(2)反相 HPLC 与正相 HPLC 所使用的固定相、流动相和洗脱顺序有何不同?

(3)流动相组成

①如果流动相(dd 水:HPLC 级甲醇:乙酸)组成比例由 65:35:1($V/V/V$)变为 75:25:1($V/V/V$),咖啡因的保留时间将如何变化?为什么?

②如果流动相(dd 水:HPLC 级甲醇:乙酸)组成比例由 65:35:1($V/V/V$)变为 55:45:1($V/V/V$),咖啡因的保留时间会如何变化?为什么?

7.3 通过固相萃取和高效液相色谱法分析果蔬中的花色苷

7.3.1 简介

花色苷是一类天然植物色素,可随溶液 pH 的变化而呈现多种颜色。花色苷类物质多具有相似的分子结构和极性,常结合多样化的糖取代基或有机酸类取代基,导致花色苷分析困难。单分子花色苷在低 pH 条件下(pH 1~3)呈现鲜红色,而在较高 pH 条件下(pH 4~6)几乎无色,因此常用其颜色强度来分析花色苷。溶液中的纯花色苷一般遵循朗伯比尔定律,当缺乏可靠的标准品时,可以根据消光系数估算其浓度。许多花色苷标准品都是市场上可以买到的,如矢车菊素-3-*O*-葡萄糖苷常用作花色苷定量分析标准品。

由于酯化糖取代基和/或酰基化有机酸的多样性,红肉果蔬中含有许多不同形式的花色苷。大多数食物含有多达六种花色苷苷元(不含糖或有机酸取代基,称为花青素),包括飞燕草色素、矢车菊色素、牵牛花色素、天竺葵色素、芍药色素和锦葵色素(图 7.1)。分析花色苷时,常通过固相萃取从食物基质中萃取花色苷,经酸水解去除其所含糖基和/或有机酸,获得相应的花青素。花青素含量易于通过反相 HPLC 分析,从而计算花色苷的含量。

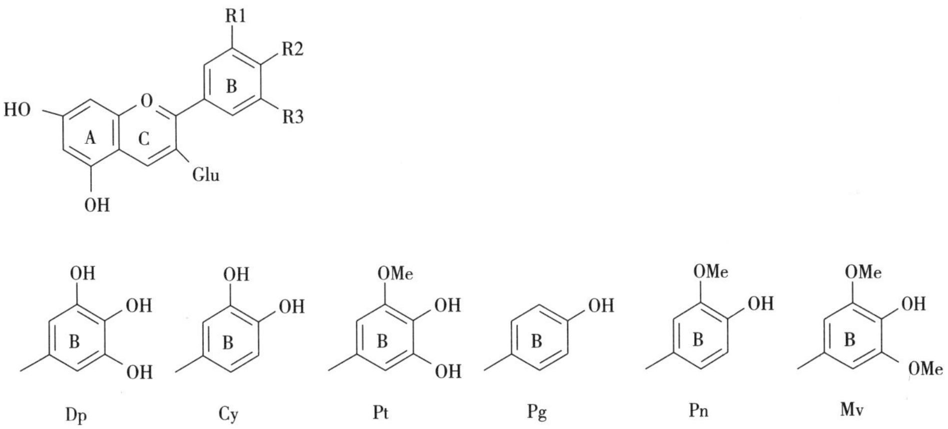

图 7.1 花青素结构

注:B 环上的常见取代物包括飞燕草色素(Dp)、矢车菊色素(Cy)、牵牛花色素(Pt)、天竺葵色素(Pg)、芍药色素(Pn)和锦葵色素(Mv)

固相萃取(SPE)是一种流行的色谱样品制备技术。在 HPLC 分析之前,常通过固相萃取以减少生物基质化合物的干扰,该技术的萃取分离原理与反相液相色谱柱类似。虽然 SPE 固定相种类多样,但反相 C_{18} 材料常作为 SPE 固定相用于食品分析。与果蔬中的其他化学成分相比,花色苷的极性相对较低,易于与反相 C_{18} SPE 柱结合,而其他成分如糖、有机酸、水溶性维生素或金属离子与 SPE 色谱柱几乎无亲和力。去除这些成分的干扰后,花色苷可以通过酒精进行高效洗脱,从而获得半纯化提取物,用于进一步的 HPLC 分析。

在 HPLC 色谱柱分离化合物组分的过程中,流动相在色谱柱固定相填料中连续流动,样品组分同固定相和流动相之间的化学相互作用将影响该组分在色谱柱中的洗脱速率。对于极性相似的化合物,通常使用混合流动进行梯度洗脱。反相固定相常用于分离花青素,常通过不同链长烷烃(如 C_8或 C_{18})调控色谱柱二氧化硅填料的疏水性。将色谱初始条件设定为极性(水)流动相洗脱,进而通过有机(醇)流动相洗脱,花青素将按其极性顺序被洗脱。

本实验将通过检测果蔬样品中的花青素来分析其花色苷含量,通过固相萃取花色苷,进而通过酸水解去除花色苷的糖苷键,将所得花青素样品注入高效液相色谱进行分离、定量。根据植物来源的不同,将检测到 1~6 个色谱峰,代表果蔬植物中常见的花青素。

7.3.2 实验目的

利用反相高效液相色谱分离测定常见果蔬样品中的花青素,通过花青素的分光光度吸收读数和消光系数来标定其标准品浓度。

7.3.3 化学药品

	CAS 编号	危害性
盐酸(HCl)	7647-01-0	腐蚀性
甲醇(CH_3OH)	67-56-1	易燃,有毒
磷酸(H_3PO_4)	7664-38-2	腐蚀性

7.3.4 注意事项、危害和废物处理

遵守正常的实验室安全操作规程,实验过程中佩戴护目镜,在通风橱中使用盐酸;废甲醇必须作为危险废弃物处理,其他废弃物或可使用水冲洗排放至下水道中,但必须遵循良好实验室操作规范。

7.3.5 实验试剂

实验试剂需提前准备,所需实验试剂如下:

- 4mol/L HCl 水溶液(用于花色苷水解)
- 0.01% HCl 水溶液(用于样品提取)
- 甲醇溶液含 HCl 0.01%(用于固相萃取样品洗脱)
- 流动相 A:100%水(用磷酸调 pH 至 2.4)
- 流动相 B:60%甲醇/40%水(用磷酸调 pH 至 2.4)

[每种流动相需通过 0.45μm 尼龙膜(Millipore)进行过滤除杂,通过真空氮气喷射搅拌或超声处理进行脱气。]

7.3.6 实验材料

- 500mL 烧杯(用于水解所需的沸水条件)
- 搅拌器(用于样品均质)
- 一次性塑料注射器,3~5mL(用于样品过滤)

- 过滤纸(Whatman#4)和漏斗
- 含花色苷的果蔬样品(蓝莓、葡萄、草莓、红卷心菜、黑莓、樱桃或商业果汁)
- 汉密尔顿(Hamilton)玻璃 HPLC 注射器,25μL(用于样品注射)
- 反相 C_{18}萃取柱(用于固相萃取,例如 Waters C_{18}Sep-Pak,WAT051910)
- 注射式过滤器(0.45μm PTFE,聚四氟乙烯)
- 带螺旋盖的试管(用于花色苷水解)

7.3.7　实验仪器

- 分析天平
- 电炉
- 带紫外检测器(520nm)和梯度洗脱模块的 HPLC 系统
- 膜过滤和脱气系统
- 分光光度计和比色皿(1cm)

7.3.8　高效液相色谱条件

7.3.8.1　基本条件

色谱柱	Waters Nova-Pak C_{18}(WAT044375) 或等效的反相色谱柱
保护柱	Waters Guard-Pak 预柱模块,含 C_{18}Guard-Pak 填料或等效物
流动相	流动相 A:100%水;流动相 B:60%甲醇和 40%水(用磷酸调 pH 至 2.4)
流速	1mL/min
进样量	可变:10~100μL
检测器	520nm
梯度洗脱条件	线性,保持 100%流动相 B 的时间可随柱长和/或填料而变化

7.3.8.2　洗脱条件

时间/min	流动相 A/%	流动相 B/%
0	100	0
5	50	50
10	50	50
15	0	100
35	0	100(结束)
37	100	0(平衡)

7.3.9 实验步骤

7.3.9.1 样品提取

可以评估几种不同的商品,或者根据需要重复实验。

(1)称取约10g含有花青素的水果或蔬菜样品(记录确切质量),置于搅拌机中,加入50mL 0.01%的HCl水溶液并充分混合(也可使用酸化的丙酮、甲醇或乙醇溶液)。果汁产品无须上述操作即可使用。

(2)通过滤纸过滤并收集滤液。

(3)滤液于冰箱冷藏,用于下一步操作。

7.3.9.2 固相萃取

(1)首先用4mL 100%的甲醇冲洗反相SPE柱,然后用4mL 0.01%的HCl水溶液冲洗。

(2)将1~2mL果汁或滤液(记录精确体积)缓慢通过SPE柱,注意防止可见色素的损失。花色苷将吸附在SPE固定相上,弱极性的化合物将被去除,如糖、有机酸和抗坏血酸等。

(3)将4mL含0.01% HCl的水溶液缓慢通过SPE柱,以去除残留的水溶性化学物组分。通过空注射器注射空气或用氮气冲洗SPE柱直至干燥,以去除萃取柱中残留的水分。

(4)用4mL含0.01% HCl的甲醇溶液洗脱花色苷,收集花色苷样品以备后续水解。

7.3.9.3 酸水解

可将先前萃取的花色苷样品在课前进行酸水解,以节省上课时间。

(1)将2mL溶于甲醇的花色苷样品加入带螺旋盖的试管中,加入等体积的4mol/L HCl水溶液(最终酸浓度= 2mol/L),得到两倍稀释液(计算方法参见7.3.10)。

(2)在通风橱中拧紧带螺旋盖的试管,置于沸水中水解约90min。

(3)取下试管并冷却至室温,将水解样品通过0.45μm PTFE注射式过滤器过滤至样品瓶中,用于HPLC分析。

(4)将过滤后的提取物注入HPLC色谱柱,记录每个化合物的峰面积(图7.2)。

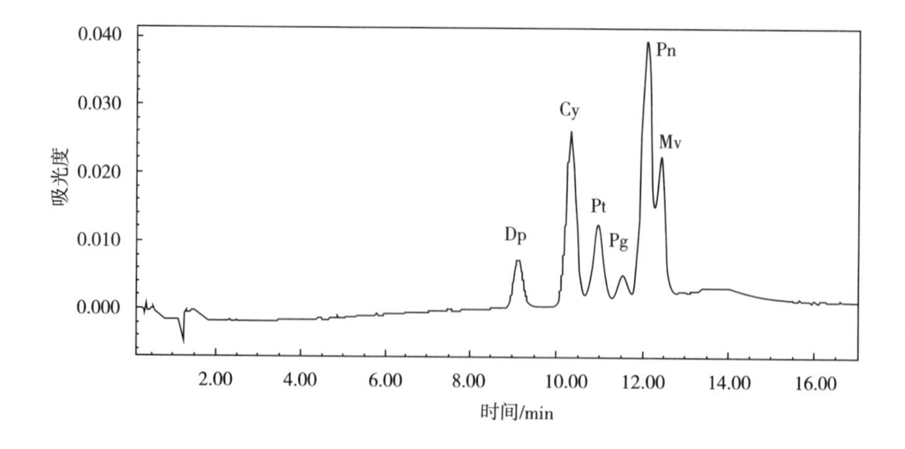

图7.2 典型的花青素(葡萄)反相HPLC色谱图

7.3.10 数据和计算

可靠的花青素标准品可从权威供应商获得,并根据制造商的建议使用。如果使用花色苷作为标准品,则需在 HPLC 分析前进行酸水解。

矢车菊色素是许多水果和蔬菜中大量存在的常见花青素,以其为例进行样品计算。用流动相 A(pH 为 2.4 的水溶液)作为溶剂配制花青素标准溶液,以建立标准曲线。除非制造商确定标准品实际含量,否则应通过分光光度计测定其在 520nm 处的吸光度,以标定标准品。使用花青素的摩尔消光系数(从制造商获得或表示为花青素-3-葡萄糖苷当量, 1mol/L 溶液和 1cm 光程条件下,ε= 29600),基于朗伯比尔定律($A=\varepsilon bc$)计算其浓度,计算公式如下:

$$\text{矢车菊色素浓度(mg/L)}=\frac{(\text{最大波长处吸光度})\times(1000)\ (MW)}{\varepsilon}$$

式中 MW——457g/mol;

ε ——29600。

(1)在 HPLC 中注入不同浓度的花青素标准品溶液以制作标准曲线(可在实验课前由实验室助理完成)。

(2)实验室助理打印色谱图和峰面积结果报告。通过标准品峰面积绘制标准曲线,使用标准曲线的线性方程计算酸性水解样品中的花青素浓度(图 7.3),并注意使用合适的稀释因子。

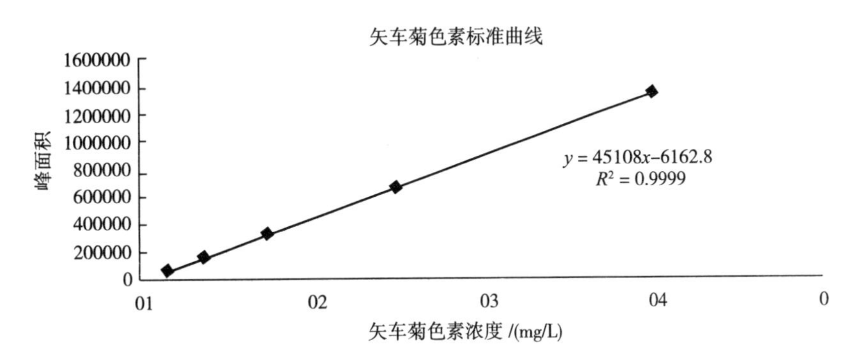

图 7.3 典型的矢车菊色素标准曲线

(3)基于其峰面积,将每种可鉴定化合物的相对浓度表示为矢车菊色素当量(mg 矢车菊色素/L)(除非色谱图中每个峰对应的标准品都具备)。

峰	峰面积	相对浓度/(mg/L)
1		
2		
3		
4		
5		
6		

计算公式为:

$$花青素浓度(mg 矢车菊色素 /L)=\frac{峰面积\times 2}{标准曲线的斜率}\times 样品稀释因子$$

峰面积乘以2是由于在酸水解过程中稀释了两倍;样品稀释因子等于果蔬样品的质量除以果蔬样品质量与提取溶剂质量之和,其中果汁样品的稀释因子为1。

7.3.11 思考题

(1)根据化学结构分析花青素依次顺序洗脱的原因?

(2)预测每种化合物组分在正相色谱柱中的洗脱顺序。

(3)在流速为1mL/min的条件下,一种对色谱柱没有任何亲和力的化合物组分的保留时间为1.5min,试分析色谱柱、管道和泵中流动相的总体积是多少?你对这个数字感到惊讶吗?为什么?

(4)与进样量20μL相比,进样量40μL时色谱图有何变化?

(5)如果颠倒流动相A和B(例如,从100%流动相B开始,并随时间增加流动相A的比例),色谱图会如何变化?

相关资料

1. AOAC International (2016) Official methods of analysis, 20th edn., (On-line) Method 979.08. Benzoate, caffeine, and saccharin in soda beverages. AOAC International, Rockville, MD
2. Bridle P, Timberlake F (1997) Anthocyanins as natural food colours - selected aspects. Food Chem 58: 103 - 109
3. Hong V, Wrolstad RE (1990) Use of HPLC separation/photodiode array detection for characterization of anthocyanins. J Agr Food Chem 38:708 - 715
4. Markakis P (ed) (1982) Anthocyanins as food colors. Academic Press, New York
5. Ismail BP (2017) Basic principles of chromatography. Ch. 12. In: Nielsen SS (ed) Food analysis, 5th edn. Springer, New York6. Reuhs BL (2017) High-performance liquid chromatography. Ch. 13. In: Nielsen SS (ed) Food analysis, 5th edn. Springer, New York

气相色谱法

8.1 引言

8.1.1 实验背景

气相色谱法(GC)在食品分析中具有非常广泛的应用。GC已被用于食品中脂肪酸类、甘油三酯类、胆固醇类、气体、水、醇类、农药、风味化合物以及其他多种成分的测定。尽管GC还被用于其他食品成分,如糖类、寡糖类、氨基酸、多肽和维生素的分析,但这些物质更适合通过高效液相色谱进行分析。GC非常适合分析具有热稳定性质的挥发性物质。符合上述这些标准的物质,例如农药和风味化合物等可以从食品中分离出来,经预处理后可以直接注入GC进行分析。然而,对于热不稳定、挥发性太低或由于极性导致色谱分离效果不够理想的化合物,在GC分析之前必须进行衍生化步骤。本章实验主要包括不需要衍生化步骤的醇类分析和需要衍生化步骤的脂肪酸类分析两部分内容。本实验指定使用毛细管色谱柱,但是在第一个实验中包括填充色谱柱使用条件的说明。

8.1.2 阅读任务

《食品分析》(第五版)第17章脂类分析,中国轻工业出版社(2019)。

《食品分析》(第五版)第23章脂类特性分析,中国轻工业出版社(2019)。

《食品分析》(第五版)第14章气相色谱法,中国轻工业出版社(2019)。

8.2 气相色谱法测定葡萄酒中的甲醇和高级醇类

8.2.1 简介

由于高级醇类(又称杂醇油类)化合物对葡萄酒和蒸馏酒的风味具有潜在的影响,所以对葡萄酒和蒸馏酒中的这类化合物进行定量是非常重要的。这些高级醇类主要包括正丙醇、异丁醇和异戊醇。一些国家和地区的法规规定了某些酒精饮料中高级醇类的总量和/或最低含量。通常餐酒中高级醇类的含量较低,而甜点酒特别是用白兰地强化的葡萄酒中高级醇类的含量较高。

在葡萄酒酿造的过程中,果胶甲基酯酶通过酶促水解 α-1,4-D-半乳糖醛酸的甲酯产生甲醇。这种酶促作用在葡萄中是天然存在的,同时也可以在葡萄酒的酿造过程中通过外源加入,其对于葡萄酒的适当澄清是必要的。与红葡萄酒和桃红葡萄酒中甲醇含量(48~227mg/L)相比,美国生产的白葡萄酒中含有较少的甲醇(4~107mg/L)。甲醇的沸点低于高级醇类(表 8.1),因此它更容易挥发,并能更早地从气相色谱(GC)柱中被洗脱出来。

表 8.1　　醇类的结构式和沸点

醇类	结构式	沸点/℃
甲醇	CH_3OH	64.5
乙醇	$CH_3—CH_2OH$ 78.3	
正丙醇	$CH_3—CH_2—CH_2OH$	97
异丁醇 (2-甲基-1-丙醇)	$CH_3—CH—CH_2OH$ | CH_3	108
异戊醇 (3-甲基-1-丁醇)	$CH_3—CH—CH_2CH_2OH$ | CH_3	
活性戊醇 (2-甲基-1-丁醇)	$CH_3—CH_2—CH—CH_2OH$ | CH_3	128
苯甲醇	$C_6H_5—CH_2OH$	205

通过使用内标物例如苯甲醇、3-戊醇或正丁醇等,蒸馏酒中的甲醇和高级醇类易于通过气相色谱法进行定量,以下列举的方法类似于 AOAC 中 968.09 和 972.10 的方法[蒸馏酒中的醇类(高级)和乙酸乙酯]。

8.2.2　实验目的

采用气相色谱法,以苯甲醇为内标物,测定葡萄酒中甲醇、正丙醇和异丁醇的含量。

8.2.3　实验原理

气相色谱法通过高温使被检测样品中目标化合物挥发,利用惰性气体作为流动相将其带入色谱柱中,这些化合物在通过色谱柱的固定相时被分离开,并能被检测用于定量分析。

8.2.4　化学药品

	CAS 编号	危害性
苯甲醇	100-51-6	有害
乙醇	64-17-5	高度易燃
异丁醇	78-83-1	刺激性
甲醇	67-56-1	极易燃
正丙醇	71-23-8	刺激性,高度易燃

8.2.5 实验试剂

● 16%的乙醇溶液：乙醇与去离子蒸馏水水体积比 16%[V(醇)：$V(H_2O)$ = 4：21]，500mL**

● 50%的乙醇溶液：乙醇与去离子蒸馏水水体积比 50%[V(醇)：$V(H_2O)$ = 1：1]，3200mL**

● 95%的乙醇溶液：乙醇与去离子蒸馏水水体积比 95%[V(醇)：$V(H_2O)$ = 19：1]，100mL**

● 储备(母)液**

用已知量的乙醇和杂醇类或甲醇制备：

(1)10.0g 甲醇用 50%的乙醇[V(醇)：$V(H_2O)$ = 1：1]溶解并定容至 1000mL

(2)5.0g 正丙醇用 50%的乙醇[V(醇)：$V(H_2O)$ = 1：1]溶解并定容至 1000mL

(3)5.0g 异丁醇用 50%的乙醇[V(醇)：$V(H_2O)$ = 1：1]溶解并定容至 1000mL

(4)5.0g 苯甲醇用 95%的乙醇[V(醇)：$V(H_2O)$ = 19：1]溶解并定容至 100mL

● 工作标准溶液

用储备液配制包含不同总量的每一种杂醇的工作标准溶液，这些分别配制的工作标准溶液用于定性、定量测定和绘制标准曲线。配制 4 组工作标准溶液：

(1)取 0.5mL 储备液 1、2、3 和 4.5mL 50%乙醇[V(醇)：$V(H_2O)$ = 1：1]混匀，用 16%的乙醇[V(醇)：$V(H_2O)$ = 4：21]定容至 100mL。

(2)取 1.0mL 储备液 1、2、3 和 3mL 50%乙醇[V(醇)：$V(H_2O)$ = 1：1]混匀，用 16%的乙醇[V(醇)：$V(H_2O)$ = 4：21]定容至 100mL。

(3)取 1.5mL 储备液 1、2、3 和 1.5mL 50%乙醇[V(醇)：$V(H_2O)$ = 1：1]混匀，用 16%的乙醇[V(醇)：$V(H_2O)$ = 4：21]定容至 100mL。

(4)取 2.0mL 储备液 1、2、3 混匀，用 16%的乙醇[V(醇)：$V(H_2O)$ = 4：21]定容至 100mL。

(注意：上述每种工作标准溶液中，乙醇的终浓度为 18%。)

8.2.6 注意事项、危害和废物处理

醇类物质易燃具有引起火灾的危险；在实验操作过程中应避免接触明火、避免呼吸吸入蒸汽、避免直接与皮肤接触。除此之外，请严格遵守实验室安全准则。始终佩戴护目镜。水溶性废物可以通过水冲洗排入下水道。

8.2.7 实验材料

● 1000μL 机械式移液器，带吸头

1500mL 圆底烧瓶

注：**表示此实验试剂需提前准备。

- 进样器(注射器)(用于 GC 分析)
- 100mL 容量瓶(6 个)
- 1000mL 容量瓶(4 个)

8.2.8 实验仪器

- 分析天平
- 蒸馏装置(加热元件适合 500mL 圆底烧瓶、冷水冷凝器)
- 气相色谱装置:

色谱柱	DB-Wax(30m×0.32nm ID, 膜厚 0.5μm)(Agilent Technologies, Santa Clara, CA)或等效的毛细管色谱柱或含 80/120Carbopack BAW 和 5 % Carbowax 20M 填料的填充玻璃色谱柱(1828.8m×6.35mmOD×2mm ID)× 2mm ID glass column (填充色谱柱)
汽化温度	200 ℃
柱温	以 5 ℃/min 升温至 70~170 ℃
载气	氦气,流速:2mL/min(或填充柱使用氮气,流速:20mL/min)
检测器	氢火焰离子化检测器
衰减	8(用于所有运行)

注:ID:内径;OD:外径;BAW:碱和酸冲洗。

8.2.9 实验步骤

(本书只给出了标准品和样本的单次分析的步骤,实际操作要求进行重复实验。)

8.2.9.1 样品的制备

(1)用 100mL 容量瓶准确量取 100mL 待分析的葡萄酒样品。

(2)将量取的葡萄酒样品倒入至 500mL 的圆底烧瓶,并用去离子蒸馏水漂洗容量瓶数次,以确保葡萄酒样品完全转移至圆底烧瓶中。如有必要,可额外多漂洗数次,使样品的体积大约为 150mL。

(3)对葡萄酒样品进行蒸馏,并用洁净的 100mL 容量瓶回收馏出物。继续蒸馏至馏出体积达到 100mL 容量瓶的刻度线。

(4)添加 1.0mL 苯甲醇储备液至 100mL 的每种工作标准溶液和待分析的葡萄酒样品中,待测。

8.2.9.2 样品和操作标准溶液分析

(1)取 1.0μL 葡萄酒样品和每种工作标准溶液,分别独立上样,进行气相色谱分析(输入分流比 1:20)(对于填充柱,进样量为 5.0μL)。

(2)利用峰面积积分获得色谱分析图谱和相应数据。

8.2.10 数据和计算

(1)计算4种工作标准溶液中的甲醇、正丙醇、异丁醇的浓度(mg/L)(参见以下计算示例)。

醇类浓度　　单位:mg/L

工作标准溶液	甲醇	正丙醇	异丁醇
1			
2			
3			
4			

计算示例:

工作标准溶液 #1 包含甲醇、正丙醇、异丁醇,均溶于乙醇。

储备液中甲醇含量 #1 :

$$\frac{10\text{g 甲醇}}{1000\text{mL}}=\frac{1\text{g}}{100\text{mL}}=\frac{0.01\text{g}}{\text{mL}}$$

工作标准溶液 #1 中含有 0.5mL 储备液 #1,

=0.5mL 的 0.01g/mL 甲醇 =0.005g 甲醇 =5mg 甲醇。

由于在 100mL 工作标准溶液中含有 5mg 甲醇,

所以工作标准溶液 #1 中甲醇含量:

= 5mg/100mL=50mg/1000mL =50mg/L 甲醇

重复上述步骤对每种工作标准溶液中的每种醇类的定量和计算。

(2)与内标物质相比较,计算每种工作标准溶液和葡萄酒样品中的甲醇、正丙醇、异丁醇的峰高或峰面积比。请参照下面的示例色谱图,鉴定甲醇、正丙醇、异丁醇的色谱峰。注意用峰值自动积分获得的数据进行计算。请按下表所示报告峰面积比,举例说明每种醇类的浓度计算。

以苯甲醇为内标物质,计算不同浓度的甲醇、正丙醇、异丁醇中醇类的峰高比。

醇类浓度/(mg/L)	峰高比①		
	甲醇 苯甲醇	正丙醇 苯甲醇	异丁醇 苯甲醇
25			
50			
75			
100			
150			
200			
葡萄酒样品			

①给出单个值和比率。

(3)根据峰高比构建甲醇、正丙醇、异丁醇的标准曲线。所有的标准曲线均能够展示在一个标准曲线图上,确定其线性回归方程。

(4)计算葡萄酒样品中的甲醇、正丙醇、异丁醇峰比值和浓度(mg/L)。

8.2.11 思考题

(1)请解释如果该实验中使用外标而不是内标,所用的标准溶液和获得的测量值及标准曲线会有什么不同?

(2)在本实验中使用内标相比外标有哪些优势?在选择内标时依据的标准是什么?

8.3 脂肪酸甲酯(FAMEs)的制备及气相色谱法测定油脂中的脂肪酸组成

8.3.1 简介

食品营养成分标签中有关脂肪酸组成的信息非常重要,它不仅包括对总脂肪的定量,还要包括对饱和脂肪、不饱和脂肪和单不饱和脂肪的定量。气相色谱法(GC)是测定(包括定性和定量)食品中脂肪酸组成的理想方法。脂肪酸组成的分析通常包括脂质类的提取和毛细管气相色谱分析。在进行 GC 分析之前,需要将脂质类物质中的甘油三酯和磷脂皂化,并且将释放出的脂肪酸酯化以形成脂肪酸甲酯(FAME),从而增加其挥发性。

在本实验中将使用两种样品衍生方法用于 FAME 的测定分析:甲醇钠法和三氟化硼(BF_3)法。甲醇钠法通过使用甲醇钠作为催化剂对脂肪酸进行酯交换反应。该方法适用于含有 4~24 个碳原子的饱和及不饱和脂肪酸的分析。在 BF_3方法中,BF_3作为催化剂快速催化脂类皂化、释放并酯化脂肪酸用于进一步分析。该方法适用于常见的动植物油脂和脂肪酸的分析。不能皂化的脂质不会被衍生化,并且如果大量存在这类脂质,可能会干扰后续的分析。该方法不适用于制备含有大量环氧基、氢过氧基、醛基、酮基、环丙基和环戊基等官能团的脂肪酸甲酯,以及含共轭的烯烃和炔烃化合物的脂肪酸甲酯,因为这些基团在样品制备过程中可能会部分或完全被破坏。

值得注意的是,本实验采用的是 AOAC 中 969.33 方法,而不是 996.06 方法,996.06 方法是营养成分标签中重点检测反式脂肪的方法。与 AOAC 中 969.33 方法相比,996.06 方法使用毛细管色谱柱更长且更昂贵,每个样品的分析时间更长,并且数据计算更复杂。

8.3.2 实验目的

利用两种方法从食品油脂中的脂肪酸制备甲酯,然后通过气相色谱法测定油脂中的脂肪酸组成和浓度。

8.3.3 化学药品

	CAS 编号	危害性
三氟化硼(BF_3)	7637-07-2	有毒,高度易燃
正己烷	110-54-3	有害,高度易燃,危害环境
甲醇	67-56-1	极易燃
氯化钠(NaCl)	7647-14-5	刺激性
氢氧化钠(NaOH)	1310-73-2	腐蚀性
硫酸钠(Na_2SO_4)	7757-82-6	有害
甲醇钠	124-41-4	有毒,高度易燃

8.3.4 实验试剂

- 三氟化硼(BF_3):用甲醇配制成 12%~14%的溶液
- 正己烷:色谱纯,如果待测脂肪酸含有 20 个或以上碳原子,建议使用正庚烷
- 0.5mol/L 甲醇氢氧化钠溶液:将 2g 氢氧化钠溶于 100mL 甲醇中
- 油脂:纯橄榄油,红花油,鲑鱼油
- 参考标准[气液色谱法(GLC)-60 参考标准品脂肪酸甲酯(FAME)25mg 溶于 10mL 正己烷中,(见表 8.2)(Nu-Chek Prep, Inc. Elysian, MN)]
- 甲醇钠:0.5mol/L 甲醇钠溶于 0.5mol/L 甲醇中(Sigma-Aldrich)
- 饱和氯化钠溶液
- 无水硫酸钠颗粒

表 8.2 脂肪酸甲酯(FAME)GLC-60 参考标准

编号	碳链	名称	占比/%
1	C4:0	丁酸甲酯	4.0
2	C6:0	己酸甲酯	2.0
3	C8:0	辛酸甲酯	1.0
4	C10:0	癸酸甲酯	3.0
5	C12:0	月桂酸甲酯	4.0
6	C14:0	肉豆蔻酸甲酯	10.0
7	C14:1	肉豆蔻酸甲酯	2.0
8	C16:0	棕榈酸甲酯	25.0
9	C16:1	棕榈油酸甲酯	5.0
10	C18:0	硬脂酸甲酯	10.0
11	C18:1	油酸甲酯	25.0
12	C18:2	亚油酸甲酯	3.0

续表

编号	碳链	名称	占比/%
13	C18∶3	亚麻酸甲酯	4.0
14	C20∶0	花生酸甲酯	2.0

8.3.5 注意事项、危害和废物处理

使用三氟化硼的所有操作用必须在通风橱内进行;避免接触皮肤、眼睛和吸入呼吸道。操作后,立即清洗所有与三氟化硼接触的玻璃器皿。除此之外,请严格遵守实验室安全守则。操作过程中始终佩戴护目镜。必须将三氟化硼,正己烷和甲醇钠作为危险废弃物处理。其他废弃物在通过水冲洗进入下水道时,请遵循良好实验室规范。

8.3.6 实验材料

- 100mL 烧瓶和水冷式冷凝器(进行皂化和酯化反应)
- 巴斯德吸管
- 进样器(注射器)
- 带有密封盖的小瓶或样品瓶

8.3.7 实验仪器

- 分析天平
- 离心机
- 涡旋混合器
- 气相色谱装置(带运行条件):

仪器	气相色谱仪(安捷伦 6890 或类似产品)
检测器	氢火焰离子检测器
色谱柱	DB-Wax 或同等产品
长度	30m
内径	0.32mm
膜厚	1.0μm
载气	氦气
补充气体	氮气
进样量	1μL
分流比	1∶20
流速	2mL/min(在室温下测量)
汽化温度	250℃
检测器温度	250℃
初始温度	100℃

续表

仪器	气相色谱仪(安捷伦 6890 或类似产品)
初始时间	2min
升温速率	5℃/min
最终温度	230℃
最终时间	10min

8.3.8 实验步骤

单个样品制备和进样均有说明,但样品和标准品可重复进样。

8.3.8.1 甲酯的制备

方法①:利用三氟化硼法制备甲酯(采用 AOAC 中 969.33 方法)

注意:制备的甲酯应尽快进行分析或用安瓿瓶密封后在冰箱中保存。制备的甲酯中也可以添加当量 0.005%的 2,6-二叔丁基-4-甲基苯酚(BHT)。根据表 8.3,通过近似样品的量确定烧瓶大小和试剂用量。

(1)将 500mg 样品(表 8.3)加入 100mL 的烧瓶中,然后加入 8mL 甲醇氢氧化钠溶液和沸石。

表 8.3　通过近似样品量确定烧瓶大小和试剂用量

样品/mg	烧瓶/mL	0.5mol/L 氢氧化钠/mL	三氟化硼试剂/mL
100~250	50	4	5
250~500	50	6	7
500~750	100	8	9
750~1000	100	10	12

(2)加热,连接冷凝器并回流,直至烧瓶中脂肪滴消失(约加热 5~10min)。

(3)通过冷凝器加入 9mL 三氟化硼溶液,继续煮沸 2min。

(4)通过冷凝器加入 5mL 正己烷,再煮沸 1min。

(5)取出烧瓶并加入约 15mL 饱和的氯化钠溶液。

(6)当溶液保持温热期间,塞紧烧瓶口并剧烈摇动 15s。

(7)加入饱和氯化钠溶液,使正己烷溶液浮在烧瓶颈部。

(8)吸取 1mL 正己烷溶液转移到小瓶中,加入无水硫酸钠以除去水。

方法②:利用甲醇钠法制备甲酯

(1)使用巴斯德吸管将 100mg(±5mg)的样品油脂(精确称重至 0.1mg)装入药品小瓶或带密封盖的小瓶中。

(2)向小瓶中加入 5mL 正己烷,快速涡旋振荡,溶解油脂。

(3)加入 250mL 甲醇钠试剂,盖紧小瓶,涡旋震荡 1min,每隔 10s 暂停振荡一次使涡旋消失。

(4)向小瓶中加入 5mL 饱和氯化钠溶液,盖紧小瓶,剧烈振荡 15s,静置 10min。

(5)将正己烷相移到含有少量硫酸钠的小瓶中,注意不要转移任何界面沉淀物(如果存在)或水相层溶液。

(6)在进行 GC 分析之前,加入无水硫酸钠,使含有甲酯的正己烷相与无水硫酸钠充分接触 15min 以上。

(7)将正己烷相转移至小瓶中并用于随后的 GC 分析(正己烷溶液在冰箱中保存)。

8.3.8.2 标准品和样品的 GC 分析

(1)用正己烷冲洗进样器 3 次,然后用参比标准混合液冲洗进样器 3 次[将 25mg 20A GLC 参比标准脂肪酸甲酯(FAME)溶于 10mL 正己烷中]。使用进样器上样 1μL 的标准溶液,从进样口取出进样器,然后按开始键。用正己烷再次冲洗进样器 3 次。请使用如下所示的色谱图。

(2)用正己烷冲洗进样器 3 次,然后用经方法 A 制备的样品溶液冲洗进样器 3 次。使用进样器上样 1μL 的样品溶液,从进样口取出进样器,然后按开始键。用正己烷再次冲洗进样器 3 次。请使用如下所示的色谱图。

(3)重复上述步骤对方法 B 制备的样品溶液进行分析。

8.3.9 数据和计算

(1)报告脂肪酸甲酯(FAME)参比标准混合溶液色谱图中出峰的保留时间和相对峰面积。根据上述信息对色谱图中的 14 个峰进行鉴定。

峰号	保留时间	峰面积	峰的鉴定
1			
2			
3			
4			
5			
6			
7			
8			
9			
10			
11			
12			
13			
14			

(2)通过脂肪酸甲酯(FAME)参比标准混合溶液色谱图中出峰的保留时间,以及油脂组成的相关知识,对所分析的每种类型油脂色谱图中的峰进行鉴定分析(请引用关于每种油脂的脂肪酸组成的信息来源)。报告经上述两种衍生化方法制备的样品的GC分析结果。

通过三氟化硼法制备甲酯的色谱分析结果

峰号	红花油		纯橄榄油		鲑鱼油	
	保留时间	鉴定	保留时间	鉴定	保留时间	鉴定
1						
2						
3						
4						
5						
6						
7						
8						
9						
10						
11						
12						
13						
14						

通过甲醇钠法制备甲酯的色谱分析结果

峰号	红花油		纯橄榄油		鲑鱼油	
	保留时间	鉴定	保留时间	鉴定	保留时间	鉴定
1						
2						
3						
4						
5						
6						
7						
8						
9						
10						
11						
12						
13						
14						

(3)针对你的小组所分析的一种油脂,准备一张表(带有适当的单位),将通过实验确定的脂肪酸组成和所引用的参考文献资料中的脂肪酸组成进行比较。

	定量测定		
	文献中报道的定量值	三氟化硼法定量值	甲醇钠法定量值
C4∶0			
C6∶0			
C8∶0			
C10∶0			
C12∶0			
C14∶0			
C14∶1			
C16∶0			
C16∶1			
C18∶0			
C18∶1			
C18∶2			
C18∶3			
C20∶0			
所分析的油脂类型:			

8.3.10 思考题

(1)请将实验数据与文献资料数据进行比较,分析“8.3.9 数据和计算(3)”中脂肪酸组成的相似性和差异性。基于当前的结果,比较、分析并确定针对你的样品哪一种酯化方法更适合用来制备 FAME?

(2)在本实验中采用的方法可为所分析的油脂提供脂肪酸组成。本实验中的方法可以满足大部分脂肪酸的分析。然而,确定油脂中脂肪酸的组成和定量测定油脂中的脂肪酸并不完全相同(请想象一下,假设你希望使用 GC 分析的结果来计算单不饱和脂肪酸和多不饱和脂肪酸的量,以每克指定份量油脂的克数计)。为了使其足够量化以达到如上所述的目的,在分析的过程中必须使用内部标准。

①为什么本实验中使用的脂肪酸组成的分析方法不适用于脂肪酸的定量分析?

②利用气相色谱法(GC)对脂肪酸甲酯(FAMES)定量所需的适当内部标准有何特点以及如何克服①项所述的问题?

③内部标准要添加到参考标准混合物和样品中,还是只能添加到其中一个中?

④什么时候需要加入内部标准?

相关资料

1. Amerine MA, Ough CS (1980) Methods for analysis of musts and wine. Wiley, New York.
2. AOAC International (2016) Official methods of analysis, 20th edn., (On-line). Methods 968.09, 969.33, 972.10, 996.06. AOAC International, Rockville, MD
3. Martin GE, Burggraff JM, Randohl DH, Buscemi PC (1981) Gas - liquid chromatographic determination of congeners in alcoholic products with confirmation by gas chromatography/mass spectrometry. J Assoc Anal Chem 64:186
4. Ellefson WC (2017) Fat analysis. Ch. 17. In: Nielsen SS (ed) Food analysis, 5th edn. Springer, New York
5. Pike OA, O'Keefe SF (2017) Fat characterization. Ch. 23. In: Nielsen SS (ed) Food analysis, 5th edn. Springer, New York
6. Qian MC, Peterson DG, Reineccius GA (2017) Gas chromatography. Ch. 14. In: Nielsen SS (ed) Food analysis, 5th edn. Springer, New York

液相色谱-质谱法

9

9.1 引言

9.1.1 背景

质谱(MS)是一种提供化合物分子质量和化学特性信息的分析技术。该技术通常与高效液相色谱(LC-MS)、气相色谱(GC-MS)、电感耦合等离子体(ICP-MS)等方法联合使用。

质谱仪有三个基本功能:样品电离、离子分离和离子检测。样品中的组分可以用各种电离技术电离;不论何种离子源电离,产生的带电粒子都是根据它们的质核比来进行分离的。分离发生在质谱分析器中,它利用电场和磁场对不同的离子质量进行分类。然后检测这些离子,提供每个相关离子碎片丰度的数据。

进行 LC-MS 分析时,化合物首先在液相(LC)系统上分离。在 LC 系统中检测后[通过紫外-可见光谱法(UV-Vis)],洗脱液进入质谱仪的离子源并被离子化,然后在质谱分析器中根据“质荷比”(m/z)对离子进行分离。再用电子倍增器检测分离出的离子。使用电喷雾离子源(ESI)进行电离时通常会产生具有一定质核比的前体离子。经历电离碎片化的离子称为前体离子,前体离子进一步碎片化后产生的离子称为产物离子。为了进一步获得该化合物的结构信息,可以使用串联质谱(MS/MS)。电离后,利用惰性气体(氦、氩等)作为碰撞气体,通过碰撞诱导离解(CID)将感兴趣的离子分离并破碎。碰撞气体的能量随期望的破碎程度不同而变化,碎片化将会提供有价值的结构信息。串联质谱得到的质谱只包含产物离子。为了更好地理解 MS 的优势,本文将通过一个研究案例进行阐述。

9.1.2 阅读任务

《食品分析》(第五版)第 13 章高效液相色谱,中国轻工业出版社(2019)。

《食品分析》(第五版)第 11 章质谱法,中国轻工业出版社(2019)。

9.1.3 实验目的

通过检测和鉴定大豆粉中各种植物化合物(主要是异黄酮,见表 9.1 和图 9.1)来了解如何利用质谱获得某一个化合物的质谱和结构信息。

表 9.1 大豆中 12 中已知的异黄酮及其相对分子质量(*MW*)

异黄酮	*MW*/u	异黄酮	*MW*/u	异黄酮	*MW*/u
大豆苷元	254	染料木素	270	黄豆黄素	284
大豆苷	416	染料木苷	432	黄豆黄苷	446
乙酰大豆苷	458	乙酰染料木苷	474	乙酰黄豆黄苷	488
丙二酰大豆苷	502	丙二酰染料木苷	518	丙二酰黄豆黄苷	532

(1)

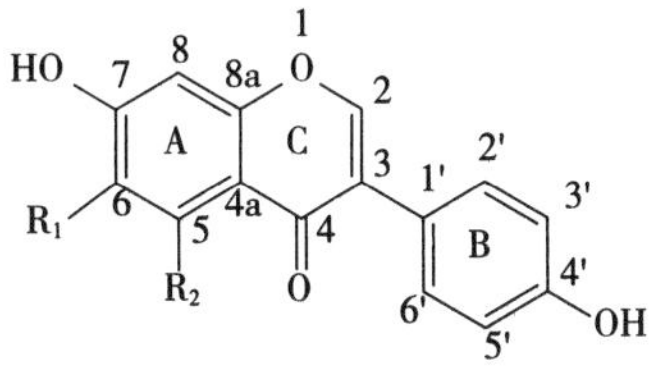

苷元

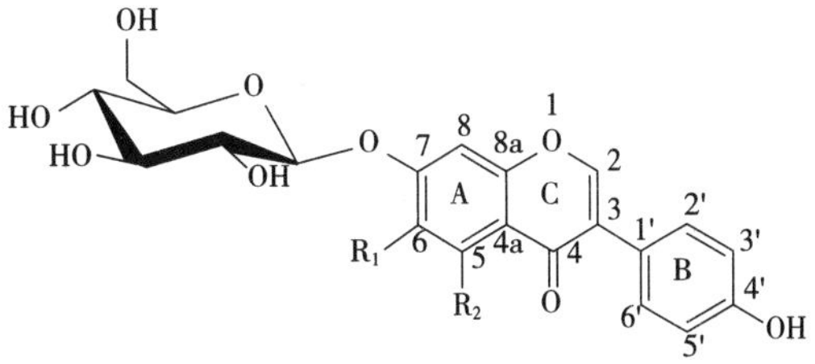

非共轭葡萄糖苷

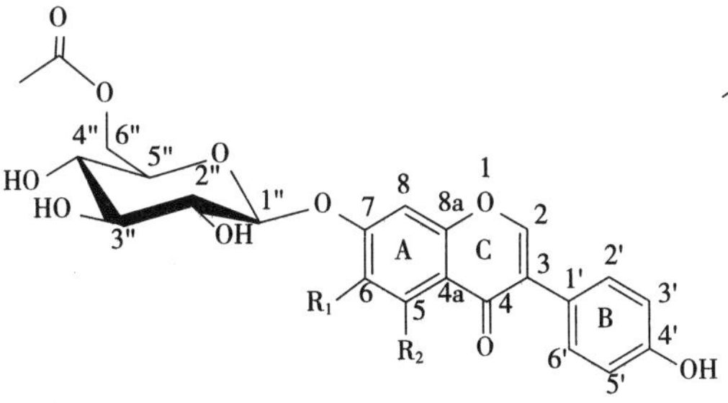

6"-*O*-乙酰葡萄糖苷

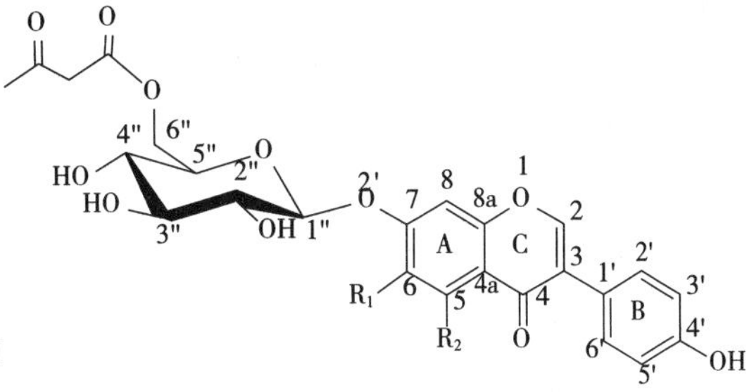

6"-*O*-丙二酰葡萄糖苷

(2)

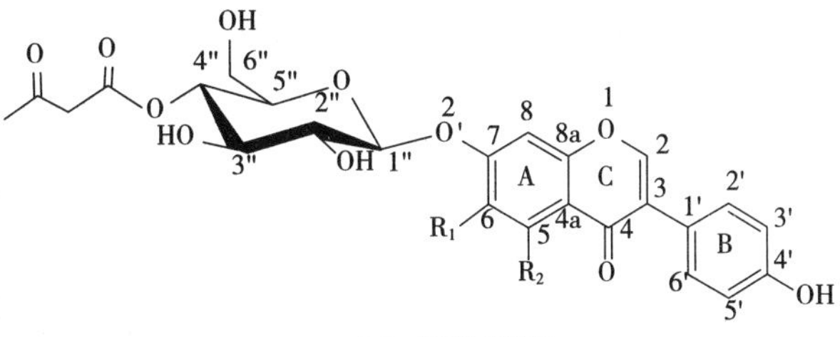

4"-*O*-丙二酰葡萄糖苷

图 9.1 (1) 已知的 12 种异黄酮 (苷元、非共轭葡萄糖苷、乙酰葡萄糖苷和丙二酰葡萄糖苷) 的结构和编号。大豆苷和染料木苷中 R_1 为 H,黄豆黄苷中 R_1 为 —OCH_3 ,大豆苷和黄豆黄苷中 R_2 为 H,染料木苷中 R_2 为 —OH 。(2) 4"-*O*-丙二酰葡萄糖苷的结构和编号 (丙二酰葡萄糖苷异构体)

9.1.4 化学药品

	CAS 编号	危害性
HPLC 级乙腈	1334547-72-6	高度易燃,急性毒性,刺激性
HPLC 级甲醇	67-56-1	高度易燃、急性毒性、严重危害健康

9.1.5 注意事项、危害和废物处理

遵守正常的实验室安全程序。任何时候都要戴上护目镜。甲醇和乙腈废液必须作为危险废料处理。其他废弃物可能会用水冲洗进入下水道,但要遵循良好实验室管理条例。

9.1.6 实验试剂

- 去离子蒸馏水
- HPLC 级水
- 甲醇/水混合液(80/20)

9.1.7 实验材料

- 铝箔
- 移液器,1000μL,200μL,100μL 和 10μL
- 带盖的自动进样瓶,1.5mL
- 3 个流动相瓶(125mL),分别装入 80/20 的甲醇水,去离子蒸馏水和乙腈
- 1 个 125mL 的烧杯,用于平衡离心管
- 布氏漏斗
- 2 个 50mL 的离心管
- 脱脂大豆粉
- 25mL 的锥形瓶(用 80/20 甲醇水冲洗)
- 10mL 的锥形瓶(用 80/20 甲醇水冲洗)
- 3 个 10mL 的刻度量筒
- 沃特曼滤纸(直径 42mm 和 90mm)
- 玻璃棒
- 记号笔
- 封口膜
- 旋转蒸发仪(rotovap)收集瓶(125mL 或者更小)(用 80/20 甲醇水冲洗)
- 带侧口的过滤瓶(125mL,用 80/20 甲醇水冲洗),侧口用于外接真空泵
- 搅拌棒和搅拌器
- 若干 3mL 注射器
- 非无菌尼龙注射过滤器,孔隙 0.45μm,直径 25mm
- 胶带
- 真空泵
- 涡旋振荡器

9.1.8 实验仪器

- 分析天平

- 离心机（可用15mL离心管）
- 高效液相色谱系统(仪)
- 配备ESI离子源的质谱选择检测器（四极杆）
- 旋转蒸发仪

各种离子源和质量分析器的组合均可以用于LC-MS和GC-MS分析（表9.2)本实验采用的是配备电喷雾离子源(ESI)和四极杆质谱分析仪的LC-MS系统。

表9.2　　常见色谱分离所配置的离子源和质量分析器

名称	离子源	质量分析器	串联质谱	分离模式
LTQ Orbitrap	电喷雾电离（ESI）	线性离子阱和轨道阱	是	液相色谱
5500QTRAPR	ESI	三重四极杆加Q3线性阱	是	液相色谱
4000QTRAPR	ESI	三重四极杆加Q3线性阱	是	液相色谱
LTQ	ESI	线性离子阱	是	液相色谱
LCT Premier	ESI	飞行时间(TOF)	否	液相色谱
4800AB Sciex	基质辅助激光解吸电离(MALDI)	TOF- TOF	是	液相色谱
Pegasus 4D	电子轰击电离(EI)	TOF	否	气相色谱
Agilent 6130	双ESI/大气压化学电离(APCI)	四极杆	是	液相色谱
LCQ（2）	ESI	离子阱	是	液相色谱
LCQ(1)	双ESI/APCI	离子阱	是	液相色谱
Biflex Ⅲ	MALDI	TOF	否	液相色谱
QSTAR XL	ESI	四极杆TOF	是	液相色谱
Saturn 3	EI/化学电离(CI)	离子阱	是	气相色谱

9.2　实验步骤

9.2.1　样品处理

(1)准确称量50mg脱脂大豆粉放入25mL的锥形瓶中,并标记。

(2)往样品中加入10mL的HPLC级乙腈,并加入搅拌子。

(3)在磁力搅拌器上搅拌直到样品充分混合均匀(搅拌速度=7,时间=5min)。

(4)加入9mL去离子蒸馏水并搅拌2h(搅拌速度=7)。在此过程中,偶尔用玻璃棒刮一下锥形瓶的表面,使黏在瓶边的样品进入溶液中(磁力搅拌器上有助教准备好的样品,你可以直接用来进行下一步)。

(5)定量地将锥形瓶中样品溶液转移到标记好的离心管中。用1mL乙腈将锥形瓶冲洗3次,并将冲洗液加入离心管中。用天平对装有样品的离心管与装有水的离心管进行配平。

(6)配平后用离心机对样品进行离心。例如,用Marathon 3200离心机进行离心的条件为:速度=4000r/min,时间=15min,温度=15℃。

(7)小心地将离心管从离心机中取出,以免沉淀物再次悬浮。

(8)使用布氏漏斗过滤渗滤液,收集瓶为标记好的带有侧口可连接真空泵的125mL过滤瓶,滤纸为沃特曼42滤纸。整个设置应该如图9.2所示。

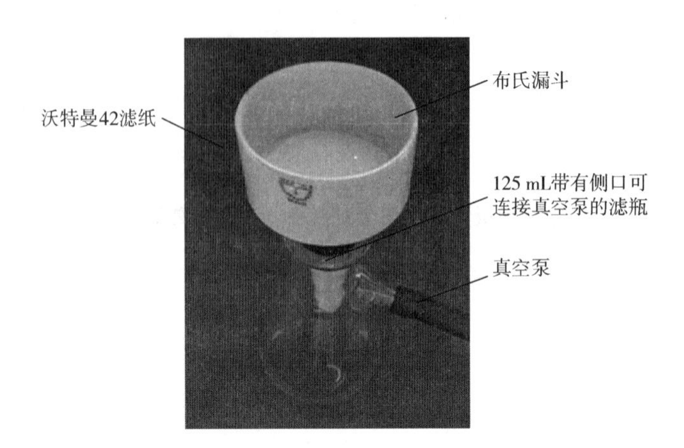

图9.2　样品过滤装置图

(9)定量地将滤液转移到标记好的旋转蒸发仪(rotovap)的收集瓶中。用1mL的乙腈将过滤瓶冲洗3次并将冲洗液加入到旋转蒸发仪收集瓶中。

(10)利用旋转蒸发仪将滤液蒸干。例如,用Buchi R-Ⅱ旋转蒸发仪进行旋蒸的条件为:冷却温度=4℃,水浴温度=38℃,转速=120r/min,时间=15min(有可能需要30min左右),压力:由于整个旋蒸过程分两步蒸发,一开始乙腈在11.5kPa就会蒸发,然后剩下的水需在3kPa压力下蒸发。

注:如果泵的压力不足以将样品中的水分蒸发掉,那么可以采用壳式冷冻法将样品冷冻,然后利用冻干机(冷冻干燥机)将样品冻干。

(11)将会有一个样品已经预先冻干,你可以用来进行下一步操作。加入10mL甲醇∶水(80∶20),将样品定量转移到标记好的25或10mL的锥形瓶中。这次不要冲洗,只要用移液管进行转移。

(12)涡旋振荡2min(转速=5)。

(13)将0.45μm的过滤器连接到注射器上。

(14)将一些样品溶液注入针筒过滤器中。

(15)将样品溶液过滤后注入自动进样瓶中。

(16)将含有样品溶液的进样瓶做上标记(包括组名、日期和样品名称)。

(17)用封口膜将装有样品的瓶口封好再用铝箔包裹好,并贴上适当的标签。

9.2.2　LC-MS操作程序

本次实验采用的是岛津LC-10AD的HPLC,配备两个溶剂泵和一个CT-10A的柱温箱。色谱柱子为YMC AM-303(ODS, 250mm×4.6mm i.d.),柱子为C_{18}反向填充材料(平均粒径5μm),并配有C_{18}保护柱(20mm×4mm i.d.)。

流动相流速为1mL/min,柱温箱设定为45℃。HPLC采用以下线性梯度:溶剂A为

0.1%（*V/V*）甲酸，溶剂 B 为乙腈，梯度程序如表 9.3 所示。

表 9.3　　HPLC 梯度程序

溶剂 B 浓度(5%)	时间/min
11	0(起始)
14	30
14	35
30	40
30	50
11	52
11	60

9.2.3 MS 条件

采用的是 Waters ZQ 四极杆质谱和正离子模式。质谱在 60min 的扫描范围为 200～600*m/z*，扫描速率为 1 次/s。

检测的是以下 8 种选定的离子，[$M+H^+$]：255，271，471，433，459，475，503 和 519。

进样量为 20μL；分流比为 1∶3（因此，流量的四分之一进入质谱，四分之三经过 UV 检测器）。离子源温度为 150℃；脱溶剂气温度为 450℃。脱溶剂气流量为 600L/h；进样锥气体流速为 75L/h。进样锥电压为 30eV；毛细管电压为 3kV。

(1)按下调谐面上的“API gas”按钮，打开气流。

(2)单击调谐面上的“Press to Operate”按钮。

(3)开启柱温箱和脱气机。

(4)在输入页面导入 HPLC 条件并开启流动相。

(5)等待 HPLC 色谱柱平衡以及柱温箱到达设定温度。

(6)输入文件名，MS 文件，inlet 文件以及 MS 调谐文件名，并保存数据设置。

(7)在进样前，确保质谱处于“等待进样”模式。

(8)单击“开始”按钮，进样，再次单击“开始”按钮并按下质谱上的“进样”按钮。

9.3 数据和计算

在实验结束时，分析提供给你的那些选定的异黄酮的总离子流图和质谱图。为了帮助你更好地理解如何分析质谱图以便获得某一个化合物的分子质量和结构信息，详见 9.5 中案例学习。利用所提供的资料回答以下一般性问题，并分析异黄酮的离子流图和质谱。

9.4 思考题

9.4.1 一般性问题

(1)什么是分子离子？电子轰击电离(EI)会产生单个前体离子吗？ESI又如何呢？通过解释软电离和硬电离的不同点来回答。

(2)列出能够产生软电离作用的电离界面？

(3)在飞行时间质量分析仪中,哪个离子在单位时间内(低 m/z 或高 m/z)飞行得最远？飞行时间质量分析仪的长度如何影响其分辨率？

(4)解释四极杆与离子阱的不同。

(5)与单一MS相比,MS/MS(例如,串联MS)中能够提供哪些更多的信息。

9.4.2 针对异黄酮分析的特定问题

(1)讨论质谱峰以及你如何鉴定它们。

(2)指出是否存在任何共同洗脱峰以及如何确定。

(3)讨论异构体的存在情况(如果有的话),以及MS在鉴别异构体方面的作用,指出其优点和局限性。

(4)你能看到前体离子吗？你能看到产物离子吗？使用表格(表9.4)列出已鉴别的前体离子及其产物离子,如下面的示例表所示。

表9.4 鉴定的异黄酮,前体离子及产物离子 m/z 值

保留时间	异黄酮	前体离子 m/z	产物离子(名称及 m/z)

9.5 案例分析

丙二酰染料木苷是大豆中广泛存在的一种异黄酮。流行病学研究表明,异黄酮与许多有关健康密切相关,如降低癌症的风险,减轻绝经后症状等。将大豆加工成各种豆制品时,会导致丙二酰染料木苷转化为多种其他化合物。监测丙二酰染料木苷向不同化合物的转

化对确定这些生成物是否具有生物学意义非常重要。

近年来的研究表明,在对丙二酰染料木苷进行热处理后,会生成一种新的衍生物。用二极管阵列检测器(PDA)对新衍生物和丙二酰染料木苷扫描得到相似的波普。因此,LC/UV 未能提供关于这两种化合物结构差异的任何信息。通过对两种化合物的质谱分析发现,两种化合物的质量相同(m/z = 519u),说明新的衍生物是丙二酰染料木苷的异构体(图 9.3)。采用串联质谱法研究了两种异构体的结构差异。产物离子质谱有两个明显的差异(图 9.4)。

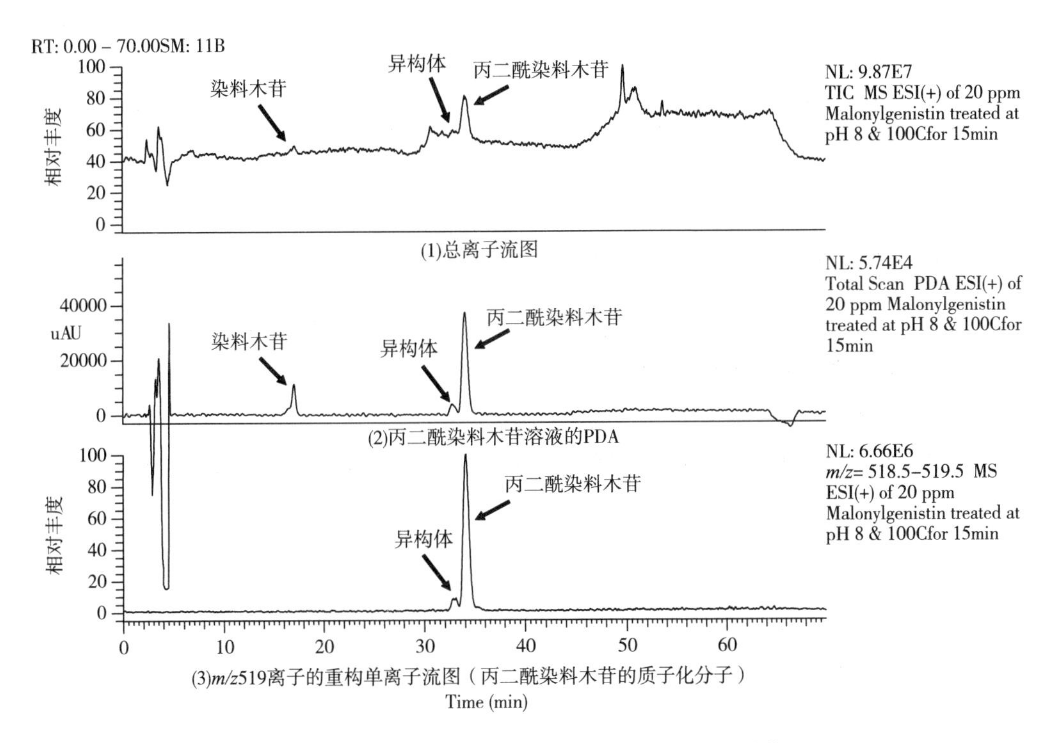

图 9.3 ESI-MS 分析丙二酰染料木苷和其异构体

资料来源:《食品分析:第五版》第 11 章。

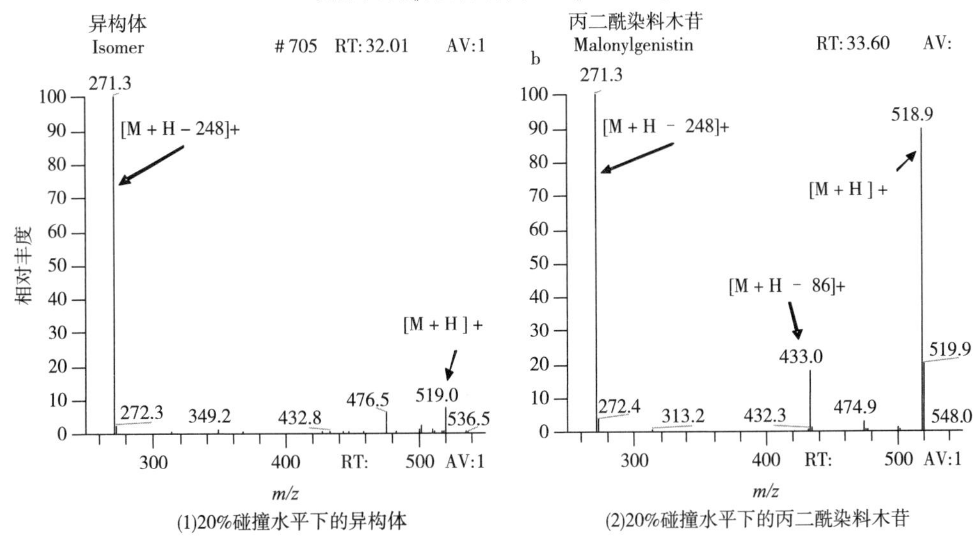

(1)20%碰撞水平下的异构体　(2)20%碰撞水平下的丙二酰染料木苷

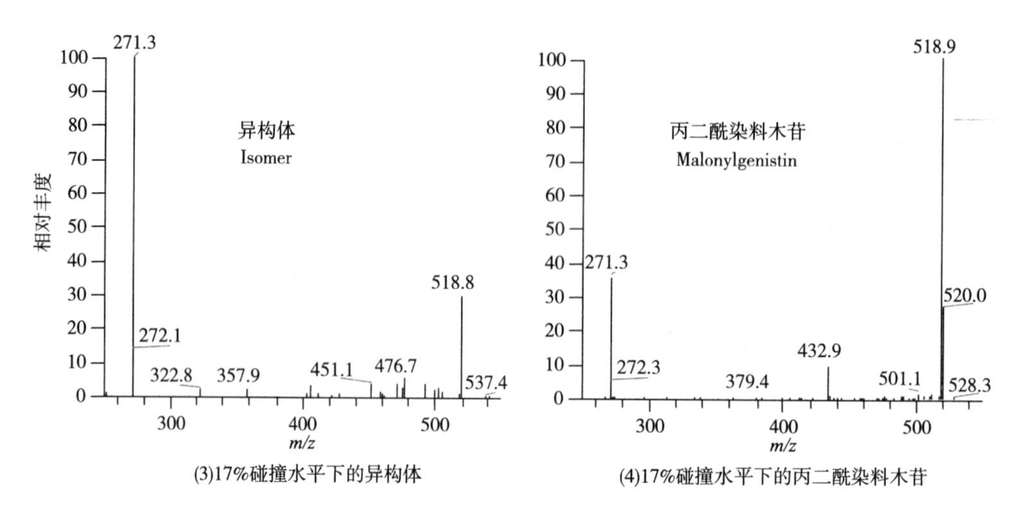

图 9.4 在不同碰撞水平下异构体和丙二酰染料木苷质子化状态的 ESI-MS/MS 分析图

(1)与丙二酰染料木苷相比,异构体在较低水的碰撞水平上更容易碎片化。

(2)丙二酰染料木苷产物离子谱图中含有一个 $m/z=433$ 的离子,但是这个产物离子在其异构体中并没有产生。

这些差异突出了这两种化合物的结构差异。进一步的详细结构需要采用核磁共振进行解析。

相关资料

Smith, J. S. , and Thakur, R. A. 2017. Mass spectrometry. Ch. 11in Food Analysis, 5th ed. S. S. Nielsen (Ed.), Springer, New York

10 水分含量测定

10.1 引言

10.1.1 实验背景

水分是控制食品质量、储存和抗变质的重要因素,因此食品的水分(或总固体)含量在食品加工制造过程中十分重要。水分含量的测定对于统一计算其他食品成分的含量必不可少(即基于干重)。水分含量分析后残留的干物质通常称为总固体。

虽然营养标签上没有水分含量,但总碳水化合物含量必须确定。食品的水分含量可以通过多种方法确定,但一般很难获得精准的数据。各种分析方法有不同的应用、优点和缺点(详见10.1.2)。如果还要确定灰分含量,通常将湿度和灰分测定结合起来很方便。本实验将使用几种方法确定食品的水分含量并比较其结果。请注意,有些方法不适用于样品的类型(例如,通过强制通风炉测定玉米糖浆或罗勒的水分含量),但实验目的是将其结果与使用更适当的方法获得的结果相比较(即与用真空烘箱测定玉米糖浆的水分含量和用甲苯蒸馏法测定罗勒的水分含量作比较)。以下概述了拟用于分析的食品样品和使用的方法。实验中也可以分析其他类型的食物样本,且学生群体可以分析不同类型的食物样本。所有分析在时间允许的情况下一式三份进行。

	玉米糖浆	玉米粉	牛乳(液体)	脱脂乳粉	罗勒
强制通风炉	×	×	×	×	×
真空烘箱	×				
微波干燥炉	×		×		
快速水分测定仪		×			
甲苯蒸馏法				×	×
卡尔费休水分测定法		×		×	
近红外分析仪		×			

注:×表示此种食品样品用本章所述方法进行测定。

10.1.2 阅读任务

《食品分析》(第五版)第15章水分总固体分析,中国轻工出版社(2019)。

10.1.3 总体目标

该实验的目的是通过各种分析方法确定和比较食物的水分含量。

10.2 强制通风炉

10.2.1 实验目的

使用强制通风炉法测定玉米糖浆和玉米粉的含水量。

10.2.2 实验原理

在特定条件下加热样品,并使用质量损失来计算样品的水分含量。

10.2.3 实验材料

用于水分分析的样品可以用于灰分、脂肪和蛋白质分析,根据相应章节中的实验步骤进行测定。灰分、脂肪和蛋白质的含量可以表示为湿重和干重。

- 烧杯,20~30mL(玉米糖浆)
- 罗勒(新鲜),15g(磨碎)
- 烧杯,25~50mL(将玉米糖浆倒入锅中)
- 玉米粉,10g
- 玉米糖浆,15g
- 3个坩埚(在550℃预热24h)
- 2个干燥器(有干燥剂)
- 液态乳,20mL
- 脱脂乳粉(NFDM),10g
- 塑料手套(或钳子)
- 2把抹刀
- 5个托盘(用于保存/转移样品)
- 2个容量移液器,5mL
- 6个称重盘一次性铝制开口盘(与玉米糖浆一起使用)(在100℃下预干燥24h)
- 6个称重盘带盖的金属盘(用于玉米粉和脱脂乳粉)(在100℃下预干燥24h)

10.2.4 实验仪器

- 分析天平,0.1mg灵敏度

- 强制通风炉
- 热板

10.2.5 实验备注

玻璃微纤维过滤器(如GF/A,Whatman,Newton,MA)在100℃下预干燥1h,可用于覆盖样品以防止在强制通风炉和真空炉中的飞溅。指导教师可能希望学生将有与无玻璃纤维罩的结果进行比较。

10.2.6 注意事项和危害

确保完整记录所有容器信息,并将容器信息对应记录到每个样本。处理样品盘和坩埚时,请戴上手套或使用钳子。在称重之前,将这些托盘和坩埚干燥并储存在干燥器中。它们置于试验台上会吸收水分,在使用前将它们从干燥器中取出。慢慢打开干燥器,以避免玻璃破碎造成损坏和危险。

10.2.7 实验步骤

10.2.7.1 玉米糖浆中的水分

(1)标记干燥的称量盘(一次性铝开口盘)并准确称重。

(2)将5g样品放入称量盘中,准确称重。(因为玉米糖浆非常吸湿,使用塑料移液管快速称取)

(3)置于98~100℃的强制通风烘箱中24h。

(4)储存在干燥器中,直到样品称重。

(5)如下所述计算水分质量分数。

10.2.7.2 玉米粉中的水分(AACC国际方法44~15A,一步法)

(1)准确称量干燥的称量盘和盖子(注意给称量盘和盖子标号)。

(2)将2~3g样品放入称量盘中并准确称重。

(3)置于130℃的强制通风烘箱中1h。确保金属盖是半开的,使水分逸出。

(4)从烤箱中取出,重新盖上盖子,关闭,冷却,并储存在干燥器中,直到样品称重。

(5)如下所述计算水分质量分数。

10.2.7.3 液态乳中的水分(AOAC方法990.19,990.20)

(1)准确标记并称量预干燥的坩埚(550℃,24h)(注意坩埚上标号)。

(2)将5g样品放入坩埚中并精确称重。

(3)在热板上蒸发大部分水;不要完全干燥样品(轻轻加热坩埚中的牛乳,处理坩埚时戴上手套,旋转将牛乳涂在坩埚的两侧,避免在表面形成薄膜,蒸发大部分水分时停止)。

(4)置于 100℃的强制通风烘箱中 3h。

(5)储存在干燥器中,直到样品称重。

(6)如下所述计算水分质量分数。

注意:该牛乳样品的灰分含量可以通过将牛乳样品放置在 100℃下干燥 3h,在马弗炉中于 550℃下干燥 18~24h 来确定。在干燥器中冷却后,称量坩埚中含有的灰分并计算牛乳的灰分含量,详见第 11 章灰分测定。

10.2.7.4 脱脂乳粉的水分

(1)准确称量干燥的带盖子称量盘(注意称量盘和盖子上的标号)。

(2)将 3g 样品放入称量盘中并准确称重。

(3)将称量盘置于 100℃的强制通风烘箱中 24h。

(4)储存在干燥器中,直到样品称重。

(5)如下所述计算水分质量分数。

10.2.7.5 新鲜罗勒的水分

(1)标记干燥的称量盘(一次性铝开口盘)并准确称重。

(2)将 3g 研磨样品放入称量盘中并准确称重。

(3)置于 98~100℃的强制通风烘箱中 24h。

(4)储存在干燥器中,直到样品称重。

(5)如下所述计算水分质量分数。

10.2.8 数据和计算

计算水分质量分数:

$$\text{水分含量}\% = \frac{\text{样品中水的质量}}{\text{湿样品的质量}} \times 100$$

$$\text{水分含量}\% = \frac{(\text{样品+称量盘的质量}) - (\text{干燥后样品+称量盘的质量})}{(\text{样品+称量盘的质量}) - \text{称量盘的质量}} \times 100$$

样品	重复	盘/g	盘+湿样品/g	盘+干样品/g	湿样品/g	水分/g	水分含量/%
玉米糖浆	1						
	2						
	3						
							$\bar{X}$=
							SD=
玉米粉	1						
	2						
	3						
							$\bar{X}$=

续表

样品	重复	盘/g	盘+湿样品/g	盘+干样品/g	湿样品/g	水分/g	水分含量/%
							SD =
液态乳	1						
	2						
	3						
							$\bar{X}$ =
							SD =
脱脂乳粉	1						
	2						
	3						
							$\bar{X}$ =
							SD =
新鲜罗勒	1						
	2						
	3						
							$\bar{X}$ =
							SD =

10.3 真空烘箱

10.3.1 实验目的

通过真空烘箱法测定在样品中添加和不添加沙子的玉米糖浆的水分含量。

10.3.2 实验原理

在减压条件下加热样品以去除水分，并且使用质量损失来计算样品的水分含量。

10.3.3 实验材料

- 玉米糖浆，30g
- 干燥器（有干燥剂）
- 3个玻璃搅拌棒（约2~3cm，在100℃下预干燥3h）
- 塑料手套（或钳子）
- 移液管或泵
- 沙子，30g（在100℃下预干燥24h）
- 2把抹刀
- 容量移液管，5mL

- 6 个称重盘一次性铝制开口盘(在 100℃下预干燥 3h)

10.3.4 实验仪器

- 分析天平,0.1mg 灵敏度
- 真空烘箱(能够抽真空至＜100mmHg①)

10.3.5 注意事项与危险

详见 10.2.6 的相同信息。

10.3.6 实验步骤

10.3.6.1 不使用干燥沙的玉米糖浆水分

(1)标记称量盘(如在一次性铝盘的标签中做标记)并准确称重。

(2)将 5g 样品放入称量盘中并准确称重。

(3)在 70℃和至少 6604mmHg 的真空下干燥 24h,随后拉动并缓慢释放真空（注意,如果称量盘太靠近,没有干燥沙子的样品会起泡并与相邻的样品混合)。当释放真空时,将干燥的空气吹入烘箱。

(4)储存在干燥器中,直到样品冷却到环境温度,称重。

10.3.6.2 使用干燥沙的玉米糖浆水分

(1)标签称重盘,加入 10h 干沙和搅拌棒,然后称重。

(2)加入 5g 样品,称重。加入 5mL 去离子蒸馏水(dd),用搅拌棒混合时注意不要溅出任何样品。将搅拌棒放在盘中。

(3)在 70℃和＜100mmHg 真空下干燥 24h。当释放真空时,将干燥的空气排入烘箱。

(4)储存在干燥器中,直到样品冷却到环境温度,称重。

10.3.7 数据和计算

计算水分质量分数,详见 10.2.8。

样品	重复	盘/g	盘+湿样品/g	盘+干样品/g	湿样品/g	水分/g	水分含量/%
玉米糖浆无沙子	1						
	2						
	3						
							$\bar{X}$ =
							SD =

① 1mmHg = 133.322Pa。

续表

样品	重复	盘/g	盘+湿样品/g	盘+干样品/g	湿样品/g	水分/g	水分含量/%
玉米粉	1						
	2						
	3						
							$\bar{X}$=
							SD=
玉米糖浆有沙子	1						
	2						
	3						
							$\bar{X}$=
							SD=
玉米粉	1						
	2						
	3						
							$\bar{X}$=
							SD=

10.4 微波干燥炉

10.4.1 实验目的

使用微波干燥箱确定玉米糖浆和牛乳(液体)的水分含量。

10.4.2 实验原理

使用微波能量加热样品,并使用质量损失来计算水分含量。

10.4.3 实验材料

- 玉米糖浆,4g
- 玻璃搅拌棒(涂玉米糖浆)
- 牛乳(液体),4g
- 6个纸垫(用于微波炉)
- 巴式吸管和灯泡(涂抹牛乳样品)
- 塑料手套

10.4.4 实验仪器

微波干燥炉(如来自 CEM Corporation,Matthew,NC)

10.4.5 实验步骤

按照制造商的说明使用微波干燥箱,具体如下。

- 打开仪器并预热
- 为特定应用设置方法(即设置时间,功率等)
- 仪器称皮重
- 测试样品
- 获得结果

10.4.6 数据和计算

样品	重复	水分含量/%	水分/干物质/(g/g)
玉米糖浆	1		
	2		
	3		
		$\bar{X}$=	$\bar{X}$=
		SD=	SD=
牛乳(液体)	1		
	2		
	3		
		$\bar{X}$=	$\bar{X}$=
		SD=	SD=

10.5 快速水分分析仪

10.5.1 实验目的

使用快速水分分析仪测定玉米粉的含水量。

10.5.2 实验原理

放置在数字天平上的样品在受控的高温条件下加热,仪器自动测量质量损失以计算水分或固体百分比。

10.5.3 实验材料

- 玉米粉,10g
- 塑料手套
- 抹刀

10.5.4 实验仪器

快速水分分析仪(如来自亚利桑那州 Chandler 的 Computrac®,Arizona Instrument LLC)

10.5.5 实验步骤

按照制造商的说明使用快速水分分析仪,如下:

- 打开仪器并预热
- 选择测试材料
- 仪器称皮重
- 测试样品
- 获得结果

10.5.6 数据和计算

样品	水分含量/%			
	1	2	3	平均值
玉米粉				

10.6 甲苯蒸馏法

10.6.1 实验目的

用甲苯蒸馏法测定罗勒的含水量。

10.6.2 实验原理

样品中的水分与甲苯共蒸馏,甲苯与水不混溶。收集蒸馏出的混合物,测量除去的水量。

10.6.3 化学药品

	CAS 编号	危害性
甲苯	108-88-3	有害,易燃

10.6.4 注意事项、危害和废物处理

甲苯极易燃烧,吸入后有害,因此要进行适当的通风,始终戴上安全眼镜和手套。对于甲苯废物的处理,遵循实验室的环境健康和安全协议所概述的良好操作规范。

10.6.5 实验材料

- 新鲜罗勒,40~50g

- NFDM,40~50g
- 甲苯,ACS 等级

10.6.6 实验仪器

- 分析天平,0.1mg 灵敏度。
- 具有磨口玻璃接头的玻璃蒸馏装置:①沸腾烧瓶,250mL 或 300mL,圆形底部,具有 TS 24/40 接头的短颈烧瓶;②带有滴头的 West 冷凝器,长度为 400mm,使用 TS 24/40 接头;③Bidwell-Sterling 捕集阱,TS 24/40 接头,3mL 容量,以 0.1mL 间隔刻度。
- 热源,能够在上述设备中回流甲苯(例如,连接到电压控制器的加热套)。不能有明火!
- 尼龙硬毛刷滴定管刷,直径 1.27cm,有线圈(线圈足够长,大约 450mm,以便延伸通过冷凝器。在滴定管刷上压平环并倒置使用这个刷子,作为电线去除水分阱中的水分)。

10.6.7 实验步骤

(1)用小型台式食物研磨机研磨新鲜罗勒。在 5~10s 的脉冲间隔内研磨样品。避免长脉冲和过度研磨,以防止摩擦热。

(2)准确称量约 40g 样品(罗勒或 NFDM)(选择的量为 2~5mL 水)。

(3)将样品定量转移至蒸馏瓶中。加入足够的甲苯以完全覆盖样品(不少于 75mL)。

(4)适当组装设备。将甲苯倒入浓缩器中,直到它刚刚填满捕集器并开始流入烧瓶中。将松散的非吸收性棉塞插入冷凝器顶部,以防止冷凝器中的大气水蒸气凝结。

(5)以每秒约两滴的速度煮沸和回流,直到大部分水被收集,然后将回流速率提高到约每秒 4 滴。

(6)继续回流直到 15min 连续两次读数没有变化。用刷子或金属丝圈清除冷凝器中的水,用 5mL 甲苯小心冲洗冷凝器,去除附着在 Bidwell Sterling 捕集器上的任何湿滴或收集到的水分下的甲苯。为此,在从设备中取出之前,用少量(10mL)甲苯冲洗金属丝。

(7)继续回流 3~5min,散去热量,并在合适的水浴中将捕集器冷却至 20℃。

(8)计算样品的水分含量:

$$含水量(\%) = \frac{V_{水}}{m_{样}} \times 100$$

10.6.8 实验备注

(1)烧瓶、冷凝器和接收器必须小心清洁和干燥。例如,包括冷凝器在内的设备可以用重铬酸钾—硫酸清洁溶液清洗,用水、0.05mol/L KOH 溶液、乙醇冲洗,然后排水 10min。该程序将最大限度地减少水滴附着在压块和 Bidwell-Sterling 捕集器表面的影响。

(2)必须定期测定甲苯校正空白,加入 2~3mL 蒸馏水至含有 100mL 甲苯蒸馏瓶中,然后按照 10.6.7 中步骤(2)~(6)进行操作。

10.6.9 数据和计算

样品质量/g	除水体积/mL	水分含量/%

10.7 卡尔·费休水分测定法

10.7.1 实验目的

用卡尔·费休(KF)法测定脱脂乳粉和玉米粉的含水量。

10.7.2 实验原理

当用含有碘和二氧化硫的 KF 试剂滴定样品时,样品含有水分时,碘被二氧化硫还原。水与 KF 试剂发生化学计量反应。达到滴定终点(视觉、电导或库仑)所需的 KF 试剂体积与样品中的水量直接相关。

10.7.3 化学药品

	CAS 编号	危害性
KF 试剂		有毒
2-甲氧基乙醇	109-86-4	
吡啶	110-86-1	
二氧化硫	7446-09-5	
碘	7553-56-2	对环境有害
无水甲醇	67-56-1	极易燃
二水合酒石酸钠($Na_2C_4H_4O_6 \cdot 2H_2O$)	868-18-8	

10.7.4 实验试剂

- KF 试剂
- 无水甲醇
- 二水合酒石酸钠 1g,在 150℃下干燥 2h

10.7.5 注意事项、危害和废物处理

无水甲醇蒸气有毒有害,需在操作罩中使用;遵守实验室安全规则,注意眼部和皮肤保护。KF 试剂和无水甲醇应作为危险废物处理。

10.7.6 实验材料

- 玉米粉
- 量筒,50mL
- NFDM
- 2 个刮刀
- 称重纸

10.7.7 实验仪器

- 分析天平,0.1g 灵敏度
- KF 滴定装置,非自动装置(例如,Barnsted Themaline、Berkeley、CA、水质测定仪)或自动装置

10.7.8 实验步骤

给出了非自动装置的说明和分析,一式三份;如果使用自动装置,请按照使用说明进行操作。

10.7.8.1 设备设置

组装滴定装置并按照使用说明进行操作。滴定装置包括以下装置:滴定管,试剂储存器,磁力搅拌装置,反应(滴定)容器,电极和用于确定滴定终点的电路。注意:在分析几个样品后,必须更换 KF 装置的反应(滴定)容器和容器内的无水甲醇(样品数量取决于样品的类型)。设备易损,为防止大气水污染,必须关闭所有开口并用干燥管防护。

10.7.8.2 KF 试剂标定

KF 试剂标定以确定其水当量。通常需要每天进行一次,或更换 KF 试剂时。

(1)通过样品口向反应容器中加入约 50mL 无水甲醇。

(2)将磁力搅拌棒放入容器中并打开磁力搅拌器。

(3)从干燥管上取下盖子(如果有的话),将滴定管旋塞转到填充位置,将一根手指放在橡胶袋的空气释放支架上,然后抽吸以填充滴定管。当 KF 试剂达到滴定管中所需的水平位置(0.00mL)时,关闭旋塞。

(4)通过添加足够的 KF 试剂来滴定溶剂(无水甲醇)中的水,溶液的颜色从透明或黄色变为深棕色即可,这称为 KF 端点。标记并记录电导仪读数(滴定到仪表上棕色 KF 区域中的任何位置,但请确保始终为系列中所有后续样品滴定到相同的终点)。进行下一步之前,使溶液稳定在仪表上的终点处至少 1min。

(5)准确称取约 0.3g 二水合酒石酸钠,预先在 150℃ 下干燥 2h。

(6)在滴定管中加入 KF 试剂,然后按照 10.7.8.2(4)中的步骤滴定二水合酒石酸钠样品中的水。记录所用 KF 试剂的体积(mL)。

(7)计算 KF 试剂水当量(KFR_{eq}):水(mg/mL)

$$KFR_{eq}=\frac{36g/mol \times S \times 1000}{230.08g/mol \times A}$$

式中 S——二水合酒石酸钠的质量,g;

A——滴定二水合酒石酸钠所需的 KF 试剂的体积,mL。

10.7.8.3 样品滴定

准备用于分析的样品按如下所述放入反应容器中

如果样品呈粉末状:

- 使用分析天平称量约 0.3g 样品,并精确记录样品质量(S)。
- 从反应容器中取出电导计,然后立即通过端口将样品转移到反应容器中(使用额外的称重纸在样品端口形成锥形漏斗,然后将样品通过漏斗倒入反应容器中)。
- 将电导计和塞子放回反应容器中。容器中溶液的颜色应变为浅黄色,仪表将记录仪表 KF 区域下方。

如果分析的样品是液体形式:

- 使用 1mL 注射器吸取约 0.1mL 样品。在分析天平上用样品称量注射器,并精确记录质量(S_1)。
- 通过样品端口将 1~2 滴样品注入反应容器中,然后再次称量注射器(S_0),精确到 mg。
- 样品质量(S)是 S_1和 S_0的差值。

$$S = S_1 - S_0$$

①将塞子放回反应容器的样品口。容器中溶液的颜色应变为浅黄色,仪表将记录在仪表上的 KF 区域下方。

②滴定管装液,然后按照 10.7.8.2(4)中的标准进行滴定,记录所用 KF 试剂的体积(mL)。

③要滴定另一个样品,用新样品重复上述 10.7.8.2(5)~(7)。滴定若干样品(数量取决于样品的性质)后,必须在干净的反应容器中用甲醇开始操作,记录每次滴定所用 KF 试剂的体积(mL)。

10.7.9 数据和计算

计算样品的水分含量如下:

$$水(\%)=\frac{KFR_{eq} \times K_s}{S} \times 100$$

式中 KFR_{eq}——KF 试剂的水当量,水 mg/mL;

K_s——滴定样品所需的 KF 试剂体积,mL;

S——样品质量,mg。

KFR_{eq}:

二水合酒石酸钠质量/g	滴定管起点/mL	滴定管终点/mL	滴定体积/mL	计算 KFR_{eq}
1				
2				
3				
$\bar{X}$=				

KF 法测定样品的水分含量:

样品	样品质量/g	滴定管起点/mL	滴定管终点/mL	滴定体积/mL	水分含量/%

10.8 近红外分析仪

10.8.1 实验目的

使用近红外(NIR)分析仪测定玉米粉的含水量。

10.8.2 实验原理

红外辐射的特定频率被水的特征官能团(即水分子的—OH伸长)吸收。通过测量样品反射或透射的能量来确定样品中水分的浓度,该能量与吸收的能量成反比。

10.8.3 实验材料

- 玉米粉
- 用于近红外分析仪的平底锅和样品制备工具

10.8.4 实验仪器

- 近红外分析仪

10.8.5 实验步骤

按照说明使用近红外分析仪,有关以下内容:

- 打开仪器并预热
- 校准仪器
- 测试样品
- 获得结果

10.8.6 数据和计算

	1	2	3	平均值
玉米粉水分/%				

10.9 思考题

(1)在单独的表格中,总结了用于确定每种食品样品的水分含量的各种方法的结果:①玉米糖浆,②液态乳,③玉米粉,④NFDM 和⑤罗勒。在每个表中包括以下每种方法:①来自个别测定的数据,②平均值,③标准偏差,④观察到的样品外观,⑤方法的相对优势,以及⑥方法的相对缺点。

(2)用水/干物质(g/g)计算由强制通风炉和微波干燥炉方法测定的液态乳样品的水分含量,并将其包括在结果表中。

方法	液态乳含水量	
	平均含水率/%	水/干物质的平均值/(g/g)
强制通风炉微波干燥箱		

(3)对于使用强制通风炉分析水分含量的液态乳样品,为什么牛乳样品在热板上部分蒸发后才在烘箱中干燥?

(4)在用于测量玉米糖浆水分含量的各种方法中,根据准确度和精度的关系,如果需要再次测量水分含量,您会选择哪种方法?为什么?

(5)水分含量和水分活度测量值之间有什么区别?

(6)使用什么方法测量玉米片的水分含量,以便快速质量控制和项目研究?为什么?对于每种方法,在测量水分含量之前,需要对玉米片做怎样的处理?

(7)通过近红外光谱分析,解释预测食品样品中各种成分浓度所涉及的原理。为什么我们说"预测"而不是"衡量"?做怎样的假设?

(8)质量控制实验室一直使用热风炉方法对工厂生产的各种产品进行水分测定。要求评估切换到新方法(具体取决于产品)测量水分含量的可行性。

(9)描述如何评估新方法的准确性和精密度。

(10)使用新方法减少或消除热风炉方法的常见问题或缺点有哪些?

(11)考虑对一些水分含量低的产品使用甲苯蒸馏程序或 Karl Fischer 滴定法。在所提出的用途中,这些方法相对于热风炉方法有哪些优点?使用其他两种方法可能会有哪些缺点或潜在问题?

致谢

这项实验是由美国犹他州洛根市犹他州立大学营养学和食品科学系的 Charles

E. Carpenter博士和加利福尼亚州圣路易斯奥比斯波加州理工大学食品科学和营养系的Joseph Montecalvo 博士提供的材料开发的。亚利桑那州坦佩市亚利桑那仪器公司因其对Computrac 水分分析仪的部分贡献而被公认为用于开发该实验操作的一部分。

相关资料

1. AACC International (2010) Approved methods of analysis, 11th edn. (On-line). AACC International, St. Paul, MN
2. AOAC International (2016) Official methods of analysis, 20th edn. (On-line). AOAC International, Rockville, MD
3. Mauer LJ, Bradley RL Jr (2017) Moisture and total solids analysis, Ch. 15. In: Nielsen SS (ed) Food analysis, 5th edn. Springer, New York
4. Wehr HM, Frank JF (eds.) (2004) Standard methods for the examination of dairy products, 17th edn. American Public Health Association, Washington, DC

11 灰分测定

11.1 引言

11.1.1 实验背景

灰分是指食品样品中有机物点燃或完全氧化后残留的无机残留物。无机残留物主要由食品样品中存在的矿物质组成。确定灰分含量是营养评估分析的一部分。灰化是对样品进行特定元素分析的第一步，通常有两种主要类型的灰化方法，干法灰化和湿法灰化。干法灰化是在高温（500~600℃）的炉中加热食物，水和挥发物会蒸发，有机物在氧气存在下燃烧，转化为二氧化碳和氮氧化物；而湿法灰化是用酸和氧化剂或其组合物，对有机物进行氧化，使矿物质未经氧化溶解。含水量高的食品，如蔬菜，在灰化之前进行干燥；脂肪含量高的食物，如肉类，需要在灰化之前进行干燥和提取脂肪。灰分含量可以湿基或干基表示。

11.1.2 阅读任务

《食品分析》（第五版）第 16 章灰分分析，中国轻工业出版社（2019）。

11.1.3 总体目标

通过干法灰化技术确定各种食品的灰分含量，并以湿重和干重表示。

11.1.4 实验原理

有机物质在高温（550℃）下燃烧残留无机物质（灰分）。灰分含量通过残留无机物质的质量来测量。

11.1.5 化学药品

	CAS 编号	危害性
盐酸（HCl）	7647-01-0	腐蚀性

11.1.6 注意事项、危害和废物处理

浓盐酸具有腐蚀性;避免吸入蒸气,接触皮肤和衣服。马弗炉温度很高,使用手套和钳子处理坩埚。在称重前,将坩埚干燥并储存在干燥器中,以避免吸收水分,所以只在使用前将它们从干燥器中取出。注意慢慢打开干燥器,以避免玻璃碎片造成损坏和危险。

11.1.7 实验材料

- 灰化坩埚(编号)(用 0.2mol/L HCl 预先洗涤,在马弗炉中 550℃ 加热 24h,并在使用前储存在干燥器中)
- 各种食品,如切达干酪、帕玛森芝士、巴氏杀菌加工干酪、婴儿谷物(大米)、全麦粉、多用途粉、藜麦和早餐麦片。

11.1.8 实验仪器

- 分析天平
- 干燥器
- 电动马弗炉

11.2 实验步骤

干酪等食品需要在灰化前进行干燥(即确定水分含量)。对于如上所列的干燥食品,在灰化之前不需要干燥。但是,基于干重计算灰分含量时必须确定水分含量。测定必须遵循标准程序,例如,水分测定实验中描述的程序,以获得所有待灰化样品的水分含量。

(1)从干燥器中取出灰化坩埚,记录坩埚的质量和数量。

(2)准确称重 2g 样品(注意干酪样品预先置于干燥器中干燥)放入坩埚中,并在电子表格中记录质量。每种样品一式三份。

(3)将坩埚置于 550℃ 的马弗炉中 24h。

(4)关闭马弗炉并使其冷却(可能需要几个小时)。

(5)从马弗炉中取出坩埚并放入干燥器中冷却(注意这可能需要助教完成)。第二天称重灰化样品并记录坩埚灰化样品的质量。

11.3 数据和计算

$$\text{灰分的质量} = \text{坩埚和灰分的质量} - \text{坩埚的质量}$$

$$\text{灰分含量}(\%) = (\text{灰分的质量}/\text{初始样品的质量}) \times 100\%$$

分析食品的平均灰分(%),标准偏差和变异系数。并且在水分分析实验中确定的平均水分含量%,以干基表示平均灰分%。

注意:对于干酪样品,因为要灰化的样品经过预先干燥,所获得的是基于干重的灰分含量(%)。另外,在水分分析实验中获得的水分含量(%),基于湿重计算灰分含量(%)。

	坩埚数量	坩埚质量/g	坩埚+未灰化样品质量/g	未灰化样品质量/g	坩埚+灰化样品质量/g	灰分质量/g	水分含量/%	灰分/%（基于湿重）	灰分/%（基于干重）
样品 A									
1									
2									
3									
									$\bar{X}$=
									SD=
									CV=
样品 B									
1									
2									
3									
									$\bar{X}$=
									SD=
									CV=

11.4 思考题

(1)对于这个实验我们采用的是干法灰化方法,那么在什么情况下采用湿法灰化方法?

(2)采用干法灰化方法有哪些优点和缺点?

(3)采用湿法灰化方法有哪些缺点?

(4)为什么使用前对坩埚进行酸洗、预灰化和干燥?

(5)你的结果与美国农业部报告的数值有何异同吗?解释其差异。

相关资料

Harris GK, Marshall MR (2017) Ash analysis, Ch. 16. In: Nielsen SS (ed) Food Analysis, 5th edn. Springer, New York

12 脂肪含量测定

12.1 引言

12.1.1 实验背景

"脂质"指的是不溶于水,但在乙醚、石油醚、丙酮、乙醇、甲醇和苯等有机溶剂中溶解度又不一致的一类化合物。因此,在测定食品中脂质含量时,一种溶剂萃取法测定的油脂含量与另外一种极性溶剂萃取法测定的油脂含量可能存在较大差异。脂肪含量测定通常采用溶剂萃取法(例如,索氏提取法、Goldfish 法、莫乔恩尼尔法),但也可以采用非溶剂湿法(例如,巴布科克法、Gerber 法)和基于脂类理化性质的仪器法(例如,红外、密度、X 射线吸收法)。选择脂质测定的方法取决于多种因素,包括样品的性质(例如,水分含量),分析的目的(例如,正式营养标签或快速质量控制)以及可用的仪器(例如,巴布科克使用简单的玻璃器皿和设备,红外测定需要昂贵的仪器)。

本实验介绍的方法包括索氏提取法、Goldfish 法、莫乔恩尼尔法和巴布科克法。如果采用的是这几种方法,可以利用实验室现有的仪器进行验证,对结果数据进行对比分析。如果是对低水分含量零食类产品测定,建议采用索氏提取法和 Goldfish 法分析及比较,如果是对牛乳等高水分含量食物,建议采用莫乔恩尼尔法和巴布科克法进行分析及比较。不管怎样,不同食物可以采用不同的测定方法,最好能对不同测试方法的结果做一个比较分析。同时,为了成本和安全考虑,本实验规定石油醚作为索氏提取法和 Goldfish 法测试的溶剂,无水乙醚也可以用于这两种萃取方法,但在处理溶剂时必须采取适当的安全防护措施,零食类食品还需要预先干燥。在使用石油醚进行低水分含量零食(相对于干燥样品)的脂肪萃取时,会产生小偏差,因此要求对样品水分含量进行测定,以纠正脂肪含量计算中的水分干扰。在本实验中,水分数据用于计算样品湿重或干重基础上的脂肪含量。

12.1.2 阅读任务

《食品分析》(第五版)第 17 章脂类分析,中国轻工业出版社(2019)。

12.1.3 实验目的

用索氏提取法和 Goldfish 法测定休闲类小食品中的脂质含量,用莫乔恩尼尔法和巴布科克法测定牛乳中的脂肪含量。

12.2 索氏提取法

12.2.1 实验原理

采用有机溶剂半连续萃取脂肪,溶剂经加热挥发,在上方冷凝管冷凝,挥发并冷凝的溶剂液会滴在样品上,达到浸湿样品并将脂肪溶出。每隔 15~20min,将溶剂虹吸到加热烧瓶中,再次进行抽提。脂肪含量分析时是通过样品的质量损失或抽提的脂肪质量来计算。

12.2.2 化学药品

	CAS 编号	危害性
石油醚	8032-32-4	有害,高度易燃,对环境有污染
乙醚	60-29-7	有害,高度易燃

12.2.3 注意事项、危害和废物处理

石油醚和乙醚具有火灾隐患,应避免明火,吸入蒸气以及与皮肤接触。乙醚极易燃,易吸湿,可形成爆炸性过氧化物。另外,请遵守正常的实验室安全操作程序,实验过程中全程都要戴手套和护目镜,石油醚和醚类液体废物必须放置于指定的危险废物容器中。

12.2.4 实验材料

- 3 个铝制称量盘,在 70℃ 真空干燥箱中处理 24h
- 烧杯,250mL
- 纤维素抽提管,在 70℃ 真空干燥箱中处理 24h
- 干燥器
- 玻璃沸珠
- 玻璃棉,在 70℃ 真空干燥箱中处理 24h
- 量筒,500mL
- 研钵和研棒
- 塑料手套
- 零食(足够干燥,能够用研钵和研棒研碎)
- 药匙
- 贴纸(用于标记烧杯)
- 钳子

- 称重盘(用于盛放 30g 零食样品)

12.2.5 实验仪器

- 分析天平
- 索氏提取器(玻璃制品)
- 真空干燥器

12.2.6 实验步骤

每个样品均进行 3 个平行。

(1)根据包装标签上的说明,记录零食的脂肪含量。另外,还要记录质量大小,这样就可以计算出每 100g 食物中的脂肪含量。

(2)用研钵和研棒轻轻研磨约 30g 样品(过度研磨会使研钵中的脂肪损失增大)。

(3)戴上塑料手套,从干燥器中取出 3 个预先干燥的纤维素套管。用铅笔在套管的外面标上实验者的名字缩写和数字,然后用分析天平准确称重。

(4)将 2~3g 样品放入套管内,称重,然后在每个套管中放入一小块干燥玻璃棉,再次称重。

(5)将 3 个套管放入索氏提取器,在烧杯中倒入约 350mL 石油醚,加入数粒玻璃沸珠,提取 6h 或更长时间。将标记好名字和序号的 250mL 量程烧杯放在索氏提取装置下,用于放置萃取后未干燥的脂肪样品。

(6)用钳子将套管从索氏抽提器中取出,在通风罩中风干一夜,然后在 70℃、6350mmHg① 真空度干燥器中干燥 24h,冷却后重新称重。

(7)产品含水量修正如下:

①用磨碎的剩余样品和 3 个干燥、贴标签、已称重的铝制称量盘,取 2~3g 样品进行水分分析,一式三份。

②在 70℃、6350mmHg 真空度的干燥器中干燥 24h。

③烘干后重新称重,计算样品含水量。

12.2.7 数据和计算

利用下表中记录的不同阶段质量,根据索氏提取法测定的脂肪含量,计算样品中的脂肪质量分数。如果分析食物标签上已经注明脂肪含量,则需要报告的是这个理论值。

- 零食的名称
- 每份食品的脂肪质量,g
- 每份食品质量,g
- 每 100g 零食中的脂肪含量,g

索氏提取收集数据:

注:①1mmHg=133.322Pa。

重复	套管重/g	未干燥样品+套管/g	未干燥样品/g	未干燥样品+套管+玻璃棉/g	干燥、萃取后样品+套管+玻璃棉/g	脂肪+水/g	脂肪+水/%	脂肪(湿基,%)	脂肪(干基,%)
1									
2									
3									
									平均值
									标准差

$$(脂肪+水)(\%)=\frac{m(未干燥样品+套管+玻璃棉,g)-m(干燥、萃取后样品+套管+玻璃棉,g)}{m(未干燥样品,g)}\times 100$$

水分含量测定数据：

重复	称量盘质量/g	称量盘质量+未干燥样品/g	称量盘质量+干燥样品/g	水分含量/%
1				
2				
3				
				平均值
				标准差

水分含量计算：

$$水(\%)=\frac{m(称量盘质量+未干燥样品,g)-m(称量盘质量+干燥样品,g)}{m(未干燥样品+称量盘,g)-m(称量盘,g)}\times 100$$

湿基中脂肪含量计算：

$$脂肪(m/m,湿基,\%)=(脂肪+水,\%)-(水,\%)$$

其中：水分含量取平均值进行计算。

干基中脂肪含量计算：

$$脂肪(m/m,干基,\%)=\frac{脂肪(m/m,湿基,\%)}{100-水(\%)}$$

12.2.8 思考题

(1)索氏提取工艺采用石油醚，相比于乙醚，有什么优点？

(2)相比于 Goldfish 法，使用索氏提取法有什么优点？

(3)如果测定的脂肪含量与营养标签上的不同，这怎么解释？

12.3 Goldfish 法

12.3.1 实验原理

脂肪经有机溶剂连续提取，加热溶剂挥发，在样品上方冷凝后不断冲洗样品，从而达到溶出脂肪的目的,脂肪含量通过样品质量损失或去除脂肪的质量来计算。

12.3.2 实验试剂

与12.2.2相同。

12.3.3 注意事项、危害和废物处理

与12.2.3相同。

12.3.4 实验材料

与12.2.4相同。

12.3.5 实验仪器

- 分析天平
- Goldfish萃取装置
- 电热板
- 真空干燥箱

12.3.6 实验步骤

每个样品均进行3个平行。

(1)与12.2.6中(1)~(4)相同。

(2)将套管放在Goldfish装置冷凝器支架内。将套管向上推,使套管距支架下方仅1~2cm。将回收烧杯装满石油醚(50mL),并转移到烧杯中。用垫圈和金属环将烧杯密封到设备上,启动流经冷凝器的水流,开加热板加热,让石油醚沸腾,以每秒5~6滴的冷凝速度萃取4h。

(3)与12.2.6中(6)~(7)相同。

12.3.7 数据和计算

用12.2.7中索氏提取法给出的表格和方程,记录数据并对Goldfish法测试结果进行计算。在湿重的基础上,计算脂肪质量分数(m/m,%)。如果食物的脂肪含量已经在标签上进行了说明,则报告这个理论值:

- 零食的名称
- 每份食品的脂肪质量,g
- 每份食品质量,g
- 每100g零食中的脂肪含量,g

12.3.8 思考题

(1)在溶剂萃取法中使用石油醚,而不是乙醚的优缺点是什么,比如 Goldfish 法?

(2)与索氏提取法相比,Goldfish 法的优点是什么?

(3)如果这里测量的脂肪含量与营养标签标明的数值的不同,这怎么解释呢?

12.4 莫乔恩尼尔(Mojonnier)法

12.4.1 实验原理

使用乙醚和石油醚混合物进行脂肪抽提,含有脂肪的提取物干燥后计重,脂肪含量以百分比来表示。

该方法不仅使用乙醚和石油醚,而且还需要氨水和乙醇。氨水能溶解酪蛋白,还能中和产品的酸度,降低其黏度。乙醇可以防止牛乳和乙醚的凝胶化,并有助于乙醚-水相的分离。以乙醚和石油醚作为脂质溶剂,石油醚降低了水在醚相中的溶解度。

12.4.2 化学药品

	CAS 编号	危害性
氨水	1336-21-6	腐蚀性强,对环境有害
石油醚	8032-32-4	有害,高度易燃,对环境有危险
乙醚	60-29-7	有害,高度易燃

12.4.3 注意事项、危害和废物处理

乙醇、乙醚和石油醚具有火灾隐患,应避免明火,吸入蒸气以及和皮肤接触。乙醚极易燃,易吸湿,可形成爆炸性过氧化物。氨水是一种腐蚀性物质,应避免接触和吸入蒸气。另外,请遵守正常的实验室安全操作程序,实验过程中全程都要戴手套和护目镜,石油醚和醚类液体废物必须放置于指定的危险废物容器中,含水的废物可以用水冲洗掉。

12.4.4 实验材料

- 牛乳,全脂或含 2%脂肪
- 莫乔恩尼尔萃取瓶,带塞
- 带盖子的莫乔恩尼尔脂肪盘
- 塑料手套
- 钳子

12.4.5 实验仪器

- 分析天平
- 加热板

- 莫乔恩尼尔设备(带离心机、真空干燥箱、冷却干燥器)

12.4.6 实验备注

对鲜乳来说,萃取瓶中必须按下列顺序加入试剂:水、氨水、乙醇、乙醚、石油醚。分液器或倾斜的吸管上滴定管具有刻度,用于精确测量。对样品进行 3 次测定,对空白试剂进行 2 次测定。其他样本可能需要在实验步骤(2)中用蒸馏水稀释,并在随后的步骤中需要不同数量的试剂。对于新鲜牛乳以外的样品,请参阅说明书或 AOAC 国际官方分析方法。

12.4.7 实验步骤

每个样品均进行 3 个平行。

(1)开机,打开干燥箱和加热板的温度控制。

(2)加热牛乳样品至室温,并混匀。

(3)当干燥箱温度达到 135℃,在 5080mmHg 真空度的干燥箱中干燥清洁后的脂肪盘 5min,此后均需要用钳子或手套来处理脂肪盘。每种类型的牛乳样品用 3 个脂肪盘,空白试剂用两个脂肪盘。

(4)将脂肪盘放入干燥剂中冷却 7min。

(5)称重,记录每个脂肪盘的质量和标识,在使用前脂肪盘将一直保存在干燥箱中。

(6)准确称量样品(约 10g)到莫乔恩尼尔烧瓶,如果使用称重架,则填满弯曲吸管放在天平架上,用质量差来计算样品重。

(7)按下表顺序和添加量添加萃取所需的化学物质,每次加入后,将烧瓶口用塞堵住,倒置摇晃 20s。

试剂	第一次萃取		第二次萃取	
	步骤	总量/mL	步骤	总量/mL
氨水	1	1.5	—	不添加
乙醇	2	10	1	5
乙醚	3	25	2	15
石油醚	4	25	3	15

(8)将萃取瓶放入离心机支架,将两个烧瓶支架都放入离心机。离心机先以 30r/min 速度运转 30s,然后调转速为 600r/min。

[第一次萃取时,可将烧瓶放置 30min,直至形成清晰的分离线,或加入三滴酚酞指示剂(w/V,0.5%,乙醇),辅助确定分界面。]

(9)小心将每个样品的醚溶液倒入先前干燥、称量和冷却的脂肪盘中。大部分或全部乙醚层都应倒入盘中,但剩余的液体不得倒入盘中。

(10) 将含有乙醚萃取物的盘子放在加热板上,置于莫乔恩尼尔单元的玻璃罩下,通电加热(如果此位置的加热板不可用,可以在通风罩或通风橱内热板,加热板的温度为 100℃)

(11) 对莫乔恩尼尔烧瓶中的样品,按照上表中给出的试剂添加顺序和添加量,进行第二次重复提取过程。同样,每次加入化学物质后,将烧瓶塞住,倒置摇动20s。如上所述,再次离心烧瓶,此时可以在烧瓶中加入蒸馏水,使醚层和水层的分界线达到烧瓶颈的中心,然后再次离心。

(12) 将乙醚萃取物倒入对应脂肪盘中(即每个样品前后两次萃取的醚层倒入同一个脂肪盘),注意移取烧瓶中所有的乙醚,但不得带入瓶中其他液体。

(13) 盖子半开,使乙醚完全蒸发,此过程可以在加热板上完成(有火灾隐患),也可以在通风罩下进行。在使用加热板时,应使乙醚慢慢沸腾,缓慢操作,不要让液体溅出。如果加热板过热,液体剧烈沸腾,此时只需将脂肪盘的一部分放在加热板上。如果不使用操作罩,则将收集容器盖子半开,自然蒸发到第二天即可。

(14) 当脂肪盘中所有乙醚都蒸发后,将脂肪盘置于真空干燥箱中,设置温度为70~75℃,真空至少20英寸,放置10min。

(15) 把脂肪盘放置于干燥剂里冷却7min。

(16) 准确称量每个盘子中的脂肪质量,计数。

12.4.8 数据和计算

计算每个样品的脂肪含量。计算时,每个脂肪残留量都减去空白样品的平均质量。

	牛乳初始质量/g	牛乳终质量/g	牛乳检测质量/g	脂肪盘/g	脂肪盘+脂肪/g	脂肪含量/%
试剂空白						
1						
2						
						平均值
样品						
1						
2						
3						
						平均值
						标准差

$$脂肪质量分数=100\times\frac{(脂肪+脂肪盘,g)-(脂肪盘,g)-(空白均值,g)}{样品质量(g)}$$

12.4.9 思考题

(1)列出造成莫乔恩尼尔法测试结果偏高或偏低的可能原因。

(2)采用莫乔恩尼尔法测试时,你认为应采取什么措施消除乙醇对结果造成的影响?为什么?

(3)如果采用莫乔恩尼尔法进行固体、非乳样品测试,你认为应如何调整实验步骤?并给出原因。

12.5 巴布科克(Babcock)法

12.5.1 实验原理

在巴布科克瓶中放入一定量牛乳样品后添加硫酸,酸消解蛋白质,产生热量的同时释放脂肪。离心、添加热水可以将脂肪转移到瓶子的刻度颈中。此方法使用体积测量来表示牛乳或肉类中脂肪的质量分数。

12.5.2 实验备注

采用巴布科克法进行试验,在进行脂肪柱读数时,样品应置于57~60℃,该温度下液体脂肪的相对密度约为0.90g/mL。刻度可以直观显示出脂肪含量,使人能够进行容积测量,结果用质量分数表示脂肪含量。

12.5.3 化学药品

	CAS 编号	危害性
乙二醇(优级纯)	G8042-47-5	有毒,刺激性
硫酸	7664-93-9	腐蚀性

12.5.4 注意事项、危害和废物处理

浓硫酸腐蚀性极强,应避免接触皮肤、衣服和吸入蒸气。另外,请遵守正常的实验室安全操作程序,实验过程中全程都要戴手套和安全防护眼镜。硫酸、乙二醇等废物必须存放在指定的危险废物容器中。为了安全及准确定量,将浓硫酸置于装有分液器的瓶中(如自动分液器),并连接一半刚性软管,以使在加液或混合样品时能直接伸到巴布科克瓶底部。把瓶和分液器置于托盘上以收集溢出的液体,在进行硫酸和样品混合时,应戴上能够防腐蚀和耐热的手套。

12.5.5 实验材料

- 3个巴布科克瓶
- 巴布科克卡尺(分规)
- 吸量管,10mL
- 洗耳球或泵
- 塑料手套
- 标准牛乳移液管(17.6mL)
- 温度计

12.5.6 实验仪器

- 巴布科克离心机
- 水浴锅

12.5.7 实验步骤

(1)将牛乳样品调至38℃左右,搅拌均匀。使用标准的牛乳吸管,将17.6mL牛乳分别放入3个巴布科克瓶中。每次移液,要把吸管末端的最后几滴牛乳吹进瓶子里,然后将牛乳样品调整到22℃左右。

(2)取约17.5mL硫酸(相对密度1.82~1.83),小心加入测试瓶中,在加入过程中不断摇动混合,小心地将所有残留的牛乳洗净放入瓶内,加硫酸过程不应超过20s,将牛乳和硫酸完全混合,摇动时不要让任何混合物质进入到刻度位置,这种混合物产生的热量可能导致混合物从瓶子喷溅出来。

(3)将瓶子放入加热至60℃的离心机中,此过程要确保瓶子平衡,且要保证瓶颈在水平方向上没有障碍物。此过程中,一定要确保离心机正常加热。

(4)达到设定速度后,将瓶子离心5min(离心机规格不同时离心速度也会有差异)。

(5)停止离心,加入60℃热水(软水),直至液位在距瓶口0.6cm以内。让水从瓶子的一侧缓慢流下,再次离心2min。

(6)停止离心,加入足够热水(60℃)使液柱接近刻度的顶部刻度。同样,离心瓶子再次离心1min。

(7)将瓶子从离心机中取出,放入水浴锅中(55~60℃,最好是57℃),并使脂肪柱液面低于水平面,至少保持5min。

(8)每次从水浴中取出一个样品,迅速擦干瓶身,在脂肪层的顶部添加乙二醇后,立即用一个分规或卡尺测量脂肪柱,精确到0.05%,此过程,保持瓶子垂直,测试的为最上面弧面至最下面弧面之间的距离。

(9)脂肪应清澈明亮,上下弧面可清晰界定,脂肪柱下方的水应清澈。应避免脂肪柱浑浊不清或显示有凝块或烧焦的物质,以及读数模糊或不确定。

(10)记录每次测试的读数,计算脂肪的质量分数和标准偏差。

12.5.8 数据和计算

次数	脂肪测定/%
1	
2	
3	
	平均值
	标准差

12.5.9 思考题

(1)巴布科克瓶中脂肪柱出现烧焦现象的原因是什么?

(2)巴布科克脂肪试验中存在未消化凝块的可能原因是什么?

(3)为什么在巴布科克脂肪试验中硫酸比其他酸更适合?

相关资料

1. AOAC International (2016) Official methods of analysis, 20th edn, (On-line). AOAC International, Rockville, MD
2. Ellefson WC (2017) Fat analysis. Ch. 17. In: Nielsen SS (ed) Food analysis, 5th edn. Springer, New York
3. Wehr HM, and Frank JF (eds) (2004) Standard methods for the examination of dairy products. 17th edn. American Public Health Administration, Washington, DC

13 蛋白质氮测定

13.1 引言

13.1.1 实验背景

食品中的蛋白质含量可通过多种检测方法确定,其中基于氮含量测定的凯氏定氮法和Dumas燃烧定氮法可用于蛋白质含量分析,这两种方法都适用于食品中的蛋白质含量测定。尽管凯氏定氮法已被广泛使用了100多年,但是由于Dumas燃烧定氮法自动化检测仪的出现,已经在许多情况下取代了凯氏定氮法的使用。

13.1.2 阅读任务

《食品分析》(第五版)第18章蛋白质分析,中国轻工业出版社(2019)。

13.1.3 实验备注

尽管凯氏定氮法和Dumas燃烧定氮法都可以在没有自动化仪器的情况下进行蛋白质含量测定,但通常都是通过自动化仪器进行测定,以下的实验说明都是根据自动化仪器的可用性而提出的。如果在实验前通过近红外分析估计了凯氏和/或Dumas燃烧定氮法分析的样品的蛋白质含量,则可以在几种测定方法之间进行比较。

13.2 凯氏定氮法

13.2.1 实验目的

使用凯氏定氮法测定玉米的蛋白质含量。

13.2.2 实验原理

通过凯氏定氮法测定样品中的氮含量,然后根据特定食品中的蛋白质与氮的比率来计算蛋白质含量。凯氏定氮法基本上可分为3个步骤:消化、蒸馏和滴定。在消化步骤中,在催化剂存在下,有机氮在约 370 ℃时消解为铵;在蒸馏步骤中,用 NaOH 将消化的样品碱化蒸馏得到 NH_3,收集在硼酸溶液中,然后用标准 HCl 溶液滴定来测定硼酸溶液中的氮含量。

进行试剂空白分析,每次测定时减去滴定空白试剂所需的 HCl 溶液量。

13.2.3 化学药品

	CAS 编号	危害性
硼酸(H_3BO_3)	10043-35-3	
溴甲酚绿	76-60-8	
乙醇,95%	64-17-5	高度易燃
浓盐酸(HCl)	7647-01-0	腐蚀性
甲基红	493-52-7	
氢氧化钠(NaOH)	1310-73-2	腐蚀性
浓硫酸(H_2SO_4)	7664-93-9	腐蚀性
凯氏消化片		刺激性
硫酸钾(K_2SO_4)	7778-80-5	
硫酸铜	7758-98-7	
二氧化钛(TiO_2)	13463-67-7	
三(羟甲基)氨基甲烷(THAM)	77-86-1	刺激性

13.2.4 实验试剂

(1)硫酸(浓缩,无氮)

(2)催化剂/盐混合物(凯氏消化片)　含有硫酸钾,硫酸铜和二氧化钛

注意:不同类型的凯氏消化片含有不同的化学物质。

(3)氢氧化钠溶液,50%,*w*/*V*,用蒸馏水配制**　将 2000g 氢氧化钠(NaOH)溶解在约 3.5L 蒸馏水中,冷却后继续添加蒸馏水至 4.0L。

(4)硼酸溶液**　在 4L 烧瓶中,将 160g 硼酸溶解在 2L 煮沸后的蒸馏水中,继续加入 1.5L 煮沸后的蒸馏水,将所配溶液在自来水下冷却至室温(玻璃器皿可能会因突然冷却而破裂)或过夜。当使用快速程序时,必须时常摇动以防止硼酸重结晶。加入 40mL 溴甲酚绿溶液(100mg 溴甲酚绿/100mL 乙醇)和 28mL 甲基红溶液(100mg 甲基红/100mL 乙醇),然后用蒸馏水稀释至 4L 并混合均匀。将 25mL 硼酸溶液转移到接收瓶中,然后蒸馏空白消化液(消化的催化剂/盐/酸混合物),接收瓶中的液体应呈现中性、灰色。否则用 0.1mol/L NaOH 溶液滴定直至呈现该颜色。用式(13-1)计算得到调节 4L 硼酸溶液所需的 NaOH 溶液体积:

$$\text{mL 0.1 mol/L NaOH} = \frac{(\text{mL 滴定液}) \times (4000\text{mL})}{(25\text{mL})} \tag{13-1}$$

注:**表示此实验试剂需提前准备。

将计算量的 0.1mol/L NaOH 溶液加入到硼酸溶液中,混合均匀。通过提取新的空白试剂来验证调整结果,将调整后的溶液放入装有 50mL 吸移管的瓶子中。

(5)标准盐酸溶液** 用蒸馏水稀释 3.33mL 浓 HCl 溶液至 4L。从滴定仪储液器中倒出残余 HCl 溶液,并用少量新配制的 HCl 溶液冲洗 3 次,然后将新配制的 HCl 溶液倒入滴定仪中进行标准化。吸取 10mL 下述制备的 THAM 溶液 3 份,分别置于 3 个锥形瓶(50mL)中,加入 3~5 滴混合指示剂(乙醇配制的 0.1%溴甲酚绿和 0.2%甲基红溶液,按体积比3∶1 混合)到每个锥形瓶中并摇匀,然后用 HCl 溶液滴定至浅粉色为止。记录所消耗的 HCl 溶液体积,并根据下式计算 HCl 的物质的量浓度。

标准 HCl 溶液的计算:

$$\text{物质的量浓度} = \frac{\text{mL THAM} \times \text{THAM 物质的量浓度}}{\text{HCl 平均消耗量(AAV)}} = \frac{20\text{mL} \times 0.01\ \text{N}}{\text{AAV}} \tag{13-2}$$

在储存容器上写下标准 HCl 溶液的物质的量浓度。

(6)三(羟甲基)氨基甲烷(THAM)溶液(0.01mol/L)** 将 2g THAM 放入坩埚中,置于干燥箱(95 ℃)中过夜干燥,在干燥器中进行冷却。将 1.2114g 干燥的 THAM 用适量蒸馏水溶解在 1L 容量瓶中,然后稀释至 1L。

13.2.5 注意事项、危害和废物处理

浓硫酸溶液具有极强的腐蚀性,避免吸入蒸气、接触皮肤和衣服。浓氢氧化钠溶液具有腐蚀性。始终佩戴耐腐蚀手套和护目镜。在操作罩中进行消化,并在消化装置上安装吸气式烟雾捕集器。从消化装置中取出吸气烟雾捕集器之前,应让样品在通风橱中冷却。此外,遵守标准实验室安全章程。硫酸溶液和氢氧化钠溶液的混合废物大部分已经被中和了(检查 pH 以确保 pH 为 3~9),因此可以丢弃在排水管并用水冲洗。但是,对于任何化学废弃物的处理,请遵循实验室环境健康和安全协议中列出的良好实验室规范。

出于安全和准确的原因,从装有再吸移管(即自动分配器)的瓶子中分配浓硫酸。使用薄的半刚性管安装分配器,直接分配到消化管中。将瓶子上的吸移管放在托盘上以收集溢出物。

13.2.6 实验材料

- 玉米粉(未干燥)
- 5 个消化管
- 5 个锥形瓶,250mL
- 抹刀
- 称重纸

13.2.7 实验仪器

- 分析天平

- 自动滴定仪
- 凯氏消化和蒸馏系统

13.2.8 实验步骤

分析说明一式三份。按照制造商的说明,使用特定的凯式消化和蒸馏系统。这里给出的一些说明可能是针对某一种类型的凯氏定氮系统。

13.2.8.1 消化

(1)打开消化单元并加热至适当的温度。

(2)准确称量约0.1g玉米,记录质量,将玉米放入消化管中,重复两个样品。

(3)向每个消化管中加入一个消化片和适当体积(如7mL)的浓硫酸。准备重复的空白样:一个消化片+使用的浓硫酸量+称重纸(如果称重纸与玉米样品一起加入)。

(4)将消化管架置于消化单元上,盖上消化单元,打开排气系统。

(5)直至样品消化完成,此时消化液应清澈(呈霓虹绿色),没有焦化物残留。

(6)从消化单元中取出样品消化液,在排气系统仍然打开的情况下进行冷却。

(7)用适量蒸馏水小心稀释消化液,并混合均匀。

13.2.8.2 蒸馏

(1)按照适当的程序启动蒸馏系统。

(2)将适量的硼酸溶液分配到接收瓶中并置于蒸馏系统中,同时确保来自蒸馏样品的管子浸没在硼酸溶液中。

(3)将13.2.8.1中的样品管放置稳定,然后进行蒸馏直至结束。在蒸馏过程中,将一定体积的NaOH溶液输送到样品管中,于蒸汽发生器中将样品蒸馏一段时间。

(4)完成一个样品的蒸馏后,继续使用新的样品管和接收瓶进行蒸馏。

(5)完成所有样品的蒸馏后,按照操作说明关闭蒸馏装置。

13.2.8.3 滴定

(1)记录标准HCl溶液的物质的量浓度。

(2)如果使用自动pH计滴定系统,请按照操作说明校准仪器。将磁力搅拌子放入步骤13.2.8.2的接收瓶中,置于搅拌器上。滴定时保持溶液快速搅拌,但不要让搅拌子碰到电极。滴定每个样品和空白样品直至溶液pH为4.2,记录此时标准HCl溶液的消耗体积。

(3)如果使用颜色变化记录滴定终点,将磁力搅拌子放入接收瓶中并放置于搅拌器上,在滴定时保持溶液剧烈搅拌。用标准HCl溶液滴定样品和空白样品,直至溶液呈现微弱灰色。记录所消耗的HCl溶液量。

13.2.9 数据和计算

计算每个重复或3份玉米样品的氮百分比和蛋白质百分比,然后取平均值。由于分析的玉米样品不是干燥样品，需要计算基于湿重和基于干重的蛋白质质量分数结果。假设水分含量为10%（如果已经提前测定，则使用样品实际的水分含量）。6.25表示氮换算为蛋白质的系数。

$$\%\text{氮}=\text{物质的量浓度HCl}\times\frac{\text{校正酸体积(mL)}}{\text{样品(g)}}\times 0.014\times 100 \tag{13-3}$$

$$\text{校正酸体积}=(\text{样品滴定消耗标准酸量,mL})-(\text{空白样滴定消耗标准酸量,mL})$$

$$\text{蛋白质\%}=\text{氮\%}\times\text{蛋白质系数}$$

$$\frac{\text{蛋白质\%,湿基}}{\text{固体(湿)\%/100\%}}=\text{蛋白质\%,干基} \tag{13-4}$$

13.2.10 思考题

（1）如果蒸馏系统上的碱泵定时器设定为输送25mL的50% NaOH溶液并且使用7mL浓H_2SO_4来消化样品，则实际上需要多少毫升的50% NaOH溶液来中和用于消化的硫酸？如果碱泵定时器发生故障仅输送15mL的50% NaOH溶液，结果会如何改变？（浓H_2SO_4溶液的物质的量浓度为18mol/L）

（2）酚酞可用作凯氏定氮法的指示剂吗？为什么？

（3）描述本实验中下列化学试剂的功能：

①催化剂

②硼酸盐

③H_2SO_4溶液

④NaOH溶液

（4）为什么不需要对硼酸溶液进行标定？

（5）解释如何获得用于计算样品中蛋白质含量的蛋白质换算系数，以及为什么其他谷物（如小麦、燕麦）的蛋白质系数与玉米不同。

（6）对于凯氏定氮法存在的缺点，给出另一种可以克服（至少部分克服）这种缺点的蛋白质分析方法。

13.3 燃烧定氮法

13.3.1 实验目的

使用燃烧定氮法测定玉米的蛋白质含量。

13.3.2 实验原理

燃烧定氮法测定样品中的氮含量，然后根据特定食品中的蛋白质与氮的比率来计算蛋白质含量。测定过程中，样品在高温（900~1110 ℃）下燃烧以释放氮气和其他产物（水和其他气体），除去其他产物，通过气相色谱使用热导检测器测定氮含量。

13.3.3 化学药品

	CAS 编号	危害性
乙二胺四乙酸(EDTA) 二钠盐($Na_2EDTA \cdot 2H_2O$)	60-00-4	刺激性

仪器色谱柱中所使用的其他化学药品对于每个制造商都是特定的。

13.3.4 注意事项、危害和废物处理

在操作过程中,仪器面板会变得很热。检查制造商有关任何其他危险的说明,尤其是与维护仪器有关的危险说明。

13.3.5 实验材料

- 玉米粉
- 样品杯

13.3.6 实验仪器

燃烧定氮装置。

13.3.7 实验步骤

按照制造商的说明进行装置启动、分析样品和关闭装置。

用分析天平称取适量的样品至样品杯中(如果使用自动进样器,样品质量则与自动进样器中的样品编号对应)。从天平中取出样品,并按照制造商的说明进样。如果使用自动进样器,则将样品放入自动进样器中的对应编号的样品槽中。按同样流程对 EDTA 标准品进行测定。样品和标准品应平行测定 2 次或 3 次。

13.3.8 数据和计算

记录每个重复或 3 份玉米样品的氮含量,然后计算蛋白质含量,确定玉米样品的蛋白质含量平均值。由于分析的玉米样品不是干燥样品,需要计算基于湿重和基于干重的蛋白质百分比结果。假设水分含量为 10%(如果已经提前测定,则使用样品实际的水分含量)。6.25 表示氮换算为蛋白质的系数。

样品	氮/%	蛋白质/%(湿基)	蛋白质/%(干基)
1			
2			
3			
		$\bar{X}$ =	$\bar{X}$ =
		SD =	SD =

13.3.9 思考题

(1)与凯氏定氮法相比,燃烧定氮法有哪些优点?

(2)为什么乙二胺四乙酸(EDTA)可用作氮分析仪校准的标准品?

(3)比较凯氏定氮法和燃烧定氮法对玉米样品的分析结果并解释其差异?

相关资料

1. Chang SKC, Zhang Y (2017) Protein analysis. Ch. 18. In: Nielsen SS (ed) Food analysis, 5th edn. Springer, New York

2. AOAC International (2016) Official methods of analysis, 20th edn, (On-line). Method 960.52 (Micro-Kjeldahl method) and Method 992.23 (Generic combustion method). AOAC International, Rockville, MD

苯酚-硫酸法测定总碳水化合物

14

14.1 引言

14.1.1 实验背景

苯酚-硫酸法是一种通过简单、快速的比色法来测定样品中总碳水化合物的方法。该方法可以测定包括单糖、二糖、寡糖、多糖等在内的几乎所有类别的碳水化合物。但在测定过程中考虑到不同碳水化合物吸光度值的差异,除非已知样品中明确只存在一种碳水化合物,否则结果必须以某一种特定碳水化合物的含量来表示。在苯酚-硫酸法中,浓硫酸可将任意多糖、低聚糖及二糖等分解成单糖,然后将戊二酸(5-碳化合物)脱水成糠醛,并将己糖(6-碳化合物)脱水成羟甲基糠醛。然后糠醛类及羧甲基糠醛类化合物与苯酚反应,从而产生金黄色的产物。在实验过程中,对于木糖(戊糖)含量较高的产品,如麦麸或玉米麸,应使用木糖作为标准品构建标准曲线,并在480nm处测定吸收强度。而对于已糖含量较高的产品,应使用葡萄糖为标准品构建标准曲线,并在490nm处测定吸收强度。在测定过程中,应将反应液先静置数小时,待反应液颜色稳定后再在进行测量,其数据精密度可以控制在2%以内。碳水化合物是软饮料、啤酒、果汁中的热量的主要来源,每克碳水化合物约提供4cal的热量。在本实验中,将通过建立葡萄糖溶液标准曲线,测定软饮料及啤酒中碳水化合物的含量,从而计算这些饮料的热量。

14.1.2 阅读任务

《食品分析》(第五版)第19章碳水化合物分析,中国轻工业出版社(2019)。

14.1.3 实验目的

测定软饮料及啤酒中总碳水化合物的含量。

14.1.4 实验原理

碳水化合物(单糖、低聚糖、多糖及其衍生物)在强酸和高温下反应生成呋喃衍生物,进而与苯酚缩合,形成稳定的金黄色化合物,可用分光光度法测定。

14.1.5 化学药品

	CAS 编号	危害性
D-葡萄糖	50-99-7	—
苯酚	108-95-2	有毒
浓硫酸	7664-93-9	腐蚀性

14.1.6 实验试剂

实验试需提前准备好。

- 葡萄糖标准溶液 100mg/L
- 80%苯酚的水溶液 1mL(将 20mL 的去离子水加入到 80g 重蒸馏的苯酚晶体中)
- 浓硫酸

14.1.7 注意事项、危害和废物处理

在使用浓硫酸和 80%的苯酚溶液时应注意安全,全程戴好护目镜和手套。由于浓硫酸具有极强的腐蚀性(会对衣服、鞋子、皮肤等产生腐蚀),应小心避免灼伤。而作为有毒试剂,苯酚必须按危险废弃物处理。而其他不含苯酚的液体废弃物,可用水冲洗后经下水管道排放,在实验过程中,应严格遵守实验准则。

14.1.8 实验材料

- 啤酒(同一品牌的简易装和普通装)
- 收集废弃物的瓶子
- 比色皿
- 100mL 规格的锥形瓶 1 个,用于盛蒸馏水
- 500mL 规格的锥形瓶 2 个,用于盛饮料
- 手套
- 1000μL、100μL(或 200μL)的移液枪及配套的枪头
- 移液管、洗耳球
- 封口膜
- 5mL 规格移液管
- 软饮料 (常规同一品牌无色透明)
- 20 个试管, 内径为 16~20mm
- 试管架
- 100mL 的锥形瓶 4 个、1000mL 的锥形瓶 2 个
- 5mL 移液器
- 10mL 的锥形瓶 2 个

14.1.9 实验仪器

- 紫外分光光度计
- 涡旋混合器
- 水浴锅

14.2 实验步骤

(1)标准曲线 将葡萄糖标准溶液(100mg/L)和蒸馏水按下表所示比例在干净的试管中进行混合,从而使试管中含有0~100μL的葡萄糖(用100μL及1000μL的移液枪来吸取溶液),液体总体积定量为2mL。将不加葡萄糖的组定义为空白组。

	葡萄糖含量/(μg/2mL)					
	0	20	40	60	80	100
葡萄糖原液/mL	0	0.2	0.4	0.6	0.8	1.0
蒸馏水/mL	2.0	1.8	1.6	1.4	1.2	1.0

(2)从标签上记录食物热量 记录食物总碳水化合物的含量,①选择一个常规品牌的软饮料,②一个常规品牌的包装及散装啤酒。在开始实验前,从食物标签上记录该食品的热量。

(3)二氧化碳的脱除 将饮料置于室温下,取100mL的样品于500mL的锥形瓶中,先持续轻晃(防止啤酒起沫),使得无可观察到的气泡在饮料中出现,然后过滤用于后续实验分析。

(4)样品试管 为了保持实验试管中所含的葡萄糖量范围在20~100μg,样品的稀释步骤及体积如下表所示:

	稀释倍数	体积/mL
软饮料		
普通包装	1:2000	1
特定人群	0	1
啤酒		
罐装	1:2000	1
散装	1:1000	1

对于需稀释2000倍的样品:

①取5mL样品置于100mL的锥形瓶中,用蒸馏水进行稀释20倍、混匀,用封口膜密封。取1mL的稀释液置于另一个100mL锥形瓶内,加入一定量的蒸馏水进行二次稀释。混匀后用封口膜密封保存备用。

或者

②取 1mL 样品于 1000mL 锥形瓶中，用蒸馏水稀释至一定浓度。取 1mL 的稀释样品（1000 倍）与 1mL 蒸馏水混合。

对于需稀释 1000 倍的样品：

①取 10mL 样品置于 100mL 锥形瓶中，加入蒸馏水将其稀释 10 倍。取 1.0mL 的稀释溶液置于另一个 100mL 锥形瓶中，再次用蒸馏水将其稀释 10 倍。混匀后用封口膜密封备用。

或者

②取 1.0mL 的样品于 1000mL 的锥形瓶中，用蒸馏水稀释 1000 倍后，混合均匀，用封口膜密封后备用。

（5）取 1mL 稀释的样品置于试管中，加入 1mL 蒸馏水，用于后续分析，每组重复 2 次。

（6）添加苯酚　从步骤（1）或（4）中取 2mL 的样品，添加 0.05mL 80%的苯酚（用 100μL 或 200μL 的移液枪），将二者混合均匀。

（7）添加浓硫酸　对于步骤（5）的样品，每管添加 5.0mL 的浓硫酸，浓硫酸应快速 f 加入试管中。应将硫酸直接加在液体表面，而非沿试管壁添加（这些化学反应是由浓硫酸添加过程中产生热量来驱动的，因此浓硫酸的添加应标准化），在涡旋振荡器上将二者混合后，静置 4min，然后于 25℃下温浴 10min，在测定吸光度值之前，再次涡旋震荡。

（8）吸光度值测定　戴上手套，将样品置于比色皿中，不要用蒸馏水在不同样品间进行冲洗。首先，将含有 0μg 葡萄糖的样品（空白组）置于分光光度计中，进行归零处理，将其保留备用。依次读取其他标准葡萄糖样品在 490nm 处的吸光度值（20μg/2mL～100μg/2mL），待测定万标准葡萄糖溶液的吸光度值后，读取饮料样品的吸光度值。为确保比色皿外部无水分等污迹，先用干净的试纸擦拭比色皿外部后，然后再将其置于分光光度计中读取吸光度值。

（9）吸光度光谱　使用标准葡萄糖样品中吸光度值在 0.5～0.8 的重复试管，在 450～550nm 内读取吸光度值，读取间隔 10nm。

14.3　数据和计算

（1）总结下面表格中所有标准和样品的程序及结果。使用第一个表中标准曲线样品的数据计算该行的等式，用于计算第二个表中报告的原始样品中的浓度。

标准曲线：

样品	A_{490nm}（1）	A_{490nm}（2）	平均值
空白			
20μg			
40μg			
60μg			

续表

样品	A_{490nm}(1)	A_{490nm}(2)	平均值
80μg			
100μg			

样品:

样品	A_{490nm}	葡萄糖含量/(μg/2mL)	稀释倍数	葡萄糖当量	
				样品/(μg/mL)	样品/(g/L)
软饮料 1					
软饮料 2					
软饮料 3					
软饮料 4					
散装啤酒 1					
散装啤酒 2					
灌装啤酒 1					
灌装啤酒 2					

软饮料样品计算公式:

$$y = 0.011x + 0.1027$$

$$y = 0.648$$

$$x = 49.57\mu g/2mL$$

$$c_i = c_f(V_2/V_1)(V_4/V_3)$$

(详见第 3 章,c_i表示初始浓度,c_f表示最终浓度)

$$c_i = \left(\frac{49.57\mu g}{2mL}\right) \times \left(\frac{2000mL}{1mL}\right) \times \left(\frac{2mL}{1mL}\right) = 99.14\mu g/mL$$

$$= 99.14mg/mL$$

$$= 99.14g/L$$

(2)建立总碳水化合物测定的标准曲线,将其表示为(A_{490nm}对应的 μg 葡萄糖/2mL 的量),然后在标准曲线上计算总碳水化合物的含量。

(3)计算软饮料及啤酒中葡萄糖浓度。以 g/L 进行表征。

(4)计算软饮料及啤酒中能量(基于碳水化合物含量)

样品	g 葡萄糖/L	Cal/L	标签 Cal/L
软饮料			
普通饮料			
特殊人群			
啤酒			
灌装			
散装			

(5)绘制 450~550nm 的吸光强度光谱

波长/nm	450	460	470	480	490	500	510	520	530	540	550
吸光值											

14.4 思考题

(1)苯酚–硫酸法测定总碳水化合物的优点、缺点以及实验中可能引起误差的来源有哪些?

(2)尽管在实验过程中用了新的试管、但实验过程中仍发现数据的精密度不高,数值偏大,其可能的原因是什么?

(3)如果实验过程中,葡萄糖的浓度从 10g/L 开始,应该如何稀释,从而吸取 0.2、0.4、0.6、0.8 以及 1.0mL 的葡萄糖溶液,然后加入蒸馏水至 2.0mL 后,使得标准的葡萄糖浓度在 20~100μg/2mL? 请列出计算过程。

(4)如果实验前未能明确软饮料的稀释倍数,而是仅知道软饮料中最大的碳水化合物含量(美国农业部标准参考营养数据库 3g 碳水化合物/L),如何通过计算,换算出稀释倍数,从而获得所需分析的 1mL 稀释样品? 列出计算过程。

(5)如何将计算获得的数值与食物标签中的能量数值进行对比? 能量的舍入规则是否解释了任何差异? 啤酒中的酒精含量(假设 4%~5%酒精,7cal/g)是否解释了任何差异?

(6)在 490nm 处进行吸光光度值进行测定,是否是最合适的,并进行解释说明?

致谢

该实验方法是基于加州理工大学食品科学与营养系 Joseph Montecalvo 博士的方法改进。

相关资料

1. BeMiller JN (2017) Carbohydrate analysis, Ch. 19. In: Nielsen SS (ed) Food analysis, 5th edn. Springer, New York
2. Dubois M, Gilles KA, Hamilton JK, Rebers PA, Smith F (1956) Colorimetric method for determination of sugars and related substances. Anal Chem 28: 350-356
3. Metzger LE, Nielsen SS (2017) Nutrition labeling. Ch. 3. In: Nielsen SS edn. Food analysis, 5th edn. Springer, New York

15 维生素 C 的测定——2,6-二氯靛酚法

15.1 引言

15.1.1 实验背景

维生素 C 是日常饮食中的一种基本营养素,但食品在加工、包装和储存过程中,维生素 C 容易因加热和氧气而减少或破坏。FDA 要求食品营养标签上需列出其维生素 C 含量。维生素 C 的不稳定性使其难以保证营养标签上维生素 C 的准确含量。

维生素 C 的法定分析方法是果汁中 2,6-二氯靛酚滴定法(AOAC 方法 967.21)。虽然这种方法对于其他类型的食品不是法定方法,但可以作为许多食品的快速质量控制分析方法,而不需要采用更耗时的显微荧光测定法(AOAC 方法 984.26)。下面列出的实验步骤来自 AOAC 方法 967.21。

15.1.2 阅读任务

AOAC International. 2016. *Official Methods of Analysis*, *20th ed.*, (On-line). Method 976.21, AOAC International, Rockville, MD.

《食品分析》(第五版)第 20 章维生素的分析,中国轻工业出版社(2019)。

15.1.3 实验目的

采用 2,6-二氯靛酚滴定法测定多种橙汁中维生素 C 的含量。

15.1.4 实验原理

维生素 C 可将染料还原为无色,用染料滴定含维生素 C 的样品到达终点时,过量的未被还原的染料在酸性溶液中呈玫瑰红色。染料的滴定度可通过标准维生素 C 溶液标定,因此食品样品溶液用染料滴定,滴定体积可以用来计算维生素 C 含量。

15.1.5 化学药品

	CAS 编号	危害性
乙酸(CH_3COOH)	64-19-7	腐蚀性
维生素 C	50-81-7	
2,6-二氯靛酚(DCIP)(钠盐)	620-45-1	
偏磷酸(HPO_3)	37267-86-0	腐蚀性
碳酸氢钠($NaHCO_3$)	144-55-8	

15.1.6 实验试剂

(1)维生素 C 标准溶液(必须在临用前配制) 精确称量(使用分析天平)50mg 维生素 C[采用美国药典(USP)维生素 C 参考标准],记录质量,然后转移至 50mL 的容量瓶中。立即稀释定容,然后与偏磷酸溶液一起使用。

(2)2,6-二氯靛酚溶液——染料 将 50mL 去离子蒸馏水(dd)加入至 150mL 烧杯中,先边搅拌边加入 42mg 碳酸氢钠,溶解后边搅拌边加入 50mg 2,6-二氯靛酚钠盐使之充分溶解,用去离子水将混合物稀释至 200mL,过滤器通过凹槽式滤纸将染料溶液过滤至琥珀色玻璃瓶中,用塞子或盖子密封,冷藏保存直至使用。

(3)偏磷酸-乙酸溶液 在 250mL 的烧杯中,先移入 100mL 去离子水和 20mL 乙酸,然后边搅拌边加入 7.5g 偏磷酸使之溶解。再用去离子水将混合物稀释至 250mL。过滤至玻璃瓶中,用塞子或盖子密封,冷藏保存直至使用。

(4)橙汁样品** 使用各种加工和包装的样品(如罐装、冷冻浓缩、新鲜压榨、非浓缩型),分别用纱布过滤,以避免在移液时出现果肉。记录每个样品的营养标签中维生素 C 占每日营养素摄取量的比重。

15.1.7 注意事项、危害和废物处理

试剂的制备涉及腐蚀性,应采取适当的措施保护眼睛和皮肤,实验人员应遵守实验室的日常安全规范。废弃物可用水冲洗,排入下水道,并要遵守良好实验室操作规范。

15.1.8 实验材料

- 250mL 烧杯
- 2 个 200~250mL 玻璃试剂瓶, 棕色和无色各一个,都带塞子或盖子
- 50mL 或 25mL 滴定管
- 9 个 50mL(或 125mL)锥形瓶
- 2 张凹槽式滤纸
- 漏斗:半径大概在 6~9cm(用于盛放滤纸过滤)

注:**表示此实验试剂需提前准备。

- 漏斗:半径大概在 2~3cm(用以滴定管装液)
- 2 根玻璃棒
- 25mL 量筒
- 100mL 量筒
- 移液管洗耳球或吸液泵
- 铁架台
- 3 把药匙
- 50mL 容量瓶
- 200mL 的容量瓶
- 250mL 的容量瓶
- 2 支 2mL 定量移液管
- 5mL 定量移液管
- 7mL 定量移液管
- 10mL 或 20mL 定量移液管
- 称量纸

15.1.9 实验仪器

- 分析天平

15.1.10 实验备注

实验老师可以给每个学生(或实验室小组)分配一到两种类型的橙汁样品进行分析,而不必要求所有学生分析所有类型的橙汁样品。分配给每个学生或小组的实验材料和试剂要充足,以保证能标定染料和分析一种橙汁的 3 个平行样品。

15.2 实验步骤

15.2.1 染料的标定

(1)用移液管分别将 5mL 偏磷酸-乙酸溶液移入三个 50mL 锥形瓶中。

(2)然后向每个锥形瓶中加入 2.0mL 维生素 C 标准溶液

(3)用漏斗将靛酚溶液(染料)注入滴定管,并记录滴定管的初始读数。

(4)把锥形瓶放在滴定管下方,缓慢滴加靛酚溶液到维生素 C 标准溶液中,直到出现明显的浅玫瑰红色,并持续超过 5s 不消失(大约需要 15~17mL)。滴加靛酚溶液时摇动锥形瓶。

(5)记录滴定管的最终读数,并计算所用染料的体积。

(6)重复步骤(3)~(5)滴定另外 2 个标准样品。记录起始和最后的滴定读数,并计算每个样品所消耗的染料量。

(7)准备空白　用移液管分别吸取 7mL 偏磷酸-乙酸溶液于 3 个 50mL 锥形瓶中,每个锥形瓶中加入的蒸馏水体积与染料消耗的体积大致相同(即滴定 3 个标样所消耗的染料的平均体积)。

(8)用步骤(3)~(5)相同的方法滴定 3 份空白样。记录起始和最后的滴定空白的读数,计算每个空白所消耗的染料量。

15.2.2　果汁样品分析

(1)用移液管分别移取 5mL 偏磷酸-乙酸溶液和 2mL 橙汁到三个 50mL 锥形瓶中。

(2)用靛酚溶液[详见 15.2.1 步骤(3)~(5)]滴定每个样品,直到淡而明显的玫瑰粉色继续存在大于 5s。

(3)记录初始和最终读数,并计算差值以确定每次滴定所消耗的染料量。

15.3　数据和计算

15.3.1 数据

	序号	滴定起点/mL	滴定终点/mL	滴定体积/mL
维生素 C 标样	1			
	2			
	3			
				$\bar{X}$=
空白	1			
	2			
	3			
				$\bar{X}$=
样品	1			
	2			
	3			

15.3.2　计算

(1)采用染料标定时得到的数据,通过下述公式计算滴定度。

$$滴定度\ F=\frac{标准溶液滴定体积所含维生素\ C\ 的质量(mg)}{[滴定标样染料的平均体积(mL)]-[滴定空白染料的平均体积(mL)]}$$

$$标准液滴定体积所含维生素\ C\ 的质量(mg)=[维生素\ C\ (mg)/50mL]\times 2mL$$

计算果汁中维生素 C 的含量,单位为 mg/mL,根据下述公式和每次平行样的滴定体积,计算果汁中维生素 C 的平均值和标准偏差(单位为 mg/mL)。从其他实验成员那里获取其他种类果汁中维生素 C 平均含量的数据。分别用每种果汁的平均值来表示该种果汁样品中维生素 C 的含量,单位为 mg 维生素 C/100mL 或 mg。

$$维生素C含量(mg/mL) = (X - B) \times (F/E) \times (V/Y)$$

式中 X——样品滴定体积,mL;

B——空白试验的滴定体积,mL;

F——染料的滴定度(1.0mL 靛酚标准溶液相当于维生素 C 的毫克数);

E——取样分析的毫克数;

V——初始分析溶液的体积(7mL);

Y——取样做分析的样品体积或滴定的等分试样体积(7mL)。

橙汁平行样中维生素 C(AA)的含量

平行样	AA/(mg/mL)
1	
2	
3	
	$\bar{X}$=
	SD=

橙汁样品中维生素 C(AA)含量的总结表

样品号	AA/(mg/mL)	AA/(mg/100mL)	AA/(mg/227.28mL)
1			
2			
3			
4			

计算实例:

维生素 C 用量=50.2mg

滴定消耗的平均体积:

维生素 C 标样=15.5mL

空白样=0.10mL

滴定橙汁样品所消耗的体积=7.1mL

$$滴定度\ F=\frac{[(50.2mg/5mL)\times 2mL]}{(15.5mL-0.10mL)}=0.130mg/mL$$

$$维生素C(mg/mL) = (7.1mL - 0.10mL) \times (0.130mg/2mL) \times (7mL/7mL)$$
$$= 0.455mg/mL$$

$$0.455mg/mL=45.5mg/100mL$$

15.4 思考题

(1)比较从不同橙汁产品得到的测定结果,分析样品在加工和贮藏过程中受热或暴露在空气中是否会影响到维生素 C 的含量?

(2)实验者分析得到的果汁样品的数据如何与①相同果汁产品的营养标签上的数值,②美国农业和营养标准参考数据库的数据(http://ndb.nal.usda.gov/)进行比较。对于营养标签上的数据,每日营养素摄取量的百分比转换为 mg/mL,已知每日维生素摄取量为 90mg。为什么有些橙汁样品中维生素 C 的测定含量与根据营养标签上的每日维生素 C 摄取量的比例计算出来的结果不匹配?

橙汁中维生素 C 的含量(mgAA/227.28mL)

样品号	实验值	USDA 数据库	营养标签
1			
2			
3			
4			

(3)靛酚溶液为什么需要标定?

(4)为什么需要滴定空白样?

(5)为什么用这种方法测定加热处理过的果汁中的维生素 C 含量时,分析结果会低于实际值?

相关资料

1. AOAC International (2016) Official methods of analysis, 20th edn. (On-line). AOAC International, Rockville, MD
2. Pegg RB, Eitenmiller RR (2017) Vitamin analysis. Ch. 20. In: Nielsen SS (ed) Food analysis, 5th edn. Springer, New York

络合滴定法测定水中的钙离子来检测水的硬度

16

16.1 引言

16.1.1 简介

乙二胺四乙酸(EDTA)可以螯合多种金属离子,包括钙离子和镁离子。该反应可通过络合滴定法来检测样品中金属离子的含量。指示剂与金属离子结合时,可通过颜色的变化判断滴定终点。铬黑 T 指示剂(EBT)是根据螯合剂与钙镁离子结合时,溶液颜色从蓝色变为粉红色作为滴定标准。用 EDTA 滴定含有金属离子的溶液时,在任一指示剂作用下,溶液由粉红色变为蓝色即为滴定终点。由于 pH 以多种方式影响 EDTA 的络合滴定,故 pH 必须严格控制。EDTA 滴定法的主要应用之一是测定水的硬度,该方法也是法定的方法(水和废水检测的标准方法,方法 2340C;AOAC 方法 920.196)。

水的硬度还可以使用试纸条快速检测。这种试纸条可以从多个公司购买。水中的钙离子和镁离子与 EDTA 发生反应时,这些含有 EDTA 和化学指示剂的试纸条会发生颜色变化。

16.1.2 阅读任务

《食品分析》(第五版)第 21 章矿物质的传统分析方法,中国轻工业出版社(2019)。

16.1.3 实验目的

用 EDTA 滴定法和 Quantab®试纸条法检测水的硬度。

16.2 乙二胺四乙酸滴定法测定水的硬度

16.2.1 实验原理

乙二胺四乙酸(EDTA)在 pH 为 10 时与钙或镁离子形成稳定的 1∶1 络合物。铬黑 T(EBT)作为金属离子指示剂,与金属离子络合时呈粉红色,没有络合时呈蓝色。该指示剂与金属离子的结合强度低于 EDTA。指示剂加入含有金属离子的溶液中,溶液变成粉红色。

EDTA作为滴定剂加入到含金属离子的样品中，金属离子优先与EDTA络合，而不与指示剂络合。当EDTA滴定到与所有金属离子络合时，指示剂显示为蓝色。蓝色即为滴定终点。EDTA滴定的体积和浓度可用于计算样品中钙的含量，表示为mg碳酸钙/L。反应的化学计量为1mol钙与1mol EDTA络合。

16.2.2 化学药品

	CAS编号	危害性
氯化铵(NH_4Cl)	12125-02-9	有害
氢氧化铵(NH_4OH)	1336-21-6	有腐蚀性，对环境有害
碳酸钙($CaCO_3$)	471-34-1	
钙镁试剂[3-Hydroxy-4-(6-hydroxy-m-tolylazo) naphthalene-1-sulfonic acid]	3147-14-6	
乙二胺四乙酸二钠($Na_2EDTA \cdot 2H_2O$)	60-00-4	有刺激性
浓盐酸(HCl)	7647-01-0	有腐蚀性
六水合氯化镁($MgCl_2 \cdot 6H_2O$)	7791-18-6	
七水合硫酸镁($MgSO_4 \cdot 7H_2O$)	10034-99-8	

16.2.3 实验试剂

(1)缓冲液** 称取16.9g NH_4Cl，溶于143mL浓NH_4OH中。称取1.179g $Na_2EDTA \cdot 2H_2O$(分析纯)和780mg $MgSO_4 \cdot 7H_2O$或644mg $MgCl_2 \cdot 6H_2O$，溶于50mL蒸馏水中。合并上述两种溶液，并用蒸馏水稀释至250mL。溶液储存在密闭的耐热玻璃或塑料瓶中，防止氨气(NH_3)的挥发并吸收二氧化碳(CO_2)。用移液器分装缓冲溶液。当样品中添加1~2mL缓冲液后，滴定终点的pH若不为(10.0 ± 0.1)，则重新配制缓冲液。

(2)钙标准溶液，1.00mg $CaCO_3$/mL**(根据标准方法并适当修改；省略甲基红指示剂) 使用重金属、碱和镁含量低的一级或特级试剂。$CaCO_3$在100 ℃干燥24h。准确称取1.0g $CaCO_3$于500mL锥形瓶中。用漏斗从烧瓶颈部逐滴加入HCl(浓HCl：H_2O=1：1)，直到所有的$CaCO_3$溶解(确保烧瓶颈部的碳酸钙用盐酸全部冲洗下去)。加入200mL蒸馏水，煮沸数分钟排出二氧化碳，冷却。用3mol/L NH_4OH或HCl，浓HCl：H_2O=1：1调节pH至3.8。转移到容量瓶中，加蒸馏水定量至1L(1mL = 1.00mg $CaCO_3$)。

(3)0.01mol/L EDTA标准溶液 称取3.723g $Na_2EDTA \cdot 2H_2O$，加蒸馏水溶解至1L。存放在聚乙烯瓶(最适)或硼硅玻璃瓶中。按照实验步骤所述钙标准溶液来标定该溶液。

(4)1：1的稀盐酸** 10mL蒸馏水中小心加入10mL浓盐酸。

(5)钙镁试剂** 称取0.10g钙镁试剂，溶于100mL蒸馏水中。滴定时每30mL溶液加入1mL该溶液。溶液置于滴定瓶中。

注：**表示此实验试剂需要提前准备。

16.2.4 实验备注

本实验使用的指示剂为钙镁试剂而不是 EBT。与 EBT 不同,钙镁试剂在水溶液中稳定。该试剂具有与 EBT 相同的颜色反应,而且终点颜色变化更灵敏。

为了获得合适的滴定终点,镁离子是必不可少的。因此缓冲液中加入了少量的中性镁盐。

指定的 pH(10.0 + 0.1)是折中值。随着 pH 的增加,滴定终点的灵敏度增加。但是在高 pH 下,指示剂可能与碳酸钙($CaCO_3$)或氢氧化镁形成沉淀而发生颜色改变。因为 $CaCO_3$ 会逐渐形成沉淀,所以滴定时间控制在 5min 内。

某些金属离子的干扰可能会引起褪色或终点模糊不清。滴定前加入某些抑制剂可以减少这种干扰,但是抑制剂是有毒的(例如,氰化钠)或难闻的。1,2-环己烷二胺四乙酸镁(MgCDTA)可以作为这些抑制剂的取代品。但是,样品中含有高浓度的重金属时,建议不要采用 EDTA 法。本实验未使用抑制剂或 MgCDTA。

16.2.5 注意事项、危害和废物处理

遵守常规实验室的安全章程。实验过程中始终佩戴手套和安全眼镜。含有氢氧化铵的缓冲溶液需作为特殊废物处理。其他废物可以用清水稀释处理,但请遵循本机构实验工作手册的环境健康和安全协议规程。

16.2.6 实验材料

- 25 或 50mL 滴定管
- 9 个 125mL 锥形瓶
- 漏斗(用于滴定管装液)
- 50mL 量筒
- 3 个 25mL 量筒

(可能需要更大体积的量筒,例如,100mL 或更大;具体尺寸见 16.2.8.2)

- 1000μL 移液枪,带塑料吸头
- 滴管和胶头
- 药匙
- 1000mL 容量瓶
- 10mL 移液管
- 称重纸/皿

16.2.7 实验仪器

- 分析天平
- 烘箱,100℃

- 加热板
- pH 计

16.2.8 实验步骤

参考方法 2340 硬度 -《美国水和废水检测标准方法》(第 22 版)(*Standard Methods for the Examination of Water and Wastewater, 22nd ed.*),并做适当修改(分析样品一式三份)。

16.2.8.1 EDTA 溶液的标定

(1)移液管依次吸取 10mL 钙标准溶液至 3 个 125mL 锥形瓶中。

(2)用缓冲溶液调节 pH 为(10.0 ± 0.05)(由于溶液有气味,如果有条件,请在操作罩中调节 pH)。根据需要,使用 HCl 溶液(1 : 1)调 pH。

(3)每个锥形瓶中加入 1mL 的钙镁试剂,不断振摇下缓慢滴加 EDTA 溶液,直到溶液淡红色消失,最后几滴间隔 3~5s 加入。终点的颜色在白天和晚上日光灯下均为蓝色。颜色变化首先出现薰衣草紫色或紫色,但是随后变成蓝色。滴定实验在添加缓冲液后 5min 内完成。

(4)记录每次滴定所用 EDTA 溶液的体积。

16.2.8.2 水样滴定

(1)吸取 25mL 自来水样品(或<15mL 滴定剂的体积)于 125mL 锥形瓶中,加蒸馏水至总体积为 50mL。对于纯净水,直接吸取 50mL,不用稀释。准备 3 份样品[标准方法建议如下:低硬度(<5mg/L)水,添加 100~1000mL 样品,并等比例放大相应的试剂、微量滴定管和样品等体积的空白蒸馏水]。

(2)调节 pH 至 10 ± 0.05,详见 16.2.8.1(2)。

(3)每个样品用乙二胺四乙酸标准溶液缓慢滴定,详见 16.2.8.1(3),乙二胺四乙酸溶液的标定。

(4)记录每次滴定使用的乙二胺四乙酸溶液体积。

16.2.9 数据和计算

计算钙标准溶液的物质的量浓度:

$$\text{钙溶液物质的量浓度}=\frac{\text{g}CaCO_3}{(100.09\text{g/mol})(\text{L 溶液})}=\text{mol/L 钙}$$

EDTA 溶液的标定:

编号	滴定前/mL	滴定后/mL	滴定体积/mL	物质的量浓度/(mol/L)
1				
2				
3				

续表

编号	滴定前/mL	滴定后/mL	滴定体积/mL	物质的量浓度/(mol/L)
				$\bar{X}$
				SD =

计算 EDTA 溶液的物质的量浓度:

$$\text{mol 钙} = \text{mol EDTA}$$

$$M_1V_1 = M_2V_2$$

$$(M_{\text{钙溶液}})(V_{\text{钙溶液体积/L}}) = (M_{\text{EDTA溶液}})(V_{EDTA\text{溶液体积/L}})$$

计算 $M_{\text{EDTA溶液}}$

用 EDTA 溶液滴定水样:

编号	稀释	滴定前/mL	滴定后/mL	滴定体积/mL	G Ca/L	Mg $CaCO_3$/mg
1						
2						
3						
					$\bar{X}$	$\bar{X}$
					SD=	SD=

水样中的钙含量(g Ca/L 和 g $CaCO_3$/L):

mol 钙 = mol EDTA

$M_1V_1=M_2V_2$

$(M_{\text{样品中的钙}})(V_{\text{样品体积/L}})=(M_{\text{EDTA溶液}})(V_{\text{滴定时EDTA溶液用量/L}})$

计算 $M_{\text{样品中钙}}$:

$M_{\text{样品中钙}}\times 40.085\text{g Ca/mol}=\text{g Ca/L}$

$(\text{g Ca/L})(100.09\text{g }CaCO_3/40.085\text{g Ca})\times(1000\text{mg/g})= \text{mg }CaCO_3/\text{L}$

16.2.10 思考题

(1)如果水样的硬度约为250mg/L $CaCO_3$,使用10mL的EDTA溶液需要多少样品(例如,多大体积)?

(2)为什么用碳酸钙和盐酸制备氯化钙溶液,而不直接称取氯化钙?

(3)若超过EDTA滴定的终点,会引起样品中钙含量过高还是过低?请说明理由。

16.3 试纸条法测定水的硬度

16.3.1 实验备注

所有样品使用AquaChek试纸条测定,该试纸条来自伊利诺伊州埃尔克哈特的HACH公司环境测试部门。其他类似的试纸条也可以使用。任何能与EDTA结合的离子(如镁、铁、铜）都可能干扰 AquaChek 的测定。强碱和强酸也会产生干扰。

16.3.2 实验原理

试纸条是浸渍有化学物质的纸，将纸黏附到聚苯乙烯上以便于处理。纸基质中的主要化学物质是钙镁试剂和 EDTA，并添加少量化学品以缩短反应时间，延长货架期，并且产生明显的颜色变换来区分水的硬度。将条带浸入水中以测定钙和镁的总硬度。钙离子取代镁离子后与 EDTA 结合，释放的镁离子与钙镁试剂结合，引起试纸条颜色改变。

16.3.3 化学药品

	CAS 编号	危害性
碳酸钙（$CaCO_3$）	471-34-1	有害
钙镁试剂	3147-14-6	
乙二胺四乙酸二钠（$Na_2EDTA \cdot 2H_2O$）	60-00-4	有刺激性
浓盐酸（HCl）	7647-01-0	有腐蚀性
试纸中的其他专有化学品		

16.3.4 实验试剂

钙标准溶液，1.000mg $CaCO_3$/mL**

使用 $CaCO_3$和浓 HCl 进行配制（见 16.2.3）。

16.3.5 注意事项、危害和废物处理

使用试纸条时无须预防措施。遵守常规实验室安全章程。用水稀释的废物可能会冲洗到排水管中，但请遵循本机构实验工作手册的环境健康和安全协议规程。

16.3.6 实验材料

- AquaChek 测试条（伊利诺伊州埃尔克哈特 HACH 公司环境测试部门）；
- 2 个 100mL 烧杯。

16.3.7 实验步骤

测试样品使用 16.2.8.1 中相同的标准钙溶液和 16.2.8.2 中相同的自来水和纯净水。

（1）将试纸条浸入装有水或标准钙溶液的烧杯中。按照试纸条上的说明，读取结果，并通过颜色确定的百万分之 $CaCO_3$的量。

（2）将试纸条测定的百万分之 $CaCO_3$的量转化为 mg $CaCO_3$/L 和 g Ca/L。

注：**表示此实验试剂需要提前准备。

16.3.8 数据和计算

样品	重复/(ppm $CaCO_3$)			重复/(mg $CaCO_3$/L)			重复/(g Ca/L)		
	1	2	3	1	2	3	1	2	3
自来水									
蒸馏水									
钙标准溶液									

16.3.9 思考题

比较和讨论 EDTA 滴定法和试纸条法测定水样和钙标准溶液中碳酸钙含量的准确度和精密度。

相关资料

1. Rice, EW, Baird RB, Eaton AD, Clesceri LS (eds) (2012) Standard methods for the examination of water and wastewater, 22st edn, Method 2340. American Public Health Association, American Water Works Association, Water Environment Federation, Washington, DC, pp. 2-37 to 2-39
2. Ward RE, Legako JF (2017) Traditional methods for mineral analysis. Ch. 21. In: Nielsen SS (ed) Food analysis, 5th edn. Springer, New York

17 墨菲-莱利法(Murphy-Riley)测磷含量

17.1 引言

17.1.1 实验背景

磷是食品中重要矿物质之一。墨菲-莱利法(Murphy-Riley)法是一种干法灰化比色法,广泛应用于饮用水和食品中磷含量的测定。本实验中,分析前必须对样品进行灰化处理。此法适用于大多数灰化后的食物。如果样品的含镁量低,则灰化前需加入几毫升饱和 $Mg(NO_3)_2 \cdot 6H_2O$ 乙醇溶液,防止磷在高温灰化时挥发散失。

17.1.2 阅读任务

《食品分析》(第五版)第21章矿物质的传统分析方法,中国轻工业出版社(2019)。

17.1.3 实验目的

使用比色法,用 Murphy 和 Riley 试剂测定牛乳中的磷含量。

17.1.4 实验原理

钼酸铵与磷反应形成磷钼酸铵,此化合物在锑的催化作用下,可被抗坏血酸还原成深蓝色的磷钼酸盐化合物(钼蓝)。该化合物的最大吸收波长约为880nm,该波长高于大多数光谱仪的工作范围。但在600~700nm的波长范围内,钼酸盐化合物的吸收强度已足够用于大多数食品中的磷含量的测定。而多数分光光度计的最大可用波长为600~700nm。

17.1.5 化学药品

	CAS 编号	危害性
钼酸铵	13106-76-8	刺激物
酒石酸锑钾	28300-74-5	有害
抗坏血酸	50-81-7	

续表

	CAS 编号	危害性
磷酸二氢钾	7778-77-0	
硫酸	7664-93-9	腐蚀品

17.1.6 实验试剂

(以下溶液建议在课前准备好,所有的玻璃器皿必须使用不含磷酸盐的清洁剂清洗,样品的稀释及所有试剂的准备均使用双蒸馏水或去离子水。请提前准备好所有试剂)

- 钼酸铵

称取 48g 钼酸铵于容量瓶中,定容至 1000mL。

- 酒石酸锑钾

称取 1.10g 酒石酸锑钾于容量瓶中,定容至 1000mL。

- 抗坏血酸

抗坏血酸需每日现配置。称取 2.117g 抗坏血酸于容量瓶中,定容至 50mL。

- 磷储备液和标准工作溶液

称取 0.6590g 干燥后(105℃下烘干 2h)的磷酸二氢钾(KH_2PO_4)于容量瓶中,定容至 1000mL。该溶液中磷浓度为 0.150mg/mL(即 150μg/mL)。取 10mL 该溶液稀释至 100mL,制成磷浓度为 15μg/mL 的标准工作溶液。

- 2.88mol/L 硫酸(H_2SO_4)

用浓硫酸(H_2SO_4)和双蒸馏水或去离子水配制 200mL 浓度为 2.88mol/L 的硫酸溶液。配置过程中需注意,是将浓硫酸加入水中,而不是将水加到浓硫酸中;且不能使用机械式移液器吸取浓硫酸和 2.88mol/L 硫酸,因为这样会腐蚀移液器。

- Murphy-Riley 预备液

将 14mL 的 2.88mol/L H_2SO_4、2mL 钼酸铵溶液和 2mL 酒石酸锑钾溶液加入 50mL 锥形瓶,混匀。

17.1.7 注意事项、危害和废物处理

操作过程中严格遵守实验室安全守则,并始终穿戴实验工作服、手套和护目镜。锑是一种有毒物质,在用移液枪移取所有含锑物质的溶液时均须小心。含锑、硫酸和钼酸盐的废弃物必须作为危险废物进行处理,其他废弃物可用清水冲洗排放到下水道中。请遵守实验室良好操作规范。

17.1.8 实验材料

- 1 个坩埚(550℃下预热 24h)
- 玻璃漏斗
- 玻璃搅拌棒
- 无尘擦拭纸

- 1000μL 移液器和配套枪头
- 脱脂液态牛乳,5g
- 移液管(用于移取 2mL 硫酸)
- 试管(13mm×100mm)
- 1 个容量瓶,250mL
- 定量滤纸(Whatman No. 41)

17.1.9　实验仪器

- 分析天平,精密度为 0.1mg
- 强制通风烘箱
- 电炉
- 马弗炉
- 紫外分光光度计
- 涡旋仪

17.2　实验步骤

17.2.1　灰化(详见 10.2.7.3)

(1)将坩埚在 550℃ 下预热 24h 并精确称重。

(2)在坩埚中准确称取 5g 样品。

(3)在电炉上加热,直至大部分水分被蒸发。

(4)在 100℃ 的强制通风烘箱中干燥 3h。

(5)在马弗炉中,550℃ 下灰化 18~24h。

17.2.2　磷的测定

(1)Murphy-Riley 试剂的准备　向预先配制好的 18mL Murphy-Riley 试剂中,加入 2mL 抗坏血酸溶液,涡流混合。

(2)标准溶液　用磷标准工作液(15μg/mL)和水配置磷标准品,具体见下表。用移液管吸取磷标准工作液到干净的试管中(每个浓度 2 个重复),加水至 4mL;然后向每支试管中分别加入 1mL Murphy-Riley(M&R)试剂,定容至 5mL,用涡旋仪混合。在室温下显色 10~20min,在 700nm 下读取吸光度。

P/(μg/5mL)	P/(15μg/mL)	水/mL	M&R 试剂/mL
0(空白组)	0	4.0	1.0
1.5	0.1	3.9	1.0
3.0	0.2	3.8	1.0
4.5	0.3	3.7	1.0
6.0	0.4	3.6	1.0

(3)样品分析 (不要使用移液器吸取2mL硫酸,这会腐蚀移液器)小心地用水湿润坩埚中的灰烬,然后添加2mL 1.44mol/L硫酸,用定量滤纸过滤至250mL容量瓶中。用蒸馏水彻底冲洗坩埚、灰烬和滤纸,溶液合并至容量瓶中,最后将溶液稀释定容至250mL并混匀。取0.2mL样品溶液、3.8mL蒸馏水和1mL Murphy-Riley试剂,混合均匀并反应10~20min(重复两次)。在波长700nm处读取吸光度。

17.3 数据和计算

(1)实验数据的记录,记录标准品和样本的A_{700nm}值并计算其平均值。

P/(μg/5mL)	A_{700nm}		
	1	2	平均值
1.5			
3.0			
4.5			
6.0			
样品			

(2)由A_{700nm}对磷标准溶液中的磷浓度(μg/5mL)作图,建立测定磷含量的标准曲线,确定标准曲线的方程。

(3)计算牛乳样品中的磷浓度,以"磷mg/100g样品"表示,计算过程如下。

以牛乳样品的计算为例:

牛乳样品质量:5.0150g

$A_{700nm}=0.394$

直线方程:

$$y = 0.12x + 0.0066$$

$$y = 0.394$$

$$x = 3.3\text{P}(\mu g/5mL)$$

牛乳样品的磷含量

$$=\frac{3.2\mu g\text{P}}{5mL}\times\frac{5mL}{0.2mL}\times\frac{250mL}{5.0150g}$$

$$=\frac{820\mu g\text{P}}{g}=\frac{82mg\text{P}}{100g}$$

17.4 思考题

(1)你得到的牛乳含磷量与文献里的值(美国农业部标准参考营养数据库)相比如何?

(2)如果你没有被告知使用250mL容量瓶来准备灰化的牛乳样品溶液,且你想在实验中取 0. 2mL 灰化的牛乳样品溶液来进行测定,那么应如何计算出合适的稀释倍数?(美国农业部标准参考营养数据库显示,牛乳中磷含量约为 101mg/100g,请写出所有计算过程)。

(3)使用这种方法测定牛乳中的磷含量,误差来源可能有哪些?

(4)抗坏血酸在实验中的作用有哪些?

相关资料

1. Murphy J, Riley JP (1962) A modified single solution method for the determination of phosphate in natural waters. Anal. Chim. Acta 27:31-36

2. Ward RE, Legako JF (2017) Traditional methods for mineral analysis. Ch. 21, In: Nielsen SS (ed) Food Analysis, 5th edn. Springer, New York

菲洛嗪法（Ferrozine）测铁含量

18

18.1 引言

18.1.1 实验背景

发色剂是一种可与有关化合物反应生成有色产物的化学物质，而有色产物可用光谱法进行定量。有些发色剂可特异性地与矿物质发生反应。本实验，使用菲洛嗪（Ferrozine）测量灰化食品样品中的亚铁，其与亚铁离子所形成的复合物可通过比尔定律进行定量。本实验中，由铁贮备液制作标准曲线，定量测定牛肉样品中的铁含量。

首先需要对牛肉样品进行灰化处理，以使蛋白质结合的铁释放出来，然后用稀盐酸溶解灰渣。酸可使矿物质保持溶解状态。菲洛嗪只与亚铁离子络合，而不与三价铁离子络合，所以在与菲洛嗪反应之前，应先用抗坏血酸处理可溶性灰分，使铁还原成亚铁。这一步骤可还原牛肉样品中所有的铁，对于灰化样品的后续测定非常必要。当通过其他处理方法（如三氯乙酸沉淀）来释放铁时，需比较经抗坏血酸处理过的样品和未处理过的样品，以确定样品中的亚铁与三价铁的比例。

18.1.2 阅读任务

《食品分析》（第五版）第 21 章矿物质的传统分析方法，中国轻工业出版社（2019）。

18.1.3 实验目的

用菲洛嗪法测定食品样品中的铁含量。

18.1.4 实验原理

提取物或灰化样品中的亚铁与菲洛嗪试剂反应，形成稳定的有色产物，可用分光光度法在 562nm 处测定其吸光度值。通过标准曲线中吸光度与浓度的关系来对铁含量进行定量。

18.1.5 化学药品

	CAS 编号	危害性
4,4'-[3-(2-吡啶基)-1,2,4-三嗪-5,6-二基]二苯磺酸一钠盐(菲洛嗪,Sigma,P-9762)	69898-45-9	
抗坏血酸(Sigma,255564)	50-81-7	
乙酸铵(Aldrich,372331)	631-61-8	
铁储备液(例如,200mg/L)(Aldrich,372331)	4200-4205	

18.1.6 实验试剂

- 啡啰嗪试剂,1mmol/L 水溶液。
- 在水中溶解 0.493g 啡啰嗪试剂,并在容量瓶中稀释至 1L。
- 抗坏血酸;0.02% 0.2mol/L HCl 溶液,需每日新鲜配制。
- 乙酸铵,30% *w/V*
- 铁贮备溶液[(10μgFe/mL)/(0.1mol/L HCl)]
- 1.0mol/L、0.1mol/L 和 0.2mol/L 的 HCl 溶液

18.1.7 注意事项、危害和废物处理

严格遵守实验室安全守则,始终佩戴护目镜,废弃物可用清水冲洗排入下水道中。

18.1.8 实验材料

- 16 个试管,18mm×150mm
- 肉样品
- 移液管
- 瓷坩埚
- 容量瓶

18.1.9 实验仪器

- 分析天平
- 电炉
- 马弗炉
- 分光光度计

18.2 实验步骤

18.2.1 灰化

(1)将约 5g 样品放入坩埚中,精确称重,重复 2 次。

(2)在电热板上加热,直到样品完全烧焦并停止冒烟。

(3)在马弗炉中,550℃下灰化,直至灰分变成白色。

18.2.2 铁的测定

(1)用 10μg/mL 的铁储备液,分别制备 10、8、6、4、2 和 0μg/mL 的铁标准溶液。用 0.1mol/L HCl 进行稀释。

(2)将灰分溶于少量 1mol/L HCl 中,然后在容量瓶中用 0.1mol/L HCl 稀释定容至 50mL。

(3)吸取 0.500mL 的样品稀释溶液和标准溶液,分别放入 10mL 试管中,每个样品重复 2 次。

(4)加入 1.250mL 抗坏血酸(浓度为 0.02%,溶解于 0.2mol/L HCl 溶液,需当日配制),涡旋混匀 10min。

(5)加入 2.000mL 30%乙酸铵,涡旋混匀(pH>3 才能显色)。

(6)加入 1.250mL 啡啰嗪(1mol/L 水溶液)。涡旋混匀,并在黑暗中放置 15min。

(7)分光光度计置于 562nm(单光束仪器)或参考位置(双光束仪器),用水作为空白进行调零。测定时,每样品在 562nm 处读取 2 次(重复测量)。

18.3 数据和计算

初始样品的质量:

(1)________________ g (2)________________ g

标准溶液和样品溶液的吸光度:

标准溶液	吸光度		
Fe(μg/mL)	测定 1	测定 2	平均值
0			
2			
4			
6			
8			
10			
样品肉			
1			
2			

计算样品中的总铁：

(1)绘制标准曲线，y 轴为吸光度，x 轴为 Fe 含量(μg/mL)。

(2)根据标准曲线计算样品溶液中的铁浓度：(吸光度值)/斜率=铁(μg)/样品溶液(mL)。

(3)使用标准曲线和肉样中测得的铁含量，计算样品中的铁：

$$c_{样品}=[铁(\mu g)/灰分溶液(mL)]\times[样品溶液(50mL)/肉(g)]$$
$$=铁(\mu g)/肉(g)$$

18.4　思考题

测定灰化样品中铁含量的方法还有哪些？与你知道的其他方法相比，啡啰嗪法的优点和缺点是什么？

相关资料

1. Ward RE and Legako, JF (2017) Traditional methods for mineral analysis. Ch. 21. In: Nielsen SS (ed) Food analysis, 5th edn. Springer, New York

用离子选择电极、摩尔滴定法和试纸测定钠含量

19

19.1 引言

19.1.1 实验背景

食品中的钠含量可以通过多种方法测定,包括离子选择电极(ISE)、摩尔或伏尔哈德滴定法或指示剂试纸。这些方法是对许多特殊产品的权威分析方法。与原子吸收光谱法和电感偶合等离子体光学发射光谱法相比,这些方法速度快、成本低。本实验通过ISE法、摩尔滴定法和Quantab®氯离子滴定仪对几种食品中的钠含量进行了比较。

19.1.2 阅读任务

《食品分析》(第五版)第21章矿物质的传统分析方法,中国轻工业出版社(2019)。

19.2 离子选择性电极

19.2.1 实验目的

使用钠和/或氯离子选择电极测定各种食品的钠含量。

19.2.2 方法原理

IES的原理与pH测量相同,但通过改变传感电极中玻璃的成分,可以使电极对钠离子或氯离子敏感。传感电极和参照电极浸没在含有感兴趣元素的溶液中。通过将参照电极与固定电位进行比较,可以测量传感电极表面形成的电势。传感电极和参照电极之间的电压与反应物的活性有关。活跃值(A)与浓度(c)相关,公式为$A=\gamma c$,这里的γ代表活跃系数,这是一个离子强度的函数。通过将所有测试样品和标准品的离子强度调整到接近恒定(高)水平,可以用Nernst方程将电极响应与被测物质浓度联系起来。

19.2.3 化学药品

	CAS 编号	危害性
氯化铵(NH_4Cl)	12125-02-9	有害
氨水(NH_4OH)	1336-21-6	腐蚀性,对环境有害
硝酸(HNO_3)	7697-37-2	腐蚀性的
硝酸钾(KNO_3)	7757-79-1	—
氯化钠(NaCl)	7647-14-5	刺激性的
硝酸钠($NaNO_3$)	7631-99-4	有害的、氧化的

19.2.4 试验试剂

注意:可以使用氯离子和/或钠离子选择性电极,以及相应的解决方案(可从销售电极的公司获得)(电极冲洗液、离子强度调节器、参照电极填充液、标准溶液和电极存储溶液)。

- 电极冲洗液**

对于钠电极,用双蒸水稀释 20mL 离子强度调节液至 1L。对于氯电极,去离子水。

- 离子强度调节器(ISA)

对于钠电极,4mol/L NH_4Cl 和 4mol/L 氨水。对于氯离子电极,5mol/L 硝酸钠。

- 硝酸,0.1mol/L

用双蒸水稀释 6.3mL 浓缩的 HNO_3 至 1L。

- 参照电极填充液**

对于钠电极,0.1mol/L NH_4Cl。对于氯电极,10% KNO_3。

- 标准溶液**　1000mg/kg,钠和/或氯

使用 1000mg/kg 的钠化氯溶液为以下浓度中的每一种配制 50mL:10、20、100、500 和 1000mg/kg 的钠化氯。

19.2.5 注意事项、危害和废物处理

遵守正常的实验室安全程序。任何时候都要戴手套和护目镜。氢氧化铵废弃物应作为危险废物处理。其他的废弃物可能会被水冲入下水道,但仍要在你所在的机构遵循良好实验室操作规范中强调的环境卫生和安全协议。

19.2.6 实验材料

- 16~18 个烧杯,250mL(或 100mL 的样品杯)
- 食品　番茄酱、白干酪、薯片、运动饮料(如佳得乐)

注:** 表示此实验剂需要提前准备。

- 量筒,100mL
- 磁性搅拌棒
- 吸管球或泵
- 刮刀 3 把
- 容量瓶 16~18 个,100mL
- 容量瓶 2 个,50mL
- 容量吸管,2mL
- 容量吸管 9 个,5mL
- 表面皿
- 称量纸

19.2.7 实验仪器

- 分析天平
- 直接浓度读数 ISE 表(即适用于毫伏精密度至 0.1mV 的电表)
- 加热板与搅拌器
- 电磁搅拌器
- 氯电极(如 Van London-pHoenix 公司,休斯顿,TX,氯离子电极,Cat。# CL01502)
- 钠电极(如 Van London-pHoenix 公司,休斯顿,TX,钠离子电极,Cat。# NA71502)

19.2.8 实验步骤

按照指导老师的要求,重复标准品和样品的准备和分析。

19.2.8.1 样品制备(一般说明)

(1)处理特定的样品如下所述(即根据 ISE 制造商的技术服务,在必要时进行预均质和/或稀释),然后将 5g 或 5mL 制备好的样品加入 100mL 的容量瓶中,然后在离子强度调节器中加入 2mL 双蒸水,并用双蒸水稀释体积(请参阅下面每种食品的说明。高脂肪含量的样本可能需要去除脂肪,咨询 ISE 制造公司的技术服务)。

具体的样品:

①运动饮料。使用前无须稀释。

②番茄酱。准确称取约 1g 番茄酱放入 50mL 容量瓶中,用双蒸水稀释至体积。拌匀。

③白软干酪。将约 1g 磨碎的白软干酪放入装有搅拌棒的 250mL 烧杯中精确称量。加入 100mL 0.1mol/L 硝酸。用玻璃皿盖住烧杯,在搅拌器上或热板上加热 20min。从热板上取下,在吸尘罩中冷却至室温。

④薯片。在 250mL 的烧杯中精确称量约 5g 薯片的质量。用玻璃搅拌棒压碎薯片。加入 95mL 煮沸的双蒸水搅拌。使用玻璃棉漏斗将过滤水过滤到 100mL 的量瓶中。冷却至室温,并稀释至体积。

(2)准备标准溶液　加入 5mL 适当稀释的标准溶液(如 10、20、100、500 和 1000mg/kg

的钠或氯)到一个100mL的容量瓶。加入2mL ISA,然后用双蒸水稀释至体积。

注意:样本/标准品制备要求每一种都是1∶20进行稀释(即5mL稀释至100mL)。因此,由于样品和标准溶液是经过相同处理的,因此在校准或计算结果时不需要对这种稀释进行校正。

19.2.8.2 ISE样品分析

(1)按制造商指定的条件调整钠电极。

(2)按照电极说明书的要求组装、准备和检查钠电极和参照电极。

(3)根据仪表使用说明书将电极与仪表连接。

(4)对于具有直接读出浓度能力的仪器,请参考仪表手册,了解正确的直接测量程序。

(5)使用设置在mV档的pH计,确定每个标准溶液的电位(mV)(10、20、100、500和1000mg/kg),从最稀的标准液开始。使用均匀的搅拌速度,在每个溶液中加入磁性搅拌棒,置于磁性搅拌板上。

(6)用标准电极冲洗溶液冲洗电极。

(7)测量样品并记录mV读数。当您在两次测量之间使用电极冲洗溶液冲洗电极时,请注意不要让冲洗溶液进入用于参照电极的外填充液孔中(或确保孔被覆盖)。

(8)使用完毕后,按厂家要求储存钠电极和参照电极。

19.2.9 数据和计算

(1)准备一条标准曲线,用对数刻度绘制电极响应与浓度的关系(在对数尺度上绘制实际浓度值,而不是对数值)。浓度可以通过直接读取标准曲线或使用线性计算方程来确定。

(2)使用标准曲线和样品的mV读数来确定所分析的食品样品中钠和/或氯的浓度(mg/kg)。

(3)将食品样品的mg/kg钠和/或氯值转换为运动饮料、番茄酱、干酪和薯片的含量(mg/mL)。

(4)考虑到样本的稀释程度,计算番茄酱、干酪和薯片中的钠和/或氯含量(mg/g,按湿重计算)。一个表中总结数据和计算结果在。在每个表下面显示所有示例计算。

(5)根据①氯含量和/或②钠含量计算每种食物的氯化钠含量。

(6)根据氯化钠的含量计算每种食物的钠含量。

(7)将你分析的食物的钠/氯化钠含量与美国农业部(USDA)的营养数据库作为标准参考进行比较(http://ndb.nal.usda.gov)。

19.2.10 思考题

如果同时使用钠电极和氯电极,哪一种电极在准确度、精密度和响应时间方面表现得更好?用合适的理由解释你的答案。

19.3 摩尔滴定法

19.3.1 实验目的

用摩尔滴定法测定各种食品的钠含量,以测定氯化物的含量。

19.3.2 实验原理

摩尔滴定法是一种直接滴定法,先测定氯离子的含量,然后计算钠离子的含量。含氯样品溶液用硝酸银标准溶液滴定。当硝酸银中的银与样品中所有可获得的氯离子络合后,银与添加到样品中的铬酸盐发生反应,形成橙色的固体铬酸银。用与氯反应的银的体积来计算样品的钠含量。

19.3.3 化学药品

	CAS 编号	危害性
氯化钾	7447-40-7	刺激性的
铬酸钾	7789-00-6	有毒的,对环境有害的
硝酸银	7761-88-8	腐蚀性的,对环境有害

19.3.4 实验试剂

- 氯化钾
- 铬酸钾,10%溶液**
- 硝酸银溶液,约 0.1mol/L**

为每个学生或实验组准备约 400mL 的 0.1mol/L 的硝酸银溶液。学生应准确地标准化溶液,详见 19.3.8.1。

19.3.5 注意事项、危害和废物处理

任何时候都要佩戴手套和安全眼镜,并拥有良好的实验室技能。铬酸钾可引起严重的皮肤过敏反应。使用晶体硝酸银或银盐溶液会导致由硝酸银光解形成金属银而引起的深褐色污渍。这些污渍是分析人员本身操作失误的结果,溢出的硝酸银导致地板变色。如果你真的把这种溶液洒出来,立即用海绵把多余的溶液吸掉,然后在水槽里彻底冲洗干净。重复擦拭 3~4 次,去除所有的硝酸银。此外,当完成这个实验时,一定要冲洗所有的吸管、滴定管、烧杯、烧瓶等,以去除残留的硝酸银。否则这些物品也会被弄脏,地板上很可能会出现水滴污渍。铬酸钾和硝酸银必须作为有害废弃物处理。其他的废弃物可能会被冲入

注:** 表示此实验剂需提前准备。

下水道,但仍要遵循良好实验室操作规范中强调的环境卫生和安全协议。

19.3.6 实验材料

- 烧杯 6 个,250mL
- 棕色瓶子,500mL
- 滴定管,25mL
- Erlenmeyer 烧瓶 3 个,125mL
- Erlenmeyer 烧瓶 4 个,250mL
- 食品:白软干酪(30g),薯片(15g)及运动饮料(15mL)(例如,佳得乐)
- 漏斗
- 玻璃棉
- 量筒,25mL
- 磁性搅拌棒(适用于 250mL 的烧瓶)
- 吸管球或泵
- 刮刀
- 称量纸
- 容量吸管,1mL

19.3.7 实验仪器

- 分析天平
- 热板
- 磁性搅拌盘

19.3.8 实验步骤

19.3.8.1 硝酸银溶液的标准化

(1)将 400mL 0.1mol/L $AgNO_3$ 溶液转移到棕色瓶子中。这种溶液将被标准化配平,然后用于食品样品的滴定。滴定时将硝酸银溶液填充滴定管。

(2)准备标准溶液(KCl,$MW=74.55$)一式 3 份。分别精确称量约 100mg(小数点后四位)氯化钾到三个 125mL 的锥形瓶。溶解在双蒸水中(约 25mL),加入 2~3 滴 K_2CrO_4 溶液(注意:铬酸钾可能引起严重的皮肤过敏反应)。

(3)在每个装有氯化钾溶液的烧瓶中放入一个磁性搅拌棒,并将烧杯置于滴定管下方的磁性搅拌板上进行滴定。使用硝酸银溶液滴定 KCl 溶液,直到第一次呈现出淡粉橙色,不褪色。(注意:首先得到白色沉淀,然后是绿色沉淀,最后是粉橙色沉淀)。这个终点是由于 Ag_2CrO_4 的形成。在添加硝酸银溶液时,必须快速搅拌溶液,以避免产生错误的结果。

(4)记录硝酸银的体积。

(5)计算并记录硝酸银物质的量浓度

$$\frac{\text{g KCL}}{(\text{mL AgNO}_3)} \times \frac{1\text{mol KCL}}{74.555\text{g}} \times \frac{1000\text{mL}}{1\text{L}} = \text{c AgNO}_3$$

(6)用你的名字和溶液的物质的量浓度标注装有硝酸银溶液的瓶子。

19.3.8.2 摩尔滴定法样品分析

(1)白软干酪

①将10g白软干酪一式三份放入250mL的烧杯中精确称重。

②在每个烧杯中加入约15mLdd温水(50~55℃)。用玻璃搅拌棒或抹刀搅拌成薄薄的糊状物。在每个烧杯中再加入约25mLdd水,直到样品分散。

③用dd水将每种溶液定量地转移到100mL的容量瓶,用双蒸水漂洗烧杯和磁性搅拌棒数次。用dd水定容体积。

④通过玻璃棉过滤每一种溶液。转移每种溶液50mL到250mL锥形瓶中。

⑤在每50mL滤液中加入1mL铬酸钾指示剂。

⑥用标准硝酸银溶液滴定每个溶液,直到第一个淡红棕色出现(30s不褪色)。记录滴定液的体积。

(2)薯片

①在250mL烧杯中准确称量约5g薯片,然后在每个烧杯中加入95mL沸腾的dd水。

②将混合物充分搅拌30s,等待1min后,再次搅拌30s,冷却至室温。

③通过玻璃棉过滤每一种溶液。转移每种溶液50mL到250mL锥形瓶中。

④在每50mL滤液中加入1mL铬酸钾指示剂。

⑤用标准硝酸银溶液滴定每个溶液,直到第一个淡红棕色出现(30s不褪色)。记录滴定液的体积。

(3)运动饮料

①移液器将5mL运动饮料一式两份准确无误地放入250mL烧杯中,然后在每个烧杯中加入95mL沸腾的dd水。

②用力搅拌30s,等待1min,再次搅拌30s。

③将每个溶液50mL转移到250mL锥形瓶中。

④在每个50mL溶液中加入1mL铬酸钾指示剂。

⑤用标准硝酸银溶液滴定每个溶液,直到第一个淡红棕色出现(30s不褪色)。记录滴定液的体积。

19.3.9 数据和计算

计算每个重复样品的氯化物含量和氯化钠含量,然后计算每种样品的均值和标准差。用质量分数(w/V)表示白软干酪和薯片的数值,用体积分数(V/V)表示运动饮料的数值。注意结果必须乘以稀释系数。

$$\text{氯化物}/\% = \frac{\text{AgNO}_3(\text{mL})}{\text{g(or mol)sample}} \times \frac{\text{AgNO}_3(\text{mol})}{\text{L}} \times \frac{35.5\text{gCl}}{\text{NaCl(mol)}} \times 100 \times \text{稀释因子}$$

$$\text{氯化钠(食盐)/\%}=\frac{AgNO_3(mL)}{\text{样品(g)}}\times\frac{AgNO_3(mol)}{L}\times\frac{35.5g}{mol}\times100\times\text{稀释因子}$$

样品	序号	滴定管开始/mL	滴定管结束/mL	硝酸银/mL	Cl/%	NaCl/%
白软干酪	1					
	2					
	3					
						$\bar{X}$=
						SD=
油炸薯片	1					
	2					
	3					
						$\bar{X}$=
						SD=
运动饮料	1					
	2					
	3					
						$\bar{X}$=
						SD=

19.3.10　思考题

(1)展示如何准备 400mL 约 0.1mol/L $AgNO_3$ 溶液的计算结果。

(2)上述摩尔滴定法能否很好地测定葡萄汁或番茄酱的含盐量？解释为什么？

(3)这种方法与伏特滴定法有何不同？你的答案中包括哪些额外的必需的试剂？

(4)超过终点值是否会导致使用①摩尔滴定法或②伏特滴定法过高或过低估计盐的含量？

19.4　QUANTAB® 测试条

19.4.1　实验目的

使用 Quantab®氯滴定仪测定食品中氯化物的含量,然后计算氯化钠含量。

19.4.2　实验原理

Quantab®氯滴定仪是一种化学惰性塑料薄片。这些条带是用浸有硝酸银和重铬酸钾的吸水纸叠压而成的,它们一起形成棕色的重铬酸银。当条带置于含氯水溶液中,液体通过毛细管作用使条带上升。重铬酸银与氯离子反应在条带上产生一根白色的氯化银柱。当溶液完全饱和时,滴定仪顶部的一个对水分敏感的信号(湿敏装置)变成深蓝色,表示滴定完成。白色变化的长度与被测液体的氯离子浓度成正比。数字刻度值在颜色变化的顶端读取,然后使用校准表转换为盐的百分比。

19.4.3 化学药品

	CAS 编号	危害性
氯化钠	7647-14-5	刺激性的

19.4.4 实验试剂

(1)氯化钠原液　准确称量 5.00g 干氯化钠,定量转移到 100mL 容量瓶中。用 dd 水稀释定容至 100mL,充分混合。

(2)氯化钠标准溶液　将 2mL 原液用双蒸水稀释至 1000mL,在容量瓶中定容 0.010% 的氯化钠溶液,作为低量程 Quantab®氯滴定仪的标准溶液使用。

将 5mL 原液用 dd 水稀释至 100mL,在容量瓶中定容 0.25%的氯化钠溶液,作为高量程 Quantab®氯滴定仪的标准溶液使用。

19.4.5 实验材料

- 烧杯 5 个,200mL;
- 滤纸(折成锥形时,应放入 200mL 烧杯中);
- 漏斗;
- 玻璃棉;
- 玻璃搅拌棒;
- 量筒,100mL;
- Quantab®氯滴定仪,范围:0.05%~1.0%生理盐水;300~6000mg/kg 氯(高量程)和 0.005%~0.1%生理盐水;300~600mg/kg 氯(低量程);

30~600mg/L(环境试验系统/Hach 公司,Elkhart,IN,1~800-548-4381)。

- 刮刀;
- 运动饮料,10mL(详见 19.2 和 19.3);
- 容量瓶 2 个,100mL。

19.4.6 实验仪器

- 热板
- 顶部装载平衡

19.4.7 实验步骤

19.4.7.1 钠标准溶液

(1)将 0.25%标准氯化钠溶液 50mL 转移到 200mL 烧杯中。

(2)把一张滤纸折成锥形,把它的尖端放在烧杯里。在烧杯内液体将渗出滤纸的尖端。

(3)使用 0.25%氯化钠标准溶液,将高量程 Quantab®带的下端(0.05%~1.0%)放入滤液中,滤液位于滤纸锥的尖端内,确保滴定剂的淹没深度不超过 2.5cm。

(4)在滴定仪顶部的湿敏装置变为深蓝色或浅棕色 30s 后,记录 Quantab®在黄白色峰值尖端的读数,精确到滴定仪刻度的 0.1 个单位。

(5)使用 Quantab®包装中包含的校准图表,将 Quantab®读数转换为氯化钠(NaCl)百分比和氯化物的质量浓度(Cl^-)。请注意,每批 Quantab®均经过单独校准。确保使用正确的校正图(即所使用产品上的控制号必须与瓶上的控制号相匹配)。

(6)重复上述步骤(1)~(5)(详见 19.4.7.1),使用 0.01%氯化钠标准溶液和低量程 Quantab®测试条。

19.4.7.2 使用 Quantab®试纸条进行样品分析

(1)白软干酪

①将约 5g 白软干酪放入 200mL 烧杯中精确称量,然后加入 95mL 煮沸的 dd 水。

②将混合物大力搅拌 30s,等待 1min,再搅拌 30s,然后冷却至室温。

③把一张滤纸折成锥形,把它的尖端放在烧杯里。在烧杯内液体将渗出滤纸的尖端。

④使用低量程和高量程的 Quantab®试纸条进行测试,将 Quantab®的下端放入滤液中,置于滤纸锥的尖端内,确保滴定剂的淹没深度不超过 2.5cm。

⑤在滴定仪顶部的湿敏信号字符串变为深蓝色或浅棕色 30s 后,记录 Quantab®在黄白色峰值尖端的读数,在滴定仪刻度上精确到 0.1 个单位。

⑥使用 Quantab®包装中包含的校准图表,将 Quantab®读数转换为氯化钠百分比(NaCl)和氯化物的质量浓度(Cl^-)。请注意,每批 Quantab®均经过单独校准。确保使用正确的校正图(即所使用产品上的控制号必须与瓶上的控制号相匹配)。

⑦将结果乘以稀释因子 20,得到样品中的实际盐浓度。

(2)薯片

①在 200mL 的烧杯中准确称量约 5g 的薯片。用玻璃搅拌棒压碎薯片。加入 95mL 煮沸的 dd 水搅拌。

②使用玻璃棉漏斗将水萃取物过滤到 100mL 的量瓶中。冷却至室温,稀释至体积。转移到 200mL 烧杯中。

③按照 19.4.7.2 白软干酪步骤(3)~(7)进行。

(3)番茄酱

①在 200mL 的烧杯中准确地称入约 5g 番茄酱。加入 95mL 煮沸的 dd 水搅拌。

②将水提取液过滤到100mL的容量瓶中。冷却至室温,稀释至体积。转移到200mL烧杯中。

③按照19.4.7.2白软干酪步骤(3)~(7)进行。

(4)运动饮料

①在200mL的烧杯中准确称量约5mL的运动饮料。加入95mL煮沸的dd水搅拌。

②按照19.4.7.2白软干酪步骤(3)~(7)进行。

19.4.8 数据和计算

名称	校准图表				稀释因子校正			
	氯化钠/%		Cl/(mg/L)		氯化钠/%		Cl/(mg/L)	
	LR	HR	LR	HR	LR	HR	LR	HR
番茄酱								
1								
2								
3								
					$\overline{X}=$	$\overline{X}=$	$\overline{X}=$	$\overline{X}=$
					SD=	SD=	SD=	SD=
白软干酪								
1								
2								
3								
					$\overline{X}=$	$\overline{X}=$	$\overline{X}=$	$\overline{X}=$
					SD=	SD=	SD=	SD=
薯片								
1								
2								
3								
					$\overline{X}=$	$\overline{X}=$	$\overline{X}=$	$\overline{X}=$
					SD=	SD=	SD=	SD=
运动饮料								
1								
2								
3								
					$\overline{X}=$	$\overline{X}=$	$\overline{X}=$	$\overline{X}=$
					SD=	SD=	SD=	SD=

19.5　总结

用表格总结氯化钠的含量(平均值和标准差),由本实验描述的三种方法测定。在表格中包括营养标签和美国农业部标准参考营养数据库中公布的食品中氯化钠的含量(http://ndb. na. USDA. gov/)。各种方法测定的食品中氯化钠含量(%):

食品	离子选择性	莫尔滴定法	Quantab®滴定仪	营养标签	美国农业部数据库
番茄酱	$\bar{X}$=				
	SD=				
白软干酪	$\bar{X}$=				
	SD=				
马铃薯片	$\bar{X}$=				
	SD=				
运动饮料	$\bar{X}$=				
	SD=				

19.6　思考题

(1)据这类方法的结果和特点,讨论每种分析方法在这类应用中的相对优缺点。

(2)将您从营养标签中的结果和美国农业部营养数据库中的数据进行比较,哪些因素可以解释所观察到的差异?

相关资料

1. AOAC International(2016)Official methods of analysis,20th edn. (On-line). Method 941. 18,Standard solution of silver nitrate;Method 983. 14,Chloride(total) in cheese. AOAC International,Rockville,MD
2. AOAC International(2016)Official methods of analysis,20th edn. (On-line). Method 976. 25, Sodium in foods for special dietary use, ion selective electrode method. AOAC International,Rockville,MD
3. AOAC International(2016)Official methods of analysis,20th edn. (On-line). Method 971. 19, Salt(chlorine as sodium chloride)in meat,fish,and cheese;Indicating strip method. AOAC International, Rockville,MD
4. Ward RE, Legako JF(2017) Traditional methods for mineral analysis. Ch. 21. In:Nielsen SS(ed)Food analysis,5th edn. Springer,New York
5. Environmental Test Systems(2016) Quantab® Technical Bulletin. Chloride analysis for cottage cheese. Environmental Test Systems,Elkhart,IN
6. Van London-pHoenix Company,Houston,TX. Product literature.
7. Wehr HM,Frank JF(eds)(2004)Standard methods for the examination of dairy products, 17th edn., Part 15. 053 Chloride(Salt). American Public Health Association,Washington,DC

原子吸收光谱法测定钠和钾含量

20

20.1 引言

20.1.1 实验背景

食物中特定矿物质的浓度可通过多种方法测定。本实验的目的是让学生熟悉原子吸收光谱(AAS)和原子发射光谱(AES)进行矿物质分析的方法。如 Yeung 等(2017 年)所述,AES 通常也称为光发射光谱(OES)。当与电感偶合等离子体(ICP)联合使用时,通常用术语 OES 代替 AES。因此,本章将电感偶合等离子体-光发射光谱称为 ICP-OES。

该实验详细说明了用 AAS 和 ICP-OES 测定钠(Na)和钾(K)含量的标准品和样品的制备。建议用于分析的样品包括分析前需要湿和/或干法灰化的两种固体食品(番茄酱和薯片)和一种无须灰化的液体食品(透明运动饮料或透明果汁)。

该实验描述了固体样品的湿法灰化和干法灰化的程序。可以在两种灰化方法之间比较结果。该实验结果(Na)可以与使用更快速的离子选择性电极法、摩尔滴定法和 Quantab®试纸条法分析相同产品的钠结果进行比较。

火焰 AAS、径向 ICP-OES 和轴向 ICP-OES 对钠的检出限分别为 0.3μg/L、3μg/L 和 0.5μg/L。对于钾的检出限,火焰 AAS 为 3μg/L,径向 ICP-OES 为 0.2~20μg/L(取决于型号),轴向 ICP-OES 为 1μg/L。Yeung 等(2017 年)的文章中描述了 AAS 和 ICP-OES 的其他特征比较。

20.1.2 阅读任务

《食品分析》(第五版)第 16 章灰分分析,中国轻工业出版社(2019)。

《食品分析》(第五版)第 9 章原子吸收光谱、原子发射光谱及电感偶合等离子体质谱,中国轻工业出版社(2019)。

20.1.3 实验备注

如果无法使用 ICP-OES,可以使用简单的 AES 装置,与下列标准溶液和样品制备相同。

20.1.4 实验目的

该实验的目的是使用 AAS 和 ICP-OES 测定食品中的钠和钾含量。

20.1.5 实验原理

原子吸收是以原子吸收能量为基础的,一旦存在来自火焰的热能就将分子转化为原子。通过吸收能量,原子从基态变为激发态。从空心阴极灯中吸收的能量具有特定的波长。通过测量从空心阴极灯发出的能量与到达探测器的能量之间的差来测量吸光度。吸光度与浓度线性相关。

原子发射是以原子发射能量为基础的,火焰的热能将分子转化为原子,然后将原子从基态跃迁到激发态。当原子从激发态下降回基态时,原子发射出特定波长的能量。测量特定元素的特定波长发射信号强度。发射信号强度与浓度线性相关。

20.1.6 化学药品

	CAS 编号	危害性
盐酸(HCl)	7647-1-1	腐蚀性
过氧化氢,30%(H_2O_2)	7722-84-1	腐蚀性
氯化镧($LaCl_3$)	10025-84-0	刺激性
硝酸(HNO_3)	7697-37-2	腐蚀性
氯化钾(KCl)(钾标准溶液)	7447-40-7	刺激性
氯化钠(NaCl)(钠标准溶液)	7647-14-5	刺激性

20.1.7 实验试剂

- 钾和钠标准溶液,1000mg/L**

用于制备表 20.1 中列出的 100mL 不同浓度的溶液。每种标准溶液加入 10mL 浓 HCl,最终定容体积 100mL。

表 20.1　AAS 和 ICP-OES 的 Na 和 K 标准溶液的浓度

AAS		ICP-OES	
Na	K	Na	K
0.20	0.10	50	50
0.40	0.50	100	100
0.60	1.00	200	200
0.80	1.50	300	300
1.00	2.00	400	400

注: ** 表示该实验试剂需提前准备。

20.1.8 注意事项、危害和废物处置

遵守正常的实验室安全程序。准备样品时戴上护目镜和手套。在通风橱中使用酸。

20.1.9 实验材料

- 两个坩埚,预先清洁并在马弗炉中550℃加热18h(用于干灰化)
- 干燥器(含干燥剂)
- 消化管(用于湿法灰化;尺寸适合消解仪)
- 无灰滤纸
- 小漏斗(过滤样品)
- 有盖塑料瓶,可容纳50mL(或带有盖子的塑料样品管,可容纳50mL,以适合自动进样器)
- 8个容量瓶,25mL
- 4个容量瓶,50mL
- 容量瓶,100mL
- 容量移液器,2mL,4mL,5mL和10mL
- 称重船/纸

20.1.10 实验仪器

- 分析天平
- 原子吸收光谱仪
- 消解仪(用于湿法灰化,设置为175℃)
- 电感偶合等离子体-原子吸收光谱仪(或简单原子吸收光谱仪)
- 马弗炉(用于干法灰化,设置为550℃)
- 水浴锅,加热至沸水(用于干法灰化)

20.2 实验步骤

20.2.1 样品制备(液体样品)

(1)将适量的液体样本放入100mL的容量瓶中。运动饮料取0.2mL,用于钠和钾的原子吸收光谱分析。取50mL用于钠元素,80mL用于钾的电感偶合等离子体光谱(ICP-OES)分析。

(2)加入10mL浓盐酸。

(3)加入去离子水,定容。

(4)摇匀(如果溶液中有固体颗粒物,要用无灰滤纸进行过滤)。

(5)根据情况可进行适当稀释,并进行分析。

20.2.2　样品制备(固体样品)

20.2.2.1　湿法灰化

本方法描述的是用硝酸和过氧化氢的湿法灰化法。可以用其他类型的消解方法代替。

(1)每一个样品使用一根标记的消解管,增加一根消解管做试剂空白(对照)。

(2)准确称取300~400mg样品,放入消解管中。每个样品称取2~3份。

(3)用移液管在每根消解管中加入5mL浓硝酸,边加浓硝酸边冲洗管壁。

(4)将装有样品和试剂空白的消解管放入消解模块中。打开消解模块开关,并设置为175℃,开始预消解。

(5)在硝酸预消解过程中,戴防护手套用坩埚钳将样品消解管轻轻摇动1~2次。

(6)当开始冒出棕色气体(或当溶液开始冒出蒸气,但没有冒出棕色气体的情况下)时,从消解模块上取出消解管,放在冷却架上。关闭消解模块。

(7)样品冷却至少30min(此时样品可保存24h)。

(8)在每根消解管中加入4mL 30%的过氧化氢,每次添加的消解管数量不宜过多。轻轻摇动消解管。打开消解模块开关继续设置为175℃,放入消解管。

(9)仔细观察消解管中溶液刚开始的反应,表现为快速翻滚冒气泡的现象。反应刚开始,迅速将消解管从模块上取出,让此反应在冷却架上继续进行(注意:有些样品会有剧烈反应,导致消解管中的部分样品抬升至消解管顶部,有沸腾溢出的危险)。

(10)对所有的样品和试剂空白重复步骤(8)和(9)。

表20.2　原子吸收光谱(AAS)与电感偶合等离子体发射光谱(ICP-OES)测定Na和K的消解方式,采用湿法灰化法与干法灰化法

样品	Na		K	
	AAS	ICP-OES	AAS	ICP-OES
番茄酱(湿法灰化法)	消解后的样品稀释到25mL,然后取0.2mL稀释到100mL	消解后的样品稀释到25mL	消解后的样品稀释到25mL,然后取0.4mL稀释到100mL	消解后的样品稀释到10mL
番茄酱(干法灰化法)	消解后的样品稀释到25mL,然后取0.2mL稀释到100mL	消解后的样品稀释到50mL	消解后的样品稀释到25mL,然后取0.2mL稀释到100mL	消解后的样品稀释到25mL
干酪(湿法灰化法)	消解后的样品稀释到25mL,然后取0.5mL稀释到100mL	消解后的样品稀释到10mL	消解后的样品稀释到25mL,然后取0.7mL稀释到100mL	消解后的样品稀释到5mL
干酪(干法灰化法)	消解后的样品稀释到25mL,然后取0.2mL稀释到100mL	消解后的样品稀释到25mL	消解后的样品稀释到25mL,然后取0.5mL稀释到100mL	消解后的样品稀释到25mL

续表

样品	Na		K	
	AAS	ICP-OES	AAS	ICP-OES
马铃薯片(湿法灰化法)	消解后的样品稀释到25mL,然后取 0.2mL稀释到100mL	消解后的样品稀释到10mL	消解后的样品稀释到25mL,然后取 0.2mL稀释到100mL	消解后的样品稀释到25mL
马铃薯片(干法灰化法)	消解后的样品稀释到25mL,然后取 0.2mL稀释到100mL	消解后的样品稀释到25mL	消解后的样品稀释到50mL,然后取 0.1mL稀释到100mL	消解后的样品稀释到50mL

注:①湿法灰化,称取300~400mg 样品。

②干法灰化法,称取1g 样品,以干物质计(通过含水量计算)。

(11)将所有消解管放入消解模块中,直到消化液的残余量为1~1.5mL,这时从消解模块中取出所有消解管。在消解过程中,每10~15min 检查一次消解管(如果观察到消解管中消解液快干了,这时取出消解管,冷却后加入2mL 浓硝酸再继续加热)。直到所有样品的固体成分完全消解彻底,然后取出消解管,关闭消解模块。

(12)用去离子水将消解后的样品稀释到容量瓶中,如表20.2所述(采用AAS 法检测的样品溶液中,添加浓度为0.1%的 $LaCl_3$)。

(13)如有必要,可采用#540 高级无灰滤纸将样品溶液过滤到适当的容器中,用于AAS或者ICP-OES 的检测分析。

20.2.2.2 干法灰化

(1)准确称取1g 粉碎混匀后的干燥样品到坩埚中(采用除去水分干燥后的样品)。

(2)沸水水浴干燥后的样品。

(3)将样品放入真空干燥箱中完全干燥,100℃保持16h。

(4)550℃,将样品灰化18h 后,取出放入干燥器中冷却。

(5)将灰分溶于10mL 盐酸溶液(盐酸:水=1:1)。

(6)用去离子水将样品稀释到适当的容量瓶中,参考表20.2(采用AAS 法检测的样品,添加浓度为0.1%的 $LaCl_3$。)

(7)如有必要,可采用#540 高级无灰滤纸将样品溶液进行过滤,用于AAS 或者ICP-OES 的检测分析。

20.2.3 分析

仪器应当遵循仪器生产厂家的使用说明来开机、运行和关机。AAS 在使用乙炔气和火焰时,应小心谨慎使用AAS 的乙炔气、火焰以及ICP-OES 的液态或气态氩气分析标准品,试剂空白以及样品。

不同厂家生产的ICP-OES,其性能不同,要求ICP-OES 的操作人员对检测结果进行分析。如20.3.1表中数据所示,运用ICP-OES检测标准物质得到的信号强度值,可以绘制成标准曲线,可用于和AAS标准曲线作比较。如果样品检测得到的ICP-OES的强度值是有效的,则应当使用适当的标准曲线将其转换为浓度数据(百万分率),得到的ICP-OES强度值,则转换表示为浓度值。

对每个样品分别进行重复检测,并分别进行计算,得到的平均值为最终结果。

20.3 数据和计算

20.3.1 标准曲线检测数据

钾元素标准曲线				钠元素标准曲线			
AAS		ICP-OES		AAS		ICP-OES	
浓度/(mg/L)	吸光度	浓度/(mg/L)	强度	浓度/(mg/L)	吸光度	浓度/(mg/L)	强度
50		1		50		1	
100		5		100		5	
200		10		200		10	
300		20		300		20	

20.3.2 样品检测数据

原子吸收光谱法							
样品	重复次数	称样量/(g/mL)	吸光度	浓度/(g/mL)	稀释倍数	被测液浓度/(g/mL或g/g)	样品浓度/(g/mL或g/g)
液体空白样	1						
	2						
运动饮料	1						
	2						
固体空白样	1						
	2						
番茄酱	1						
	2						
干酪	1						
	2						
薯片	1						
	2						

续表

原子吸收光谱法							
电感偶合等离子体发射光谱法							
样品	重复次数	称样量/(g/mL)	强度	浓度/(mg/L)	稀释倍数	被测液浓度/(g/mL或g/g)	样品浓度/(g/mL或g/g)
液体空白样	1						
	2						
运动饮料	1						
	2						
固体空白样	1						
	2						
番茄酱	1						
	2						
干酪	1						
	2						
薯片	1						
	2						

20.3.3 计算

(1)AAS法分析,绘制出钠元素和钾元素的标准曲线。

(2)AAS法分析绘制的标准曲线和样品的吸光度,来确定被测食品样品中钠和钾的浓度(指的是消解液和/或稀释液)。

对于AAS法分析的样品,需要扣除运动饮料样品中的液体空白吸光度值,扣除番茄酱和薯片样品中的固体空白吸光度值。

(3)通过ICP-OES法分析,绘制出适当的钠元素和钾元素标准曲线(在能够得到强度值的情况下)。

(4)通过ICP-OES法分析绘制的标准曲线和样品的强度值,来确定被测食品样品中钠和钾的浓度(指的是消解液和/或稀释液)。如果样品的强度值不能够被采用,则记录被测食品样品中的浓度(指的是消解液和/或稀释液)。

(5)将AAS法和ICP-OES法测出的值转换为样品中的浓度,如运动饮料中以mg/mL计、番茄酱与薯片中以mg/g计。

(6)用AAS法和ICP-OES法分析各类食品中的钠元素、钾元素的含量(运动饮料以mg/mL计、番茄酱以mg/g计、马铃薯片以mg/g计)(结果按样品湿重计算)。将AAS法和ICP-OES法的检测数据和计算结果汇总在一个表中并在表格中列举出所有的计算数据。

20.4　思考题

（1）将番茄酱和薯片的钠和钾值与美国农业部营养数据库中的标准参考值（http://ndb.nal.usa.gov/）进行比较，哪种分析方法得出的值更接近于数据库中给出的钠和钾的值？

（2）描述如何为 AES 准备钠和钾的标准溶液，使用浓度均为 1000mg/L 的标准溶液，购自标准物生产厂家。标准曲线上所有的点，在稀释过程中，应尽量使用同一标准溶液的不同体积。切勿使用溶液体积少于 0.2mL 的量。配制的所有标准溶液的体积均为 100mL。注意，配制的每一个标准溶液加入 10mL 浓盐酸，最终定容体积为 100mL（详见 20.1.7）。

（3）简述如何配制 1000mg/L 的钠溶液，从市场上能够购买到的固体 NaCl 开始准备。

相关资料

1. Harris, GK, Marshall MR (2017) Ash analysis. Ch. 16. In: Nielsen SS (ed) Food analysis, 5th edn. Springer, New York
2. Yeung CK, Miller DD, Rutzke MA (2017) Atomic absorption spectroscopy, atomic emission spectroscopy, and inductively coupled plasma mass spectrometry. Ch. 9. In: Nielsen (SS) Food analysis, 5th edn. Springer, New York

21 标准溶液和可滴定酸

21.1 引言

21.1.1 实验背景

许多类型的化学分析都是采用已知浓度的溶液滴定组分到指示终点的方法。这样的溶液称为标准溶液。通过标准溶液的体积和浓度可计算出样品的质量和样品中组分的浓度。

可滴定酸的测定采用容量法。最常见的是使用标准溶液及酚酞指示剂。在滴定中,氢氧化钠标准溶液与样品中的有机酸进行反应,氢氧化钠溶液的物质的量浓度、使用的体积和样品的体积用于计算可滴定酸度,以样品中的主体酸表示。标准酸溶液(如邻苯二甲酸钾)可用于测定滴定中使用的标准氢氧化钠准确的物质的量浓度。

可滴定酸测定中的酚酞终点为 pH8.2,会明显地从透明变为粉红色。当有颜色的溶液掩盖了粉红色的终点时,通常使用电位滴定法,即用酸度计将样品滴定至 pH8.2。

21.1.2 阅读任务

《食品分析》(第五版)第 22 章 pH 和可滴定酸度测定,中国轻工业出版社(2019 年)。

21.1.3 实验备注

(1)二氧化碳是通过以下反应来干扰可滴定酸的测定:

$$H_2O+CO_2 \rightleftharpoons H_2CO_3\text{(碳酸)}$$

$$H_2CO_3 \rightleftharpoons H^+ + HCO_3^-\text{(碳酸氢盐)}$$

$$HCO_3^- \rightleftharpoons H^+ + CO_3^{-2}\text{(碳酸盐)}$$

在这些反应中会产生缓冲化合物和氢离子。因此,需要制备无二氧化碳水用于配制测定可滴定酸的酸碱标准溶液。可将烧碱石棉网附在无二氧化碳水的瓶子上,这样当水被吸出时,空气进入瓶子,二氧化碳就会从空气中排出。

(2)烧碱石棉是一种涂有 NaOH 的二氧化硅基质,通过以下反应将二氧化碳从空气中去除:

$$2NaOH+CO_2 \rightarrow Na_2CO_3+H_2O$$

21.2 碱、酸标准溶液的配制

21.2.1 实验目的

氢氧化钠和盐酸标准溶液的制备。

21.2.2 实验原理

标准酸可用于测定标准碱的准确物质的量浓度,反之亦然。

21.2.3 化学药品

	CAS 编号	危害性
烧碱石棉	81133-20-2	腐蚀性
乙醇(CH_3CH_2OH)	64-17-5	高易燃性
盐酸(HCl)	7647-01-0	腐蚀性
酚酞	77-09-8	刺激剂
邻苯二甲酸钾($HOOCC_6H_4COOK$)	877-24-7	刺激性
氢氧化钠(NaOH)	1310-73-2	腐蚀性

21.2.4 实验试剂

NaOH 和 HCl 溶液的制备详见 21.2.9。

(1)烧碱石棉网** 将烧碱石棉加入无二氧化碳水烧瓶上的注射器中。

(2)无二氧化碳水** 在 2L 锥形烧瓶中,将去离子水煮沸 15min,制备 1.5L 无二氧化碳水(每人或每组)。煮沸后,用橡胶塞塞住烧瓶,同时橡胶塞中插入含烧碱石棉网的弯管,使得水在石棉网的保护下冷却。

(3)乙醇 100mL;

(4)浓盐酸

(5)1%酚酞指示剂溶液 在 100mL 乙醇中溶解 1.0g,装入带滴管的小瓶中。

(6)邻苯二甲酸钾(KHP) 将 3~4g 置于 120℃烘箱中干燥 2h 后冷却,置于一个封闭瓶中并放置在干燥器里保存。

(7)氢氧化钠 颗粒。

21.2.5 注意事项、危害和废物处理

处理浓酸和浓碱时应采取适当的预防措施。此外,还应遵守正常的实验室安全程序,

注:** 表示此实验剂需要提前准备。

要随时佩戴手套和护目镜。废物可能会用清水冲到下水道中,但需要遵循所在机构的环境健康和安全协议中所要求的良好实验室操作规范。

21.2.6 实验材料

- 烧杯,50mL(用于回收滴定管中剩余的 NaOH)
- 烧杯,100mL
- 滴定管,25 或 50mL
- 5 个锥形烧瓶,250mL
- 锥形烧瓶,1L
- 小漏斗,适合 25mL 或 50mL 滴定管的顶部
- 玻璃搅拌棒
- 玻璃瓶,100mL
- 量筒,50mL
- 量筒,1L
- 刻度移液管,1mL
- 刻度移液管,10mL
- 封口膜
- 吸耳球或泵
- 塑料瓶,带盖,50mL 或 100mL
- 塑料瓶,带盖,1L
- 抹刀
- 洗瓶,装有去离子水
- 容量瓶,50mL
- 容量瓶,100mL
- 称量纸
- 白纸

21.2.7 实验仪器

- 分析天平
- 通风烘箱(可加热至 120℃)
- 电炉

21.2.8 实验前所需计算

(1)计算在水中制备 50mL 25% NaOH(w/V)所需 NaOH 的量。

(2)计算在水中制备 100mL 约 0.1mol/L HCl 的浓缩 HCl 的量(浓缩 HCl = 12.1mol/L)。

21.2.9 实验步骤

(1)制备25%(w/V)NaOH溶液 在去离子水中制备50mL 25%NaOH(w/V)。为此,称取适量的NaOH,并将其置于100mL烧杯中。加入约40mL去离子水,同时用玻璃棒搅拌NaOH颗粒至所有颗粒溶解。将NaOH溶液定量转移到50mL容量瓶中,用去离子水定容。待溶液冷却至室温后,将该溶液储存在塑料瓶中,并贴上适当的标签。

(2)制备约0.1mol/L HCl溶液 用浓HCl(12.1mol/L)和去离子水制备100mL约0.1mol/L的HCl溶液(不要使用移液器,因为酸很容易进入移液器的轴并造成损坏)。为制备该溶液,将少量去离子水置于100mL容量瓶中,用移液管吸取适量浓HCl,然后用去离子水定容。混合均匀后放入玻璃瓶内,封好瓶盖,贴好标签。

(3)制备约0.1mol/L的NaOH溶液 将750mL无二氧化碳水转移到1L塑料储瓶中。加入(1)中制备的约12.0mL混合好的25%(w/V)NaOH溶液,混合均匀,得到大约0.1mol/L的溶液。用漏斗把这种溶液装满滴定管,然后丢弃,再用NaOH溶液重新注满滴定管。

(4)制备约0.1mol/L的NaOH标准溶液 准确称取约0.8g干燥的邻苯二甲酸钾(KHP),放入3个250mL锥形烧瓶中,记录准确的质量。向每个烧瓶中加入约50mL的无二氧化碳冷却水,用封口膜密封烧瓶,轻轻旋转直到样品溶解。加入3滴酚酞指示剂,在白色背景下滴定,制备氢氧化钠标准溶液。在滴定管上记录开始和结束时的体积。继续滴定至最微弱的粉红色,旋转锥形瓶,持续15s。颜色会随着时间的推移而褪色。记录用于滴定每个样品的NaOH总体积。此部分的数据将用于计算NaOH溶液的平均物质的量浓度。

(5)制备约0.1mol/L的HCl标准溶液 设计一个方案以获得(2)中的约0.1mol/L HCl标准溶液的浓度。记住,已有NaOH标准溶液可供使用。至少重复分析2次,记录使用的体积。

21.2.10 数据和计算

采用21.2.9(4)中的KHP质量和滴定的NaOH体积,计算每一次滴定所用的NaOH溶液的物质的量浓度,然后计算平均物质的量浓度(邻苯二甲酸钾的相对分子质量=204.228)。3次测定的物质的量浓度范围应小于0.2%。

重复	KHP质量/g	滴定管初始值/mL	滴定管终点值/mL	滴定用NaOH体积/mL	NaOH物质的量浓度
1					
2					
3					
					$\bar{X}$=
					SD=

计算示例:

KHP质量=0.8115g

KHP分子质量=204.228g/mol

滴定用约 0.1mol/L NaOH 的体积=39mL

KHP 物质的量=0.8115g/204.228g/mol=0.003974mol

KHP 物质的量=NaOH 物质的量=0.003974mol

0.003978mol NaOH/0.039L NaOH=0.1019mol/L

利用 21.2.9(4)中所消耗 HCl 和 NaOH 的体积,以每次滴定的结果计算精确 HCl 的物质的量浓度,然后计算平均物质的量浓度。

重复	HCl 体积/mL	NaOH 体积/mL	HCl 物质的量浓度
1			
2			
			$\bar{X}$=

21.2.11 思考题

(1)25%的 NaOH(*w/V*)是什么意思? 如何制备 500mL 25% NaOH(*w/V*)溶液?

(2)描述如何制备 100mL 约 0.1mol/L 的 HCl,并列出你的计算过程。

(3)如果没有告知使用 12mL 25% NaOH(*w/V*)制备 0.75L 约 0.1mol/L 的 NaOH,你怎么确定适当的用量? 列出你的计算过程。

(4)详细描述如何制备 0.1mol/L 的 HCl 标准溶液。

21.3 可滴定酸和 pH

21.3.1 实验目的

测定食品样品中的可滴定酸和 pH。

21.3.2 实验原理

用碱标准溶液将食品中的有机酸滴定到酚酞终点的体积可用于测定可滴定酸。

21.3.3 化学药品

	CAS 编号	危害性
烧碱石棉	81133-20-2	腐蚀性
乙醇(CH_3CH_2OH)	64-17-5	高易燃性
酚酞	77-09-8	刺激剂
氢氧化钠(NaOH)	1310-73-2	腐蚀性

21.3.4 实验试剂

(1)烧碱石棉网** 将烧碱石棉加入无二氧化碳水烧瓶上的注射器中;

(2)无二氧化碳水** 按照21.2.4所述进行制备和贮存;

(3)1%酚酞指示剂溶液,1%** 按照21.2.4所述制备

(4)氢氧化钠 约0.1mol/L[详见21.2.9(4)],精确计算其物质的量浓度;

(5)pH4.0和pH7.0标准缓冲液。

21.3.5 注意事项、危害和废物处理

应遵守正常的实验室安全程序,要随时佩戴手套和护目镜。废物可能会用清水冲到下水道中,但需要遵循良好实验室操作规范。

21.3.6 实验材料

- 苹果汁,60mL
- 3个烧杯,250mL
- 2个滴定管,25mL或50mL
- 4个锥形烧瓶,250mL
- 小漏斗,适合25mL或50mL滴定管的顶部
- 量筒,50mL
- 苏打水,透明,80mL
- 2个移液管,10mL或20mL

21.3.7 实验仪器

- 电炉
- pH计

21.3.8 实验步骤

21.3.8.1 苏打水

对未煮沸的苏打水和煮沸的苏打水样品进行至少2次重复测定;使用前打开苏打水出口处使二氧化碳逸出,可将苏打水用移液管吸出。

(1)未煮沸的苏打水 用移液管将20mL苏打水移至250mL锥形烧瓶中,加入约50mL无二氧化碳的去离子水。加入3滴1%酚酞溶液,用标准NaOH溶液(约0.1mol/L)滴定至淡粉色(滴定管中的NaOH,详见21.2.9)。记录滴定管中起始和结束时的体积,以确定每次滴定中使用的NaOH溶液总体积。观察终点,注意颜色是否褪色。

注:** 表示此实验剂需要提前准备。

(2)煮沸的苏打水　用移液管将20mL苏打水移至250mL锥形烧瓶中。将样品放在电炉上煮沸,经常旋转烧瓶。将样品煮沸30~60s,冷却至室温,加入约50mL无二氧化碳的去离子水。加入3滴酚酞溶液,按上述方法滴定。记录滴定管中的起始和结束时的体积,以确定每次滴定中使用的NaOH溶液总体积。观察终点,注意颜色是否褪色。

21.3.8.2　苹果汁

(1)参考pH计说明书,用pH7.0和pH4.0的标准缓冲液对pH计进行校准。

(2)按如下所述制备3份苹果汁样品,进行比较:

①苹果汁(放一边,保持原色)。

②苹果汁。用标准NaOH滴定。

③苹果汁。加入酚酞;用标准NaOH滴定;滴定时跟踪pH。

实验步骤:在3个[①、②、③]250mL烧杯中,用移液管吸取20mL苹果汁。向每个烧杯中加入约50mL的无二氧化碳水。在样品③中,加入3滴1%酚酞溶液。使用2个装有NaOH标准溶液(约0.1mol/L)的滴定管同时滴定样品②和③。在滴定含有酚酞的样品③时,跟踪pH(如果只有一个滴定管可用,则按顺序滴定样品②和③,即向②中添加1mL,然后向③中添加1mL)。记录初始pH和大约滴定1.0mL时间隔的pH,直到达到pH9.0。同时,观察滴定过程中出现的颜色变化,以确定何时达到酚酞终点。样品①旨在帮助你记住苹果汁的原色。样品②(不含酚酞)不需要使用pH计,但需要与其他烧杯一起滴定,以帮助观察颜色变化。

21.3.9　数据和计算

21.3.9.1　苏打水

利用所用NaOH的体积,计算每种苏打样品的可滴定酸(TA)作为柠檬酸百分率,然后计算每种样品的平均TA(柠檬酸相对分子质量=192.14。

重复	滴定管初始值/mL	滴定管终点值/mL	滴定用NaOH体积/mL	是否褪色	TA/%
未煮沸的苏打水					
1					
2					
					$\bar{X}$=
煮沸的苏打水					
1					
2					
					$\bar{X}$=

计算示例：

$$酸\% = \frac{(标准碱液\ mL) \times (碱液物质的量浓度\ mol/L) \times (酸的当量)}{(样品体积\ mL) \times 10}$$

NaOH 物质的量浓度 = 0.1019N

碱液体积 = 7mL

柠檬酸当量 = 64.04

样品体积 = 20mL

酸% = (7mL×0.1019×64.04)/(20mL×10) = 0.276%柠檬酸

21.3.9.2 苹果汁

样品②

滴定过程中的颜色变化：

滴定结束时的颜色：

样品③(滴定至>pH9.0)

NaOH/mL	1	2	3	4	5	6	7	8	9	10
pH										

NaOH/mL	11	12	13	14	15	16	17	18	19	20
pH										

以 pH 与 0.1mol/L NaOH(使用你自己的 NaOH 溶液物质的量浓度)为横纵坐标(pH 在 Y 轴)，为含有酚酞的样品(样品③)绘图。找到 pH8.2(酚酞终点)处的值，以确定滴定的体积。

以苹果酸的百分率计算苹果汁的可滴定酸(苹果酸相对分子质量 = 134.09；当量 = 67.04)。

21.3.10 思考题

(1)苏打水样品①在达到酚酞终点的几分钟内，煮沸样品或未煮沸样品是否发生任何颜色变化？②煮沸样品如何影响可滴定酸的测定？③解释两种样品在颜色变化和可滴定酸方面的差异。

(2)是什么导致了滴定的苹果汁中没有发生酚酞的颜色的变化？(提示：考虑一下苹果中的色素)你建议如何确定番茄汁的滴定终点？

(3)你正在测定大量样品的可滴定酸，但你用完了刚煮沸的经烧碱石棉网处理的无二氧化碳去离子水，所以你改用普通蒸馏的自来水。这会影响你的结果吗？请解释原因。

(4)你的 pH 计电极响应时间很慢,似乎需要清洗,因为它被大量用于蛋白质、脂类和矿物质含量高的溶液。理想情况下,可以查看电极说明,了解有关清洁的具体建议,但这些说明被丢弃了。你会使用什么解决方案来清洁电极?(作为新的实验室主管,你已经开始了将所有仪器/设备说明书归档的工作)

相关资料

1. AOAC International(2016) Official methods of analysis, 20th edn. (On-line). AOAC International, Rockville, MD

2. Tyl C, Sadler GD (2017) pH and titratable acidity. Ch. 22. In: Nielsen SS (ed) Food analysis, 5th edn. Springer, New York

22.1 引言

22.1.1 实验背景

在加工和储存过程中,食品中的脂类会发生多种化学反应。这些反应有些是人们期望发生的,有些反应是不期望的,并需要尽力将反应及其影响降到最低。本实验研究了油脂的组成、结构和化学性质等方面的特性。

22.1.2 阅读任务

《食品分析》(第五版)第23章脂类特性分析,中国轻工业出版社(2019)。

22.1.3 总体目标

本实验的总体目标是通过不同方法测定油脂的组成、结构和化学性质。

22.2 皂化值

22.2.1 实验目的

测定油脂的皂化值。

22.2.2 实验原理

皂化作用是利用碱处理中性脂肪,分解成甘油和脂肪酸的过程。皂化值的定义为对一定数量的油脂进行皂化所需的碱量,表示为 mg KOH/g 样品。利用油脂与过量的 KOH 醇溶液共热皂化,皂化完全后,过量的氢氧化钾以酚酞作为指示剂用标准 HCl 溶液对其进行反滴定,由所消耗 KOH 的量计算出皂化值。

22.2.3 化学药品

	CAS 编号	危险性
乙醇	64-17-5	高度易燃
盐酸(HCl)	7647-01-0	腐蚀性
酚酞	77-09-8	刺激性
氢氧化钾(KOH)	1310-58-3	腐蚀性

22.2.4 实验试剂

(1)浓度约 0.7mol/L 的 KOH 醇溶液** 40g KOH 溶解于 1L 经蒸馏、低二氧化碳的乙醇溶液中,溶解时温度保持在 15.5℃以下,所得溶液应为澄清溶液。

(2)浓度约 0.5mol/L 的 HCl 标准溶液** 制备约 0.5mol/L HCl 溶液,并用标准基溶液准确标定。

(3)酚酞指示剂溶液** 1%酚酞指示剂溶解于 95%乙醇中。

22.2.5 注意事项、危害和废物处理

应在通风橱中使用 HCl。另外,遵守实验室日常安全程序。任何时候都要佩戴护目镜。废弃物可用水冲洗,排入下水道。并要遵守良好实验室操作规范。

22.2.6 实验材料

- 空气(回流)冷凝器(至少 650mm 长)
- 250mL 烧杯(熔化脂肪)
- 布氏漏斗(配抽滤瓶)
- 沸石
- 2 支 50mL 滴定管
- 脂肪和/或油样
- 滤纸(适合布氏漏斗过滤,能过滤油和熔化的脂肪)
- 4 个 250~300mL 烧瓶,匹配冷凝管
- 1000μL 机械式移液枪,配相应的塑料枪头(或 1mL 的移液管)
- 抽滤瓶

注: ** 表示此实验试剂需要提前准备。

22.2.7 实验仪器

- 分析天平
- 加热板或水浴锅(可调节温度)

22.2.8 实验步骤

(实验采用2个平行样品)

(1)熔化固体样品。用滤纸过滤熔化后的油脂以去除杂质。

(2)准确称取约5g熔化的油脂,放入连接冷凝器的250~300mL烧瓶中,记录样品质量。同时制备平行样品。

(3)用滴定管精确加入50mL KOH醇溶液到烧瓶中。

(4)准备另一个250~300mL烧瓶,加入50mL KOH醇溶液作为空白实验。

(5)向装有油脂样品的烧瓶中加入几粒沸石。

(6)将装有样品的烧瓶连接到冷凝器上,在加热板(或水浴锅)上保持样品微沸,直至样品澄清均匀,表明皂化完全(30~60min)(烟雾应尽可能在冷凝器下端冷凝,否则有发生火灾的潜在危险)。

(7)待样品冷却后,用少量去离子水冲洗冷凝器的内部。从冷凝器上卸下烧瓶,样品冷却至室温。

(8)在样品中加入1mL酚酞试剂,用已标定的0.5mol/L HCl滴定,直到粉红色消失。记录滴定消耗的HCl体积。

(9)重复步骤(5)~(8)测定空白样品,回流时间与样品测定时所用时间相同。

22.2.9 数据和计算

样品	质量/g	滴定体积/mL	皂化值
1			
2			
			$\overline{X}$=

油/脂肪样品类型测定:

空白消耗滴定液(mL):

样本1=

样品2=

$\overline{X}$=

每个样品皂化值计算方法如下:

$$皂化值=\frac{(V_1-V_2)\times c\times 56.1}{m}$$

式中　皂化值——KOH/g 样品,mL;

V_1——空白滴定液体积,mL;

V_2——样品滴定液体积,mL;

c——HCl 物质的量浓度,mmol/mL;

56.1——KOH 分子质量,mg/mmol;

m——样品的质量,g。

22.2.10　思考题

(1)脂类样品中不能皂化的物质是什么?举例说明。

(2)皂化值的高低对样品有什么影响?

22.3　碘值

22.3.1　实验目的

测定油脂的碘值。

22.3.2　实验原理

碘值反映油脂的不饱和度,定义为每 100g 样品中吸收的碘的质量。在本实验中,将已知质量的油脂溶解在溶剂中,加入过量碘或其他卤素与样品中碳碳双键反应。加入碘化钾溶液把过量的 ICl 还原为游离碘,以淀粉溶液作为指示剂,再用标准的硫代硫酸钠溶液滴定碘。与双键反应的碘的量可用来计算碘值。

22.3.3　化学药品

	CAS 编号	危害性
冰乙酸	64-19-7	腐蚀性
四氯化碳(CCl_4)	56-23-5	有毒,对环境有危险
氯仿	67-66-3	有害
盐酸(HCl)	7647-01-0	腐蚀性
碘	7533-56-2	有害,对环境有危险
重铬酸钾($K_2Cr_2O_7$)	7789-00-6	有毒,对环境有危险
碘化钾(KI)	7681-11-0	
硫代硫酸钠	7772-98-7	
可溶性淀粉	9005-25-8	

22.3.4 实验试剂

(1)15%碘化钾溶液　将 150g KI 溶于去离子水中并定容至 1L。

(2)0.1mol/L 硫代硫酸钠标准溶液(AOAC 方法 942.27)**　将约 25g 硫代硫酸钠溶解于 1L 去离子蒸馏水中,微微煮沸 5min,趁热转移到试剂瓶中(确保试剂瓶清洁,耐热)。将溶液存放在避光、阴凉处。使用以下步骤标定硫代硫酸钠溶液:准确称取 0.2~0.23g 重铬酸钾($K_2Cr_2O_7$)(预先在 100℃下干燥 2h)放入装有玻璃塞的烧瓶中。将 2g 碘化钾(KI)溶解在 80mL 无氯水中,将此溶液加至重铬酸钾中,边摇晃边加入 20mL 约 1mol/L HCL 溶液,混匀后立即避光 10min,用硫代硫酸钠溶液滴定该已知体积的溶液,大部分碘被消耗完后加入淀粉溶液。

(3)1%淀粉指示剂溶液(现用现配)**　用足量的冷却去离子水溶解 1g 可溶性淀粉成稀糊状,加入 100mL 沸腾的去离子水,边搅拌边煮沸约 1min。

(4)韦氏(Wijs)碘溶液**　将 10g ICl_3 溶于 300mL CCl_4 和 700mL 冰乙酸中。用 0.1mol/L 硫代硫酸钠标准溶液标定此溶液浓度(25mL 韦氏溶液应消耗 3.4~3.7mmol/L 的硫代硫酸盐)。然后,在溶液中加入足量的碘,使 25mL 的溶液至少要 1.5 倍的初始滴定液体积数中和。将溶液储存在棕色试剂瓶中,30℃以下避光保存。

22.3.5 注意事项、危害和废物处理

四氯化碳和重铬酸钾都是有毒物质,必须小心处理。在通风橱中使用冰乙酸和盐酸。另外,需遵守实验室日常的安全规则。任何时候都要佩戴护目镜。四氯化碳、氯仿、碘和重铬酸钾必须作为危险废品进行处理,其他废液可用清水冲洗,排入下水道,要遵守良好实验室操作规范。

22.3.6 实验材料

- 2 个 250mL 烧杯(一个用来熔化脂肪,另一个用于煮水)
- 布氏漏斗(配抽滤瓶)
- 10mL 或 25mL 滴定管
- 脂肪和/或油样
- 滤纸(适合布氏漏斗过滤,能过滤油和熔化的脂肪)
- 4 个 500mL 具塞玻璃烧瓶
- 25mL 量筒
- 100mL 量筒
- 1000μL 机械式移液枪(配相应的塑料枪头)
- 抽滤瓶
- 10mL 移液管
- 20mL 移液管

注:** 表示此实验剂需要提前准备。

22.3.7　实验仪器

- 分析天平
- 加热板

22.3.8　实验步骤

(实验采用2个平行样品)

(1)在室温下将固体样品加热到高于熔点15℃条件下熔化,用滤纸过滤熔化的油脂和油样以去除杂质。

(2)准确称取2份0.1~0.5g样品(用量取决于预期的碘值大小)置于干燥的500mL具塞烧瓶中,加入10mL氯仿溶解油脂。

(3)分别于另2个500mL具塞烧瓶中各加入10mL氯仿作为空白。

(4)用移液管移取25mL韦氏碘溶液于烧瓶中(碘的含量必须超过脂肪所吸收量的50%~60%)。

(5)将烧瓶在避光处静置30min,不定时摇晃。

(6)避光一定时间后,在每个烧瓶中加入20mL KI溶液,彻底摇匀。加入100mL刚煮沸冷却去离子水,冲洗瓶塞上的游离碘。

(7)用标准硫代硫酸钠溶液滴定烧瓶中的碘,边滴加边剧烈摇晃,直到黄色基本消失。然后加入1~2mL淀粉指示剂,继续滴定直至蓝色完全消失。滴定至终点时,盖住烧瓶,剧烈摇晃,使氯仿中的所有碘都能被碘化钾溶液替代。记录消耗的滴定液的体积。

22.3.9　数据和计算

样品	质量/g	滴定体积/mL	碘值
1			
2			
			$\bar{X}$=

油/脂肪样品类型测定:

空白消耗滴定液(mL):

样品1=

样品2=

$\bar{X}$=

按下式计算每个样品的碘值:

$$碘值=\frac{(V_1-V_2)\times c\times 126.9}{m}\times 100$$

式中　碘值——每100g样品吸收的碘,g;

V_1——空白消耗的滴定液体积，mL；

V_2——样品消耗的滴定液体积，mL；

c——$Na_2S_2O_3$ 的物质的量浓度，mol/1000mL；

126.9——碘的相对分子质量，g/mol；

m——试样质量，g。

22.3.10 思考题

（1）在碘值测定中，为什么空白体积比样品体积高？

（2）碘值的高低能说明样品的什么特性？

22.4 游离脂肪酸值

22.4.1 实验目的

测定油脂的游离脂肪酸（FFA）值。

22.4.2 实验原理

游离脂肪酸值或酸值，反映了甘油三酯水解成脂肪酸的数量。游离脂肪酸是以某种特定脂肪酸的质量分数来表示。酸值定义为中和 1g 油脂中的游离酸所需的氢氧化钾的质量。液态脂肪样品用 95%中性乙醇溶解，以酚酞作为指示剂，用标准氢氧化钠溶液滴定至终点。根据所消耗的氢氧化钠的体积、物质的量浓度以及所用样品量来计算样品中的游离脂肪酸值。

22.4.3 化学药品

	CAS 编号	危险性
乙醇	64-17-5	高度易燃
酚酞	77-09-8	刺激性
氢氧化钠（NaOH）	1310-73-2	腐蚀性

22.4.4 实验试剂

（1）中性乙醇　用碱和酚酞溶液将 95%乙醇中和至粉红色（不褪色）。

（2）酚酞指示剂**　将 1g 酚酞溶于 50mL 95%乙醇中，并用去离子水定容至 100mL 容量瓶中。

注：** 表示此实验试剂需提前准备。

(3)0.1mol/L 氢氧化钠标准溶液** 使用市售标准试剂,或按照本书其他章节(第 2 章和第 21 章)进行准备。

22.4.5 注意事项、危害和废物处理

遵守实验室日常安全规则。任何时候都要佩戴护目镜。废液可用清水冲洗排入下水道,遵守良好实验室操作规范。

22.4.6 实验材料

- 250mL 烧杯(熔化脂肪)
- 布氏漏斗(配抽滤瓶)
- 10mL 滴定管
- 4 个 250mL 三角瓶
- 脂肪和/或油样
- 滤纸(适合布氏漏斗过滤,能过滤油和熔化的脂肪)
- 100mL 量筒
- 1000μL 机械式移液枪(配相应的塑料枪头)
- 抽滤瓶
- 10mL 移液管
- 20mL 移液管

22.4.7 实验仪器

- 分析天平
- 加热板

22.4.8 实验步骤

(采用 3 个平行实验)

(1)在室温下将固体样品加热到高于熔点 15℃条件下熔化,用滤纸过滤熔化的油脂以去除杂质。

(2)首先进行预实验,准确称取 5g 熔化的油脂于 250mL 三角瓶中。

(3)加入 100mL 中性乙醇和 2mL 酚酞指示剂。

(4)振荡,使混合物完全溶解。用标准碱液(约 0.1mol/L NaOH)滴定,剧烈摇晃下滴定至浅粉红色,持续 30s 不变色,记录所消耗的碱液体积。可利用下表的信息判断所测样品质量是否能使其酸值正好落在下表的范围内,这将决定步骤(5)中的取样量。

美国药典(AOCS 2009)法定和推荐方法中建议以下为预期酸值范围的样品质量:

FFA 范围/%	样品/g	乙醇体积/mL	碱液浓度/(mol/L)
0.00~0.02	56.4±0.2	50	0.1
0.2~1.0	28.2±0.2	50	0.1
1.0~30.0	7.05±0.05	75	0.25

(5)重复步骤(1)~(3),共做3次平行,记录每个样品的质量和消耗的碱液滴定体积。

22.4.9 数据和计算

样品	质量/g	滴定体积/mL	FFA 值
1			
2			
3			
			$\bar{X}$=
			SD=

油/脂肪样品类型测定:

每个样品的 FFA 值计算如下:

$$FFA(\%,以油酸计)=\frac{V\times c\times 282}{m}\times 100$$

式中 $FFA(\%)$——游离脂肪酸的质量分数(g/100g),以油酸计;

V——消耗的 NaOH 标准溶液的体积,mL;

c——NaOH 标准溶液的浓度,mol/1000mL;

282——油酸的相对分子质量,g/mol;

m——样品质量,g。

22.4.10 思考题

(1)产品的高 FFA 值与其新鲜度有什么关系?

(2)为什么 FFA 含量是煎炸用油的重要指标?

(3)在粗脂肪提取物中,FFA 是天然存在的,但在加工过程中为了增强脂肪的稳定性将其去除了。说明并描述去除天然存在的游离脂肪酸的处理步骤。

22.5 过氧化值

22.5.1 实验目的

测定油脂的过氧化值,作为油脂氧化酸败的指标。

22.5.2 实验原理

过氧化值定义为每千克油脂中的过氧化物物质的量,通过滴定测定过氧化物或过氧化基团的量。在已知质量的油脂中,加入过量的KI溶液,使之与样品中的过氧化物发生反应,以淀粉溶液作为指示剂,用标定过的硫代硫酸钠溶液滴定生成的游离碘。通过与过氧化物反应所需的KI的量来计算样品的过氧化值。

22.5.3 化学药品

	CAS编号	危险性
冰乙酸	64-19-7	腐蚀性
氯仿	67-66-3	有害
盐酸	7647-01-0	腐蚀性
重铬酸钾	7789-00-6	有毒、对环境有危害
碘化钾	7681-11-0	
硫代硫酸钠	7772-98-7	
可溶性淀粉	9005-25-8	

22.5.4 实验试剂

(1)冰乙酸-氯仿溶液　3体积冰乙酸和2体积的氯仿混合。

(2)饱和碘化钾溶液**　用刚煮沸过的去离子水溶解过量的KI,溶液中必须存在过量的KI固体,在避光处储存。使用前应进行测试,在溶液中加入0.5mL冰乙酸-氯仿混合液,然后加入2滴1%淀粉指示剂。如果溶液变成蓝色,则需要滴加1滴0.1mol/L硫代硫酸钠溶液才能清除,则需要配制新鲜的碘化钾溶液。

(3)0.2mol/L标准硫代硫酸钠溶液(AOAC 942.27)**　称取约50g硫代硫酸钠溶解于1L去离子水中。微沸5min,趁热转移至试剂瓶中(试剂瓶已清洗干净且耐热)。将溶液储存在避光、阴凉的地方。

使用以下方法来标定硫代硫酸钠溶液:精确称取0.2~0.23g重铬酸钾($K_2Cr_2O_7$)(预先在100℃下干燥2h)于带塞的烧瓶中。用80mL不含氯的去离子水溶解2g KI,然后加到重铬酸钾中,边摇晃边加入20mL约1mol/L HCl溶液,立即避光放置10min。然后用硫代硫酸钠溶液滴定,在大多数碘被消耗后再加入淀粉指示剂。

(4)1%淀粉指示剂(现用现配)**　将约1g可溶性淀粉与足够的去离子水调成稀糊状,加入100mL煮沸的去离子水,边搅拌边煮沸约1min。

注:**表示此实验试剂需提前准备。

22.5.5 注意事项、危害和废物处理

重铬酸钾是有毒物质,必须谨慎处理。应在通风橱中使用盐酸。另外,请遵守实验室日常的安全规则。任何时候都要佩戴手套和护目镜。氯仿和重铬酸钾必须作为危险废品进行处理,其他废液可用清水冲洗,排入下水道,要遵守良好实验室操作规范。

22.5.6 实验材料

- 250mL 烧杯(熔化脂肪)
- 布氏漏斗(配抽滤瓶)
- 25mL 或 50mL 滴定管
- 4 个 250mL 具塞三角瓶
- 脂肪和/或油样
- 滤纸(适合布氏漏斗过滤,能过滤油和熔化的脂肪)
- 2 个 50mL 量筒
- 1000μL 机械式移液枪(配相应的塑料枪头)或 1mL 移液管
- 抽滤瓶

22.5.7 实验仪器

- 分析天平
- 加热板

22.5.8 实验步骤

(实验采用 2 个平行样品)

(1)在室温下将固体样品加热到高于熔点 15℃条件下熔化,用滤纸过滤熔化的油脂以去除杂质。

(2)准确称取 2 份 5g 的油脂样品(精确到 0.001g),分别放入 2 个 250mL 的具塞三角瓶中。

(3)加入 30mL 冰乙酸-氯仿溶液,充分振荡使油脂溶解。

(4)加入 0.5mL 饱和 KI 溶液。静置 1min,偶尔摇晃,再加入 30mL 去离子水。

(5)用 0.1mol/L 的硫代硫酸钠溶液缓慢滴定样品,同时剧烈摇晃三角瓶,直至黄色基本消失。

(6)加入约 0.5mL1%淀粉溶液,继续滴定,剧烈摇晃使氯仿层中的碘全部释放出来,直到蓝色刚好消失时为滴定终点。记录滴定液消耗的体积(如果所消耗的硫代硫酸钠标准溶液的体积小于 0.5mL,重复测定)。

(7)准备(只省略油)并滴定空白样品。记录空白消耗的滴定液体积。

22.5.9 数据和计算

样品	质量/g	滴定体积/mL	过氧化值
1			
2			
			$\overline{X}$=

油/脂肪样品类型测定:

滴定空白所消耗的体积(mL):

样品 1=

样品 2=

$\overline{X}$=

计算每个样品的过氧化值如下:

$$过氧化值=\frac{(V_1-V_2)\times c}{m}\times 1000$$

式中 过氧化值——每 kg 样品中过氧化物的物质的量,mEq/kg;

V_1——滴定样品所消耗的体积,mL;

V_2——空白滴定液所消耗的体积,mL;

c——硫代硫酸钠溶液浓度,mEq/mL;

1000——单位换算,g/kg;

m——油脂样品质量,g。

22.5.10 思考题

(1)在使用过氧化值评估食品自然氧化的程度时应注意什么?

(2)过氧化值法是用于测定油脂样品的,在用这种方法测定其过氧化值之前,食品样品应该怎么处理?

22.6 薄层色谱分离简单脂类

22.6.1 实验目的

用薄层色谱法(TLC)分离和鉴定某些常见食品中的脂类。

22.6.2 实验原理

像所有的色谱法一样,薄层色谱法是一种分离技术,它允许化合物在流动相和固定相之间分布。利用薄层吸附色谱法,可以分离出各种类型的脂质。在薄层色谱中,一层薄薄的固定相结合在惰性载体上(玻璃板、塑胶板或铝板)。样品和标准品在薄板的一端点样。

为了进行上行色谱,将该板放置在展开缸中,离点样处最近的板端置于该室底部的流动相中。流动相通过毛细管作用沿板向上移动,推动并分离样品组分。分离的区带可以被显色或检测到,并与标准化合物相比较。

22.6.3 化学药品

	CAS 编号	危险性
乙酸	64-19-7	易腐蚀
乙醚	60-29-7	有害的,易燃的
甲烷	110-54-3	有害的,易燃的,对环境有害的
硫酸	7664-93-9	易腐蚀

22.6.4 实验试剂

(1)氯仿∶甲醇=2∶1(体积比)

(2)流动相　正己烷∶乙醚∶乙酸=78∶20∶2(体积比)

(3)标准样品　甘油三酯,脂肪酸,胆固醇酯和胆固醇

(4)硫酸溶液　将浓硫酸配制成浓度为50%的水溶液中

22.6.5 注意事项、危害和废物处理

在通风橱中使用乙酸和硫酸。乙醚易燃、易吸湿,可形成爆炸性的过氧化物。另外,请遵守正常的实验室安全规则。任何时候都要佩戴护目镜。乙醚和己烷必须作为危险废弃品处理,其他废液可以用水冲洗掉,要遵循良好实验室操作规范。

22.6.6 实验材料

- 毛细管(或注射器)(用于将样品涂在平板上)
- 带盖子的展开缸
- 滤纸　Whatman #1 滤纸(用于衬垫展开缸)
- 油/脂肪食物样本(如汉堡、红花油)[溶解在氯仿-甲醇溶液[2∶1(*V/V*)]的混合试剂中,浓度为20μg/mL]
- 铅笔
- 薄层色谱板　硅胶60铺于玻璃基材上(0.25mm厚度),20cm×20cm(EM Science)

22.6.7 实验仪器

- 烘箱
- 烤箱

22.6.8 实验步骤

(1)硅胶板的制备

①将薄板放入 110℃的烤箱中烘烤 15min,然后冷却至室温(5min)。

②用铅笔在离薄板下端底部 2.5cm 处画一条线作为原点。

③用铅笔在线上等距离分 10 个点。

④使用毛细管或注射器取约 10μL 每个标准和样品点样(取中间的 8 个点)。点样时要点在点样处的中心部位,每个点样处的最佳点样量为 2.5μL。

⑤在每个点样处的起始线以下做好样品/标准品的标识。

⑥等待点样处变干。可以用低温鼓风机加速干燥。

⑦在薄板的右上角写上实验者的名字。

(2)薄层展开

①用 Whatman #1 滤纸或类似的滤纸衬垫展开槽。

②缓慢地倒入流动相,至槽中溶剂深度约为 0.5cm,大约需要 200mL。

③将盖子盖在水槽上,保持 15min,使水槽内的蒸汽达到饱和。

④将点完样的薄层色谱板放在显影槽中,让其显影至溶剂正面到达离薄板顶部约 2cm 处。

⑤从容器中取出板,并立即标记溶剂前端的位置。然后在通风橱中将表面的溶剂蒸发掉。

(3)脂类的显色

①在通风良好的通风橱中,将 50% H_2SO_4 溶液轻轻地喷洒在薄板上,并干燥。

②在 100~120℃烘箱中加热 5~10min。取出,冷却,检查。小心处理盘子,因为表面仍然含有硫酸。

③在所有的中心标记所有可见的点,并注意点的颜色。

22.6.9 数据和计算

记录每个标准品和样品的起始位置到每个点的距离,计算每个点的 R_f 值,即从起始位置到显色点的距离与起始点到溶剂前沿的距离的比值。根据标准物的 R_f 值,识别样品中某个点或取代可能的某种物质。

标准物	到起始位置的距离	R_f 值
甘油三酯		
脂肪酸		
胆固醇酯		
胆固醇		

样品显色点号	到起始位置的距离	R_f 值	鉴定

油/脂肪样品类型测试：

22.6.10 思考题

(1)解释胆固醇酯的化学结构。

(2)除了作为标准的四种脂肪组分外，TLC 还可以测定其他那些脂肪组分？

相关资料

1. AOCS(2009) Official methods and recommended practices of the AOCS, 6th edn. American Oil Chemists' Society, Champaign, IL

2. Pike OA, O'Keefe SF (2017) Fat characterization. Ch. 23. In: Nielsen SS (ed) Food analysis, 5th edn. Springer, New York

23 蛋白质：提取、定量和电泳

23.1 引言

23.1.1 实验背景

电泳可分离蛋白样品并使其条带可视化。在十二烷基硫酸钠聚丙烯酰胺凝胶电泳(SDS-PAGE)中,蛋白质解聚并形成蛋白-SDS胶束,蛋白质亚基根据其分子质量大小和电泳迁移率不同而分离。通常将一定体积且蛋白质总量已知的样品加于上样孔中,以便不同样品之间的比较。尽管可以使用标准方法(例如,凯氏定氮法,氮燃烧法)来测定总蛋白质含量,但为了方便通常选用仅需要少量样品的快速比色方法,如二喹啉甲酸(BCA)测定法。

在本实验中,用0.15mol/L盐溶液提取肌浆肌蛋白,通过BCA比色测定法测量提取物的蛋白质含量,并通过SDS-PAGE分离和显现鱼提取物中的蛋白质。因为各种鱼具有特征性蛋白质亚基,所以这种条带的可视化可用于区分不同品种的鱼。例如,当在市场上用廉价的鱼代替更昂贵的鱼时,人们可以使用这种技术来检测和辨别掺假。

23.1.2 阅读任务

《食品分析》(第五版)第18章蛋白质分析,中国轻工业出版社(2019)。

《食品分析》(第五版)第24章蛋白质分离和表征,中国轻工业出版社(2019)。

23.1.3 实验目的

分别从淡水和咸水鱼肌肉中提取蛋白质并测量其含量,通过电泳分离蛋白质,然后根据亚基分子质量的大小和相对数量比较不同的蛋白质条带。

23.1.4 实验原理

采用0.15mol/L盐从鱼肌肉中提取肌浆蛋白。提取物的蛋白质含量可通过BCA方法测定。在该测定中,蛋白质在碱性条件下将铜离子还原为亚铜离子。形成亚铜离子的量与蛋白质的含量成比例。亚铜离子与BCA试剂反应形成紫色,可采用分光光度法检测并通过标准曲线计算得到样品中蛋白质浓度。样品中的蛋白质可以通过SDS-PAGE分离。蛋白质与 SDS 结合后带大量负电荷,在凝胶中由阴极向阳极(带正电荷的极)迁移,且迁移速度仅与蛋白质分子质量大小相关。将已知分子质量的标准蛋白质的迁移率对分子质量的对数作图,可获得标准曲线。未知蛋白质在相同条件下进行电泳,根据它的电泳迁移率即可在标准曲线上求得蛋白质相对分子质量。

23.1.5　实验备注

蛋白质样品制备和电泳实验可通过两次课程完成。首先可进行蛋白质提取、定量,并制备成样品以供电泳。在进行电泳之前,蛋白质样品可进行冷冻保存。或者,在一次实验课程中,一组学生进行蛋白质提取和定量,另一组学生准备电泳凝胶。此外,可以为不同的学生分配不同种类的鱼。来源不同组的样品可以在单个凝胶上进行电泳。可以直接购买商业化的电泳凝胶(例如,Bio-Rad,Mini-PROTEAN TGX 预制凝胶,12%分离胶)或在实验室制备。

一些种类的鱼在提取物制备和蛋白质组成差异的比较中效果较好。鲶鱼(淡水)和罗非鱼(咸水)蛋白质较易提取且表现出不同蛋白质组成模式。鳟鱼蛋白质难以提纯。来源于淡水和咸水的三文鱼几乎没有差异。

23.1.6　化学药品

表 23.1　**化学药品**

	CAS 编号	危害性
样品提取		
氯化钠(NaCl)	7647-14-5	刺激性
磷酸二氢钠($NaH_2PO_4 \cdot H_2O$)	7558-80-7	刺激性
蛋白浓度测定(BCA 法)		
二喹啉甲酸		
牛血清白蛋白(BSA)	9048-46-8	
硫酸铜($CuSO_4$)	7758-98-7	刺激性
碳酸氢钠($NaHCO_3$)	144-55-8	
碳酸钠(Na_2CO_3)	497-19-8	刺激性
氢氧化钠(NaOH)	1310-73-2	腐蚀性
酒石酸钠	868-18-8	
电泳		
乙酸(CH_3COOH)	64-19-7	腐蚀性
丙烯酰胺	79-06-1	毒性
过硫酸铵(APS)	7727-54-0	有害的,氧化性

续表

	CAS 编号	危害性
甲叉双丙烯酰胺	110-26-9	有害的
溴酚蓝	115-39-9	
丁醇	71-36-3	有害的
考马斯蓝 R-250	6104-59-2	
乙二胺四乙酸二钠盐($Na_2EDTA \cdot 2H_2O$)	60-00-4	刺激性
甘油($C_3H_8O_3$)	56-81-5	
甘氨酸	56-40-6	
盐酸(HCl)	7647-01-0	腐蚀性
β-巯基乙醇	60-24-2	毒性
甲醇(CH_3OH)	67-56-1	高度易燃
蛋白标准品(例如,Bio-Rad 161-0374,Precision Plus 双色预染标准品,10-250KD)		
十二烷基硫酸钠(SDS,十二烷基硫酸盐,钠盐)	151-21-3	有害的
N,*N*,*N'*,*N'*-四甲基乙二胺(TEMED)	110-18-9	高度易燃的,腐蚀性
三羟甲基氨基甲烷(Tris)	77-86-1	

23.2 实验试剂

23.2.1 样品提取

样品提取缓冲液,300mL/种鱼**。0.15mol/L 氯化钠缓冲液,0.05mol/L 磷酸钠,pH 7.0(要求学生掌握缓冲液的计算过程)。

23.2.2 蛋白质定质(BCA 法)

购买商业化的 BCA 检测试剂盒,例如,Pierce BCA Protein Assay Kit(目录号 23225,Rockford,IL),其中包括试管法测定(2mL 工作试剂/试管)或微孔法测定(200μL 工作试剂/孔)的操作流程。

试剂盒中包括:

(1)牛血清白蛋白(BSA)标准品,2mg/mL,溶于 0.9%盐水,含 0.05%叠氮化钠作为防腐剂。

(2)BCA 试剂 A　碳酸氢钠、BCA 检测试剂、含酒石酸钠的 0.1mol/L 氢氧化钠溶液。

(3)试剂 B　4%硫酸铜溶液。

注:** 表示此实验试剂需提前准备。

23.2.3　电泳

电泳缓冲液(Tris/甘氨酸/SDS),样品缓冲液(Laemmlli 样品缓冲液)和预制凝胶可以购买商业化产品或在实验室自制。商业化的样品缓冲液中可能需要添加β-巯基乙醇。

(1)丙烯酰胺:双丙烯酰胺溶液**　29.2g 丙烯酰胺和 2.4g 亚甲基双丙烯酰胺,加双蒸水至 100mL。

(2)7.5%过硫酸铵(APS)**　在双蒸水中,1mL,实验当日现配现用。

(3)0.05%溴酚蓝

(4)考马斯亮蓝染色液**　购买预混合的或制备:454mL 双蒸水,454mL 甲醇,92mL 乙酸和 1.5g 考马斯亮蓝 R-250。注意:Bio-Rad 提供不需要甲醇或乙酸脱色的考马斯 G-250 染色剂。水洗终止染色过程。

(5)脱色液**　850mL 双蒸水,75mL 甲醇和 75mL 乙酸

(6)EDTA 二钠盐**　0.2mol/L,50mL

(7)37%甘油(直接使用)

(8)电泳样品缓冲液**　购买预混液或实验室配制:1mL 0.5mol/L Tris(pH 6.8),0.8mL 甘油,1.6mL 10%SDS,0.4mL β-巯基乙醇和 0.5mL 0.05%(*w/V*)溴酚蓝,用双蒸水稀释至 8mL。

(9)十二烷基硫酸钠,配制成 10%的十二烷基硫酸钠水溶液,10mL**

(10)TEMED(直接使用)

(11)电泳缓冲液,25mmol/L Tris,192mmol/L 甘氨酸,0.1%SDS,pH8.3**　购买预混液或实验室配制。

(12)Tris 缓冲液,1.5mol/L,pH8.8,50mL(分离胶缓冲液)**　购买预混液或实验室配制。

(13)Tris 缓冲液,0.5mol/L,pH6.8,50mL(浓缩胶缓冲)**　购买预混液或实验室配制

凝胶制备:使用下面的配方和程序中的说明制备两个 8.4cm×5.0cm SDS-PAGE 垂直电泳凝胶板,如表 23.2 所示,15%丙烯酰胺,制胶梳子厚度 0.75mm。实际配方将取决于电泳制胶玻璃板的尺寸。

表 23.2　凝胶配方

试剂	分离胶	浓缩胶
丙烯酰胺:双丙烯酰胺	2.4mL	0.72mL
10% SDS	80μL	80μL
1.5mol/L Tris,pH 8.8	2.0mL	—
0.5mol/L Tris,pH 6.8	—	2.0mL
双蒸水	3.6mL	5.3mL
37%甘油	0.15mL	—
10% APS①	40μL	40μL
TEMED	10μL	10μL

①所有其他试剂混匀后,再添加 APS,溶液脱气后进行灌胶。

注:** 表示此实验剂需要提前准备。

23.2.4 注意事项、危害和废物处理

丙烯酰胺单体为人类可能的致癌物(2A类),经口毒性和皮肤毒性均很强。β-巯基乙醇对呼吸道、皮肤和眼睛有伤害。应遵守正常的实验室安全程序,实验过程中佩戴手套和护目镜。丙烯酰胺和β-巯基乙醇废液必须作为危险废物处理。与丙烯酰胺和β-巯基乙醇接触的手套和移液器吸头也应作为危险废弃物处理。其他实验废弃物可以用水冲洗,但应遵循良好操作规范进行处理。

23.3 实验材料

23.3.1 样品提取

- 烧杯,250mL
- 离心管,50mL
- 砧板
- 锥形瓶,125mL
- 量筒,50mL
- 滤纸,Whatman #1
- 鱼类,淡水(如鲶鱼)和咸水物种(如罗非鱼)
- 漏斗
- 刀
- 巴斯德吸管带矽胶帽
- 带盖的试管
- 称重盘

23.3.2 蛋白质测定(BCA法)

- 烧杯,50mL
- 量筒,25mL
- 可调节移液枪,1000μL,带塑料吸头
- 试管

23.3.3 电泳

- 烧杯,250mL(用于煮沸样品)
- 两个锥形瓶,2L(用于染色和脱色溶液)
- 玻璃沸珠(用于煮沸样品)
- 量筒,100mL
- 量筒,500mL

- Hamilton 注射器(在凝胶上加载样品)
- 可调节移液枪,1000μL,100μL 和 20μL,包括吸头/枪头
- 巴斯德吸管带矽胶帽
- 橡胶塞(适合 25mL 侧臂烧瓶)
- 两个侧臂烧瓶,25mL
- 带帽的小尺寸试管或培养管
- 管道(连接到真空系统以脱气凝胶溶液)
- 称重纸/船

23.3.4 实验仪器

- 分析天平
- 吸气系统(用于脱气)
- 搅拌机
- 离心机
- 电泳装置
- pH 计
- 电源
- 分光光度计
- 上皿天平
- 涡旋混合器
- 水浴

23.4 实验步骤

23.4.1 样品制备

(1)粗切大约 100g 鱼肉(代表性样品),在天平上准确称重 90g。

(2)将 1 份鱼与 3 份提取缓冲液混合(90g 鱼,270mL 提取缓冲液)后搅拌 1.0min(注意:若较少量的鱼肉和缓冲液可用小型搅拌机搅拌,但料液比仍为 1∶3)。

(3)将 30mL 肌肉匀浆倒入 50mL 离心管中并做好标记,各样品配平。

(4)样品在室温下以 2000×g 离心 15min,收集上清液。

(5)采用漏斗过滤部分上清液。将 Whatman #1 滤纸放入漏斗中,并用样品提取缓冲液润湿。从离心的样品中过滤上清液,试管收集约 10mL 的滤液。

(6)使用 BCA 法测定滤液中的蛋白质浓度并制备电泳样品(详见 23.4.3)。

23.4.2 BCA 蛋白质分析

(以下为标准样品和检测样品浓度测定说明,每个样品检测需设定一个重复实验。)

(1)将 Pierce 试剂 A 与 Pierce 试剂 B 按照 50∶1(*V/V*)混合,配制成工作液。例如,使用 50mL 试剂 A 和 1.0mL 试剂 B 制备 51.0mL 工作液,该试剂足以用于 BSA 标准曲线制作和一种鱼提取物的蛋白质测定(注意:该体积可供标准样品的 5 个浓度和 2 种鱼 2 个稀释浓度的测定,每个浓度可做个重复)。

(2)准备以下稀释度的上清液[来自 23.4.1 步骤(5)的滤液] 稀释度为 1∶5、1∶10 和 1∶20 的提取缓冲液。充分混匀。

(3)在试管中,如表 23.3 所示,分别制备稀释的提取物、BSA 标准品的混合体系,每个样品检测设定一个重复(使用 2mg BSA/mL 溶液)。

表 23.3　样品配方

离心管编号	双蒸水/μL	BSA 标准液/μL	鱼提取物/μL	工作液/mL
空白	100	0	—	2.0
标准溶液 1	80	20	—	2.0
标准溶液 2	60	40	—	2.0
标准溶液 3	40	60	—	2.0
标准溶液 4	20	80	—	2.0
标准溶液 5	0	100	—	2.0
样品 1∶5	50	—	50	2.0
样品 1∶10	50	—	50	2.0
样品 1∶20	50	—	50	2.0

(4)用涡旋振荡器混合每种反应混合物,然后在 37℃的水浴中孵育 30min。

(5)使用分光光度计读取每个样品在 562nm 处的吸光度值。

(6)使用 BSA 样品的数据建立吸光度值(562nm 处)与蛋白质/管(μg)的标准曲线,确定标准曲线的线性方程。使用 BSA 标准曲线方程计算鱼提取物的蛋白质浓度(μg/mL),比较鱼提取物吸光度值,选取与标准曲线上中点接近的吸光度值来计算鱼提取物的蛋白质含量。计算原始样品蛋白质含量时,应注意检测样品的稀释度。

注意:请勿使用稀释的样品进行电泳,应使用原始提取物。

23.4.3　电泳

(1)按照设备制造商的说明组装电泳装置。

(2)按照试剂列表(表 23.1)中的配方配制电泳分离胶。除 APS 外,在侧臂烧瓶中充分混匀配制分离胶的试剂并脱气,然后添加 APS,混匀后灌胶。灌胶至上样梳下方约 1cm 的高度。然后在分离凝胶的顶部小心地加入一层丁醇,以免干扰分离胶的上表面。该丁醇层可防止膜的形成并有助于获得均匀的表面。分离胶聚合 30min 后除去丁醇层,灌注浓缩胶。

(3)按照试剂列表(表23.1)中的配方配制电泳浓缩胶。除APS外,在侧臂烧瓶中充分混匀配制分离胶的试剂并脱气15min(根据制造商的说明),然后添加APS,混匀后灌胶。迅速将上样梳插入浓缩胶中,浓缩胶聚合30min后移除上样梳。上样之前,用双蒸水清洗上样孔2次。

(4)将鱼提取物样品充分混合[从23.4.1步骤(5)中分离得到的样品]。对于每个样品,将0.1mL样品与0.9mL电泳样品缓冲液合并于螺旋盖培养管中,加盖。

(5)样品在沸水中加热3min。

(6)使用注射器将10μg和20μg每种鱼提取物的蛋白质加到上样孔中。根据提取物的蛋白质含量和在电泳样品缓冲液中制备提取物时使用的稀释度计算所需样品的体积。

(7)在一个样品孔中加入10μL的蛋白质标准品。

(8)按照设备制造商的说明进行组装并进行电泳。当溴酚蓝指示染料线到达分离胶的底部时,关闭电源。拆卸电泳装置,小心地从板之间取出分离胶。将凝胶置于考马斯亮蓝染色溶液,凝胶染色至少30min(如有可能,在染色和脱色过程中,将带有凝胶的培养皿放的振荡器上缓慢振荡)。倒出染色溶液,然后使用脱色溶液将进行凝胶脱色,脱色至少2h,中间至少更换两次脱色液。

(9)分别量取各个标准分子质量蛋白质条带和样品蛋白质条带到凝胶顶端的距离(cm)。还可测量溴酚蓝指示染料从凝胶顶部的迁移距离。

(10)观察并记录每种鱼提取物的主要蛋白质条带的相对强度。

23.5 数据和计算

23.5.1 蛋白质测定

表23.4 数据记录和计算

离心管编号	吸光度	蛋白质/管/(μg)	样品/(μg/mL)
标准溶液1,20μL BSA			
标准溶液1,20μL BSA			
标准溶液2,40μL BSA			
标准溶液2,40μL BSA			
标准溶液3,60μL BSA			
标准溶液3,60μL BSA			
标准溶液4,80μL BSA			
标准溶液4,80μL BSA			
标准溶液5,100μL BSA			
标准溶液5,100μL BSA			

续表

离心管编号	吸光度	蛋白质/管/(μg)	样品/(μg/mL)
样品 1 : 5			
样品 1 : 5			
			$\overline{X}$=
样品 1 : 10			
样品 1 : 10			
			$\overline{X}$=
样品 1 : 20			
样品 1 : 20			
			$\overline{X}$=

鱼提取物蛋白质浓度的样本计算：

对于 1 : 20 的 50μL 鱼类提取物稀释液，用 0.677 的吸光度进行分析：

$$标准曲线方程：y=0.0108x+0.0022$$

$$如果\ y=0.677，则\ x=62.48$$

$$c_i=c_f(V_2/V_1)(V_4/V_3)$$

(参见本书第 3 章；c_i=初始浓度；c_f=终浓度)

$$c_i=(62.48\text{-μg 蛋白质/管})\times(20\text{mL}/1\text{mL})\times(\text{管}/50\text{μL})$$

$$=24.99\text{μg 蛋白质/μL 鱼提取物}$$

计算样品以确定制备的提取物的体积，将 20μg 蛋白质应用于每个样品孔：

获得 20μg 蛋白质需要多少 μL？电泳样品缓冲液稀释度为 1 : 10：

$$24.99\text{μg 蛋白质/μL}\times Z\text{μL}\times(1\text{mL}/10\text{mL})=20\text{μg}$$

$$Z=8.00\text{μL}$$

23.5.2 电泳

(1)计算 3 个主要蛋白质条带和所有标准分子质量蛋白条带的相对迁移率。为了确定蛋白质条带的相对迁移率(R_f)，将其从凝胶顶部到蛋白质条带中心的迁移距离除以溴酚蓝染料从凝胶顶部移动的距离：

$$R_f=\frac{\text{蛋白质迁移的距离}}{\text{染料迁移的距离}}$$

表 23.5　数据记录和处理

样品编号	蛋白质迁移距离	跟踪染料迁移距离	相对流动性	分子质量
分子质量标准				
1				
2				

续表

样品编号	蛋白质迁移距离	跟踪染料迁移距离	相对流动性	分子质量
3				
4				
5				
鱼类				
淡水				
咸水				

(2)通过相对迁移率(x 轴)与标准分子质量对数值(y 轴)绘制标准曲线。

(3)使用标准曲线，估算提淡水和咸水鱼取物中主要蛋白质亚基的分子质量。

23.6　思考题

(1)描述如何准备 1L 用于提取鱼肉蛋白质的缓冲液(0.15mol/L 氯化钠溶液，0.05mol/L 磷酸钠溶液，pH7.0)。给出计算过程和结果。

(2)讨论鱼种类之间的差异，包括通过分子质量确定主要蛋白质条带的存在与否，以及这些蛋白质的相对数量。

相关资料

1. Bio-Rad(2013)A Guide to Polyacrylamide Gel Electrophoresis and Detection. Bulletin 6040 Rev B. Bio-Rad Laboratories, http://www.bio-rad.com/webroot/web/pdf/lsr/literature/Bulletin_6040.pdf Accessed June 24,2015
2. Chang SKC, Zhang Y (2017) Protein analysis. Ch. 18. In: Nielsen SS (ed) Food analysis, 5th edn. Springer, New York
3. Etienne M et al. (2000) Identification of fish species after cooking by SDS-PAGE and urea IEF: a collaborative study. J Agr Food Chem 48:2653-2658
4. Etienne M et al. (2001) Species identification of formed fishery products and high pressure-treated fish by electrophoresis: a collaborative study. Food Chem 72:105-112
5. Laemmli UK(1970)Cleavage of structural proteins during the assembly of the head of bacteriophage T4. Nature 227:680-685
6. Olsen BJ and Markwell J(2007)Assays for the determination of protein concentration. Unit 3.4 Basic Protocol 3. BCA Assay. Current Protocols in Protein Science John Wiley and Sons, New York
7. Pierce(2013)Instructions: Pierce BCA protein assay kit. Pierce Biotechnology, Rockford, IL https://tools.lifetechnologies.com/content/sfs/manuals/MAN0011430_Pierce_BCA_Protein_Asy_UG.pdf Accessed June 24,2015
8. Piñeiro C et al(1999)Development of a sodium dodecyl sulfate-polyacrylamide gel electrophoresis reference method for the analysis and identification of fish species in raw and heat-processed samples: a collaborative study. Electrophoresis 20:1425-1432
9. Smith DM(2017)Protein separation and characterization. Ch. 24. In: Nielsen SS (ed) Food analysis, 5th edn. Springer, New York

24 葡萄糖的酶法测定

24.1 引言

24.1.1 实验背景

酶分析被广泛应用于食品科学与技术的多个方面。酶活力常用来指示加工的适当程度，评估酶制剂，以及测量作为酶底物的食物的成分。在该实验中，使用葡萄糖氧化酶和过氧化物酶来测定玉米糖浆干粉中的葡萄糖含量。葡萄糖氧化酶催化葡萄糖氧化生成过氧化氢(H_2O_2)，然后 H_2O_2 在过氧化物酶存在下与染料反应生成一种稳定显色的产物。

据介绍，该实验可使用单独的商业化的试剂，或者是使用已包含所有葡萄糖测定所需要试剂的试剂盒。酶测试试剂盒也可用于定量测量食品的各种其他成分。市售酶测试试剂盒的公司通常会提供该试剂盒的详细使用说明，主要包括以下内容：①检测原理，②试剂盒的试剂组成，③溶液的配制，④溶剂的稳定性，⑤操作过程，⑥计算和⑦关于稀释倍数及推荐适用食物样本的进一步说明。

24.1.2 阅读任务

《食品分析》(第五版)第 19 章碳水化合物分析，中国轻工业出版社(2019)。

《食品分析》(第五版)第 25 章食品及其组合中(总)酚类物质与抗氧化能力的测定，中国轻工业出版社(2019)。

24.1.3 实验目的

使用葡萄糖氧化酶和过氧化物酶测定食品中的葡萄糖含量。

24.1.4 实验原理

葡萄糖被葡萄糖氧化酶氧化生成过氧化氢，然后在过氧化物酶存在下与染料反应，得到稳定显色产物，可以用分光光度法定量(偶联反应)。

24.1.5 化学药品

	CAS 编号	危害性
乙酸(Sigma A6283)	64-19-7	腐蚀性
邻联茴香胺	20325-40-0	引发肿瘤和致癌
D-葡萄糖(Sigma G3285)	50-99-7	
葡萄糖氧化酶(Sigma G6641)	9001-37-0	
辣根过氧化物酶(Sigma P6782)	9003-99-0	
乙酸钠(Sigma S2889)	127-09-3	
硫酸(Aldrich 320501)	7664-93-9	腐蚀性

24.1.6 实验试剂

(1)乙酸盐缓冲液**,0.1mol/L,pH5.5　在1L烧杯中加入800mL水,称取8g乙酸钠加入烧杯内溶解,使用1mol/L HCl将pH调节至5.5,在容量瓶中稀释至1L。

(2)葡萄糖储备液**

在100mL容量瓶中,用0.1mol/L乙酸盐缓冲液中溶解20mg葡萄糖氧化酶(300~1000单位),40mg辣根过氧化物酶和40mg邻联茴香胺。当需要时,用乙酸盐稀释至所需浓度并过滤。

(3)葡萄糖标准溶液,1mg/mL　使用商业化D-葡萄糖溶液(如Sigma)

(4)硫酸稀溶液**(1份H_2SO_4+3份水)　在通风橱中配制,500mL烧杯中加入150mL水,然后加入50mL H_2SO_4,其间会大量放热。

24.1.7 注意事项、危害和废物处理

浓硫酸具有极强的腐蚀性;应避免接触皮肤、衣服和吸入蒸汽。乙酸具有腐蚀性和易燃性。始终佩戴护目镜和具有耐腐蚀性的手套。坚持遵循实验室安全规定。邻联茴香胺必须作为危险废物处理。其他一些实验废弃物可使用清水冲洗入下水道排水管,但是遵循良好实验室规范。

24.1.8 实验材料

- 烧杯,1L
- 玉米糖浆干粉(或高果糖玉米糖浆),0.5g
- 5把刮刀
- 14个试管,18mm×150mm,重壁,以防止漂浮在水浴中
- 试管架
- 2个容量瓶,100mL

注:**表示此实验剂需要提前准备。

- 容量瓶,250mL
- 移液管,10mL
- 2 个容量瓶,lL
- 称量纸

24.1.9 实验仪器

- 分析天平
- 可调节刻度的移液枪,200、1000、和 5000μL
- pH 计
- 分光光度计
- 水浴锅,30℃

24.2 实验步骤

(1)配制标准曲线的稀释液 按下表所示使用移液枪向洁净试管中添加葡萄糖标准溶液(1mg/mL)和去离子蒸馏(dd)水。这些稀释液将用于确定 0~0.2mg/mL 的葡萄糖标准曲线。

	葡萄糖/(mg/mL)				
	0	0.05	0.1	0.15	0.2
葡萄糖标准溶液/mL	0	0.150	0.300	0.450	0.600
dd 水/mL	3.000	2.850	2.700	2.550	2.400

(2)准备样品溶液和稀释液 准确称取 0.50g 玉米糖浆干粉于 250mL 容量瓶中用水稀释至所需体积(样品 A)。使用移液管和烧瓶,将 10.00mL 样品 A 用水稀释至 100mL(样品 B)。可以得到确定含有 1%~100%样品葡萄糖浓度的稀释液。

(3)向 14 个试管中,每管加入 1.000mL 水。一式两份,分别向试管中加入 1.000mL 单独的标准品和样品稀释液。

(4)将所有试管置于 30℃的水浴中 5min。每隔 30s 向每根试中加入 1.000mL 葡萄糖测试溶液。

(5)精确计时 30min 后,加入 10mL 稀释的 H_2SO_4 终止反应。冷却到室温。

(6)使用双光束分光光度计在测量孔用水进行调零。从每管样品中分别取等体积测量,重复一次(重复测量,msmt)。

24.3 数据和计算

原始样品质量:______ g

标准溶液的吸光度:

		葡萄糖/(mg/mL)				
试管编号	Msmt	0	0.05	0.1	0.15	0.2
1	1					
	2					
2	1					
	2					
吸光度平均值						

样品溶液的吸光度：

试管编号	Msmt	样品 A	样品 B
1	1		
	2		
2	1		
	2		
吸光度平均值			

计算样品中的葡萄糖浓度：

(1)y 轴为标准物的吸光度，x 轴为葡萄糖的量(mg/mL)，绘制标葡萄糖准曲线。

(2)根据稀释样品 A 或 B 在标准曲线工作范围内的吸光度值计算葡萄糖浓度：(Abs-y-intercept)/斜率=葡萄糖 mg/mL。

(3)最后以百分比表示原始样品中的葡萄糖浓度。

计算举例：

原始样本 0.512g

测量的稀释样品 B 的平均吸光度：0.200

根据标准曲线计算：0.200~0.003/(2.98mL/mg 葡萄糖)= 0.066 葡萄糖 mg/mL

$c_{样品}$ =(0.066 葡萄糖 mg/mL B)×(100mL B/10mL A)×(250mL A/512mg 样品)= 0.323 葡萄糖 mg/mg 样品=32.3%葡萄糖

24.4 思考题

(1)解释为什么说这个实验涉及偶联反应。用文字写出反应的方程式。必须具备哪些条件才能确保这种偶联反应的准确结果？

(2)实验获得的结果与商业化产品的分析结果相比如何？

相关资料

1. BeMiller JN(2017)Carbohydrate analysis. Ch. 19. In: Nielsen SS(ed)Food analysis, 5th edn. Springer, New York

2. Reyes-De-Coreuera JI, and Powers JR(2017)Application of enzymes in food analysis. Ch. 26. In: Nielsen SS(ed)Food analysis, 5rd edn. Springer, New York

25 利用免疫法检测麦胶蛋白

25.1 引言

25.1.1 实验背景

免疫检测是一种拥有较高灵敏度和效率的分析手段，常用于鉴定特定的目标蛋白。应用于食品工业的例子包括鉴定转基因食品、过敏原或疾病（腹腔疾病）相关蛋白质的表达。腹腔疾病是一种遗传疾病，与世界1%的人口和200多万美国人有关。患病者对谷蛋白有免疫反应，因此他们自身的免疫系统会攻击并破坏自己的肠道。如果在食物中避免使用谷蛋白，这种疾病是可以控制的。谷蛋白由醇不溶性的麦谷蛋白和醇溶性谷醇溶蛋白组成，这两种蛋白质主要存在于小麦中，也存在于燕麦、大麦、黑麦等谷物面粉及相关淀粉衍生物中。大米和玉米是两种常见的谷物，其谷蛋白含量较低，因此患有腹腔疾病的人对其有较高的耐受性。小麦蛋白质占小麦籽粒的7%~15%。小麦中的谷醇溶蛋白被称为麦胶蛋白。不同形式的麦胶蛋白约占小麦蛋白的40%。

动物的免疫系统可以通过产生特异性抗体对许多外来物质作出反应。抗体会与进入体内的外来物紧密结合，并清除体内的外来物质。这些能在宿主体内引发特定免疫反应的外来物质被称为抗原，针对抗原，机体会产生多种不同的抗体。抗原可以是外来蛋白质、肽、碳水化合物、核酸、脂质以及许多其他天然产物或合成化合物。

免疫分析是基于抗体对抗原特异性的结合能力而进行的检测。免疫反应可对抗体或抗原进行定性和定量分析。识别特定蛋白质（抗原）的抗体可以通过将这种蛋白质注射到实验动物体内来获得，就像人类通过接种疫苗来抵抗疾病一样。这些抗原特异性抗体可通过适当使用某些标记（如与抗体或参考抗原共价连接的酶或荧光分子）来识别食品中的抗原（例如，检测食品中的麦胶蛋白）。基于相同的理念，这种类型的免疫分析也可用于检测血液中是否存在特异性抗体。例如，通过分析一个人血液中是否存在麦胶蛋白特异性抗体，我们可以判断这个人是否患有腹腔疾病。

25.1.2 阅读任务

《食品分析》（第五版）第27章免疫分析学，中国轻工业出版社（2019）。

25.1.3 总体目标

基于兔抗麦胶蛋白抗体-辣根过氧化物酶偶联物，利用斑点印迹免疫法测定各种食品中麦胶蛋白的存在。

25.1.4 实验原理

本实验室将采用简单的斑点印迹免疫分析法检测食品样品中的麦胶质蛋白。斑点杂交实验使用硝酸纤维素(NC)膜作为固体相。首先通过差速离心分离出胶质蛋白，其中大部分非胶质蛋白用氯化钠溶液和水冲洗掉，然后用洗涤剂溶液提取出麦胶蛋白。取一滴食品样品提取液或标准抗原(麦胶蛋白)涂于NC膜上，使其非特异性黏附。然后，使用一种与麦胶蛋白无关的蛋白，如牛血清白蛋白(BSA)，"封闭"NC膜上的其余结合位点，使非特异性结合最小化。结合在食物样品斑点中的麦胶蛋白抗原可以与酶标抗体进行抗原-抗体特异性反应。从理论上讲，这种抗体探针将只同已经与NC膜结合的麦胶蛋白抗原结合。接下来，将NC膜上未结合的酶联抗体洗脱，然后将NC膜置于底物溶液中，引发酶催化沉淀反应。棕色的"点"代表麦胶蛋白的特异性抗体，从而表示麦胶蛋白抗原的存在。点的颜色与食物样本中的麦胶蛋白的含量成正相关。颜色越深，食物样本提取物中的抗原(麦胶蛋白)的含量就越高。

25.1.5 化学药品

	CAS 编号	危害性
牛血清白蛋白(BSA)	9048-46-8	
鸡蛋清蛋白(CEA)	9006-59-1	
3,3'-二氨基联苯(DAB)	7411-49-6	
麦胶蛋白标品	9007-90-3	
30%过氧化氢(H_2O_2)	7722-84-1	氧化性，腐蚀性
兔抗麦胶蛋白免疫球蛋白辣根过氧化物酶结合物(RAGIg-HRP,Sigma,A1052)		
氯化钠(NaCl)	7647-14-5	刺激性
十二烷基磺酸钠(SDS)	151-21-3	危害性
单水合磷酸二氢钠($NaH_2PO_4 \cdot H_2O$)	7558-80-7	刺激性
三羟甲基氨基甲烷(Tris)	77-86-1	刺激性
吐温20(表面活性剂)	9005-64-5	

25.1.6 实验试剂

(1)封闭液** 3%牛血清白蛋白(g/mL)磷酸盐吐温缓冲液；每位学生5~10mL。

注：** 表示此实验剂需要提前准备。

(2)DAB底物** DAB(60mg)溶于TRIS(50mmol/L,pH=7.6)溶液中,利用Whatman #1滤纸过滤。(当DAB从酸性形式转到自由碱形式后会出现不能完全溶解的情况。将未溶解的DAB过滤去掉即可。)在使用前5min制备,并加入100μL的30% H_2O_2,每位学生5~10mL。

(3)麦胶蛋白抗体探针** 利用含有0.5% BSA(g/mL)的磷酸盐吐温缓冲液1:500(V/V)稀释RAGIg-HRP;每位学生5~10mL。

(4)麦胶蛋白提取液** 1%(g/mL)SDS水溶液;每位学生5~10mL。

(5)麦胶蛋白标品4000μg/mL于1% SDS中** 每位学生150μL一小瓶。

(6)负对照样品** 3% CEA(或其他非麦胶蛋白)溶于磷酸盐吐温缓冲液中;每位学生150μL。

(7)磷酸盐缓冲液(PBS)** 0.05mol/L磷酸钠,0.9%(g/mL)氯化钠溶液,pH=7.2。

(8)磷酸盐缓冲液+吐温20(PBST)** 0.05mol/L磷酸钠,0.9%(g/mL)氯化钠,0.05%(mL/mL)吐温20,pH=7.2,每位学生250mL。

25.1.7 注意事项、危害和废物处理

遵守正规的实验室安全程序。任何时候都要戴手套和护目镜。小心处理DAB底物。擦干净溢出的液体,彻底洗手。DAB、SDS、过氧化氢等废弃物应作为危险废弃物处理。其他废物可用水冲洗掉从下水管排出,整个过程要遵循良好实验室规范。

25.1.8 实验材料

- 3支量程在1~10μL,10~100μL和200~1000μL主动替换式移液器
- 移液器吸头
- Whatman #1滤纸
- 食品样品(如面粉、饼干、淀粉、药品等)
- 漏斗、锥形瓶
- 机械式可调节移液器,量程为2μL、100μL、1000μL,塑料吸头(玻璃毛细管吸量管可以代替2μL吸量器)
- 为每个样品准备2个1.5mL微量离心管
- 硝酸纤维素膜(Bio-Rad 162~0145)切割成1.7cm×2.3cm长方形条(NC条)
- 3.5cm培养皿
- 试管(13mm×100mm),每位学生6个
- 试管架,每位学生1个
- 面巾纸
- 镊子,每位学生1套
- 盛有PBST的洗瓶,每两位学生1个
- 盛有蒸馏水的洗瓶,每两位学生1个

25.1.9　实验仪器

- 机械平台振动器
- 微型离心机
- pH 计
- 涡旋混合器

25.2　实验步骤

可在免疫测定的前一天进行样品制备。在初步样品制备的实验室中，可以学习利用差速离心对 Osborne 蛋白进行分类的原理。样品制备和免疫测定在一天内或许无法完成，这是合理的。如果这个实验室只提供一天的时间，技术助理就需要提前为学生准备好样品，这个实验室将演示一个简单的免疫检测的概念和技术。

25.2.1　样品制备

(1)准确称量(记录质量)约 0.1g 的面粉、淀粉或磨碎的加工食品，并加入 1.5mL 离心管中。加入蒸馏水 1.0mL，涡旋振荡 2min，与其他样品放入微型离心机，800×*g* 离心 5min，弃上清液(白蛋白)。重复。

(2)将 1.0mL NaCl(1.5mol/L)溶液加入到步骤 1 离心得到的沉淀中，涡旋振荡 2min 使沉淀重悬。如果沉淀没有溶解重悬，可用抹刀将其取出。800×*g* 离心 5min，弃上清(球蛋白)。重复。

(3)加入 1.0mL 1%的 SDS 到步骤 2 的沉淀中，再次重悬以提取麦胶蛋白。涡旋振荡 2min。800×*g* 离心 5min。小心地用移液器吸取大部分上清液并转移到干净的离心管中。丢弃沉淀。

25.2.2　麦胶蛋白标品

将纯麦胶蛋白标品溶解于 1%的 SDS 溶液中，使其最终浓度为 4000μg/mL。为了制备一系列的不同浓度的标样用于未知样品的比对，使用 13mm×100mm 试管用 1% SDS 对纯麦胶蛋白标品进行 10 倍稀释，最终得到麦胶蛋白浓度为 400、40、4μg/mL 的标准溶液。具体方法是，吸取 100μL 最高浓度的标准溶液转移到 900μL 1% SDS 溶液中。连续重复此过程以配制后两个标准溶液。每一个标准溶液配制好以后，在涡旋振荡器上混合均匀。

25.2.3　硝酸纤维素点杂交免疫实验

硝基纤维素(NC)条带只能用镊子来处理，以防止其与来自手上的蛋白质和其他化合物结合。用镊子的尖端夹住纤维素条的一个角以避免损伤纤维素条或干扰表面的杂交斑点。

(1)用铅笔在两条 NC 条上标出 6 个相等的方框(图 25.1)。

(2)吸取 2μL 样品、标样或负对照于 NC 条上。将 NC 条平铺在一条纸巾上。

①吸取 4 种不同 SDS 食物样本提取物(各 2μL)于 NC 条 A 上。

②吸取 4 种不同的麦胶蛋白标品(各 2μL)于 NC 条 B 上。

③在 NC 条 A 和 NC 条 B 剩下的两个方框中(5 和 6),分别加上 2μL 1% SDS 和 2μL 3%的 CEA 蛋白(负对照)。

④让斑点在纸巾上风干。

图 25.1 是用铅笔画出方框并标编号的 NC 条。其中圆圈代表 2μL 样品或标准溶液应该被点样到的位置。

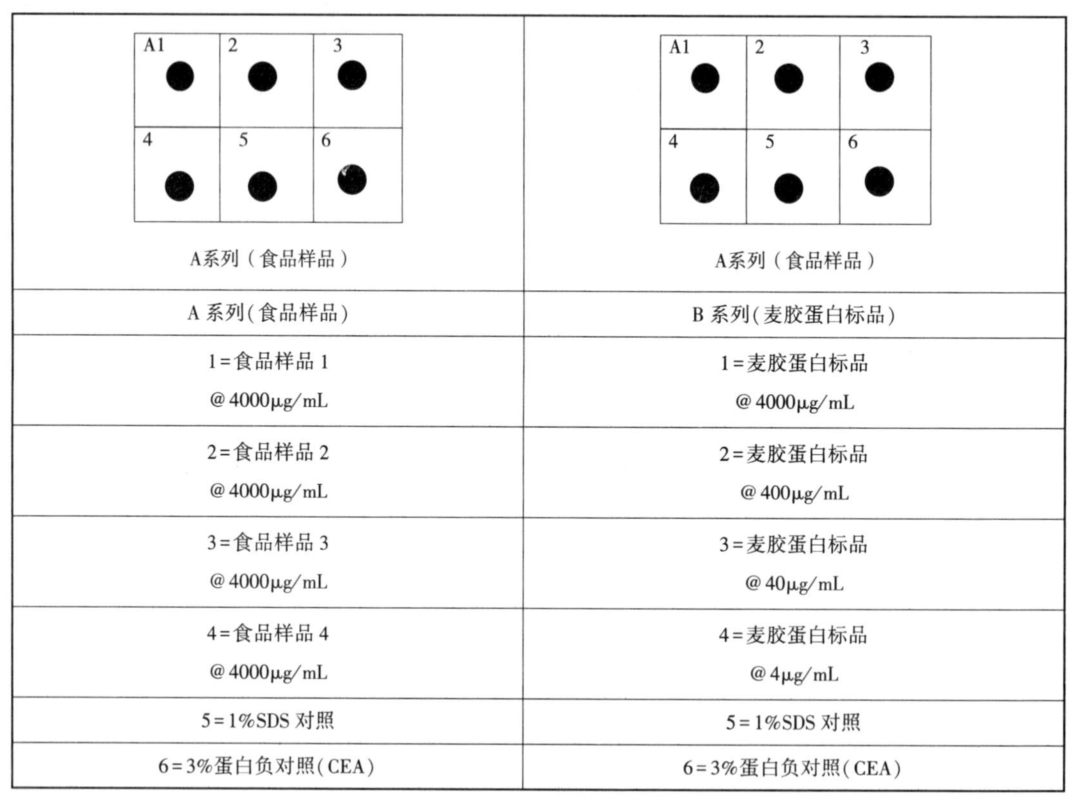

A1 2 3 4 5 6 A系列(食品样品)	A1 2 3 4 5 6 A系列(食品样品)
A 系列(食品样品)	B 系列(麦胶蛋白标品)
1=食品样品 1 @4000μg/mL	1=麦胶蛋白标品 @4000μg/mL
2=食品样品 2 @4000μg/mL	2=麦胶蛋白标品 @400μg/mL
3=食品样品 3 @4000μg/mL	3=麦胶蛋白标品 @40μg/mL
4=食品样品 4 @4000μg/mL	4=麦胶蛋白标品 @4μg/mL
5=1%SDS 对照	5=1%SDS 对照
6=3%蛋白负对照(CEA)	6=3%蛋白负对照(CEA)

图 25.1 硝基纤维素点杂交免疫实验条带

(3)将两根 NC 条放入含有 5mL 封闭溶液的培养皿中(含 3% BSA 的 PBST 溶液),在机械振荡器上温育 20min,使 NC 条可在溶液中轻微移动。

(4)用镊子夹住 NC 条一端的少部分,在水槽上用装有 PBST 的洗瓶润洗 NC 条。

(5)将 NC 条带放入含有约 5mL 1 : 500 稀释的 RAGIg-HRP 结合物的培养皿中,在机械振荡器上振荡 60min。

(6)用盛有 PBST 的洗瓶清洗 NC 条,然后将它们置于干净培养皿中,加入 PBST 到半满,温育 5min。再用 PBST 润洗 1 次,最后用蒸馏水洗 1 次。

(7)将 NC 条转移到含有 5mL DAB/H_2O_2 底物的培养皿中,观察棕色的形成(小心轻拿基板。溢出的液体需要擦拭,彻底洗手,并戴上手套。虽然没有明确的证据表明 DAB 是一种致癌化合物,但它应该被当作一种致癌化合物来对待)。在 10~15min 停止反应,或者当背景硝基纤维素颜色明显变成棕色时也应终止反应,用蒸馏水润洗每个条带。

(8)让 NC 条在纸巾上风干。

25.3 数据和计算

做任何你认为与这个实验有关的观察。用透明胶带将已显色的 NC 条附在你的实验报告上。根据对标准品和样品中相对于阴性对照品的棕色染色程度的观察,描述实验结果。你可以使用如+++、++、+、±和-等粗略的定量评分系统来描述和报告斑点反应的相对强度(棕色点图像将在几天后褪色)。

相对于标准的麦胶蛋白斑点的颜色深浅(或多或少),可以粗略估计每种物质中麦胶蛋白的含量。请就有关食物中麦胶蛋白含量状况的粗略估计作出评论[例如,含有或不含麦胶蛋白;食品法典委员会(http://www. codimentarius. net/)根据出售或分发给消费者的食物,将 1kg 食品中麦胶蛋白少于 20mg 定义为“无麦胶蛋白”的食品]。

以一种易于解释的方式把你的结果制成表格。

要估计麦胶蛋白的状态,必须知道所提取的食品样品的浓度(g 食品/mL 提取液)和麦胶蛋白标准品的浓度(mg 麦胶蛋白/mL 提取液),两者进行比较可以得出结论。

计算示例:

如果食品样品浓度为 100mg/mL,其反应结果等同于 4μg/mL 麦胶蛋白标品,那么,可以认为在 100mg 食品样品中含有 4μg 麦胶蛋白。因为两者使用的体积相同,所以两个浓度成比例换算关系(例如,4μg 麦胶蛋白/100mg 食物或 40mg 麦胶蛋白/kg 食物)。谷蛋白中麦胶蛋白的含量一般为 50%。由于该样本的麦胶蛋白浓度高于食品法典委员会规定的上限(10mg 麦胶蛋白/kg 食物或 20mg 谷蛋白/kg 食物),所以该食品不能被视为“无谷蛋白”。

25.4 思考题

(1)绘制一组符号图,代表本实验中使用的斑点印迹检测的各个阶段,包括所使用的主要活性分子物质(例如,硝酸纤维素固体基质、抗原、BSA 封闭液、抗体酶结合物、底物、产物)。

(2)在将样品涂于膜上后,为什么要用 3%的 BSA 对硝酸纤维素上的未结合位点进行特殊的封闭?

(3)为什么在斑点上使用 1% SDS(麦胶蛋白提取剂)?

(4)为什么蛋白质阴性对照斑点(3% CEA)被用在斑点印迹分析中?

(5)描述辣根过氧化物酶的基本作用(例如,为什么它与兔抗体结合),DAB 和 H_2O_2 在本免疫实验的斑点显色过程中起到了什么作用?不描述实际的化学反应机制,而是解释为什么颜色反应最终可以推断出存在于硝酸纤维纸上的麦胶蛋白抗原。

相关资料

1. Hsieh Y-HP(2017)Immunoassays. Ch. 27. In: Nielsen SS(ed)Food analysis,5th edn. Springer,New York
2. Miletic ID,Miletic VD,Sattely-Miller EA,Schiffman SS(1994)Identification of gliadin presence in pharmaceutical products. J Pediatr Gastroenterol Nutr 19:27-33
3. Rubio-Tapia,A.; Ludvigsson,J. F.; Brantner,T. L.; Murray,J. A.; Everhart,J. (2012) The prevalence of celiac disease in the United States. Gastroenterology 142: S181-S182
4. Sdepanian VL,Scaletsky ICA,Fagundes-Neto U,de-Morais MB(2001)Assessment of gliadin in supposedly gluten-free foods prepared and purchased by celiac patients. J Pediatr Gastroenterol Nutr 32:65-70
5. Skerritt JH,Hill AS (1991) Enzyme immunoassay for determination of gluten in foods: collaborative study. J Assoc Off Anal Chem 74:257-264
6. WHO and FAO (2008) CODEX STAN 118-1981-Standard for Foods for Special Dietary Use for Persons Intolerant to Gluten

26 流体食品的黏度测定

26.1 引言

26.1.1 实验背景

无论从事产品开发、质量控制、还是工艺设计和扩大生产规模,流变在高品质食品制造中都发挥着不可或缺的作用。流变学是一门基于基本物理关系的科学,它涉及全部原料如何对所施加的外力或形变做出响应。流动行为即是对外力或形变的一种响应。

确定和控制流体食品的流动性对于优化加工条件和获得让消费者认可的感官品质至关重要。将流体(泵送方式)从一个位置输送到另一个位置需要泵、管道和配件,如阀门、弯头和三通。正确选择该设备的尺寸取决于诸多要素,但主要还是取决于产品的流动性。例如,用于泵送面团混合物的设备与用于泵送牛乳的设备就截然不同。此外,流变特性是食品安全等诸多方面的基础。在流体食品的连续热处理加工过程中,食品在体系中的时间[称之为停留时间(residence time,RT)]以及加热量或热计量都与产品的流动性直接相关。

流体食品的流变特性是其组成成分、温度和加工条件(如流体食品通过管道时的流速)的函数。通过使用黏度计或流变仪测量黏度,可以确定这些参数是如何对产品的流动性产生影响。在这一章实验中,我们将使用在整个食品工业中广泛应用的常见流变仪对两种流体食品的黏度进行测定。

26.1.2 阅读任务

《食品分析》(第五版)第29章食品分析中的流变学原理,中国轻工业出版社(2019)。

Singh, R. P., and Heldman, D. R. 2001. *Introduction to Food Engineering*, 3rd ed., pp. 69~78, 144~157. Academic Press, San Diego, CA.

26.1.3 实验目的

(1)解释流体流变学的基本原理。

(2)获得使用不同设备测量流体黏度的经验。

(3)描述温度和(剪切)速度对黏度的影响。

26.1.4 实验材料

- 6 个烧杯,250mL
- 3 个烧杯,600mL
- 法式沙拉酱
- 蜂蜜(确保除蜂蜜外没有其他成分)
- 带数字显示功能的温度计或热电偶
- 秒表

26.1.5 实验仪器

- 布洛克菲尔德布氏旋转黏度计型号 LV 转子(spindle)3#
- 布洛克菲尔德布氏蔡恩杯 5#(孔直径至少 5.41mm)
- Bostwick 番茄酱稠度计
- 冰箱

26.2 实验步骤

26.2.1 布氏(Brookfield)黏度计测量

(1)向 250mL 的烧杯中加入 200mL 蜂蜜,另取两个 250mL 烧杯各加入 200mL 沙拉酱,并对烧杯做好标记。将其中一个装有沙拉酱的烧杯在开始测试前于冰箱中存放至少 1h 以上。其余烧杯需要平衡温度至室温。

(2)在测定样品前,需首先检查黏度计是否保持水平。利用机器自带的气泡水平仪进行水平度检查。

(3)在所提供的数据表格中,记录下黏度计的型号、转子尺寸、产品信息(类型、品牌等)和样品温度。由于流变性质很大程度上取决于温度,因此,必须在测试前测量并记录好样品温度。

(4)将黏度计的转子浸入到测试流体(即蜂蜜和沙拉酱)中直至转子上的切口处。测试开始前需确保黏度计处于关闭状态。

(5)在开机之前将黏度数值归零。

(6)首先,将黏度计设置在最低转速(r/min),当黏度计显示出稳定的数值后,记录此时满量程扭矩读数百分比。此后,将黏度计转速设置到下一挡转速上,并再次记录此时满量程扭矩读数百分比。重复上述过程,直至调节到最大转速或获得满量程 100%(不高于此值)的扭矩度数。一旦达到满量程扭矩 100%后,不能再提高转速。

(7)停机后,将转子缓慢从样品中抬起。然后取下转子,并用肥皂水和清水对其清洗并晾干。注意,不能使用任何具有磨料的洗涤剂或肥皂对转子进行清洗,这会磨伤转子并导致测量数据失准。

(8)利用转子因子进行黏度计算。每个转子-转速组合都存在一个因子(表 26.1):对于每个刻度盘的读数(百分比满刻度扭矩),将所显示的数值乘以相应的系数,以 mPa · s 为单位计算黏度。

举例:

使用 LV 型号配备 3#转子的布氏黏度计测量牧场牌(Ranch)沙拉酱的黏度。当转速在 6r/min 时,数显读数为 40.6%,此时,沙拉酱的黏度为:

$$\eta=(40.6)(200)=8120\text{mPa}\cdot\text{s}=8.12\text{Pa}\cdot\text{s}$$

(9)重复步骤(2)~(8)以测试所有样品。

(10)当收集完室温下沙拉酱和蜂蜜的所有数据后,将冰箱中的沙拉酱取出,并重复步骤(2)~(8)。在进行测量前,请务必要记录好样品的温度。

(11)对同一样品进行两组或三组平行实验,将相同条件下收集到的同一样品数据进行计算并得到平均值。

表 26.1　布氏黏度计模型 LV 的因子(转子 3#)

转速/(r/min)	因子
0.3	4000
0.6	2000
1.5	800
3	400
6	200
12	100
30	40
60	20

26.2.2　蔡恩(Zahn)杯测量

(1)向 600mL 的烧杯中加入 450mL 蜂蜜,另取两个 600mL 烧杯各加入 450mL 沙拉酱。烧杯要足够高以确保蔡恩杯能够完全浸没在样品中。对烧杯做好标记。将其中一个装有沙拉酱的烧杯在开始测试前于冰箱中存放至少 2h 以上。其余烧杯需要平衡温度至室温。

(2)在所提供的数据表格中,记录蔡恩杯的孔径尺寸和体积、产品信息(类型、品牌等)和样品温度。由于流变性质很大程度上取决于温度,因此,必须在测试前测量并记录好样品温度。

(3)将蔡恩杯完全浸没到测试的流体(即蜂蜜、沙拉酱)中,确保蔡恩杯的顶部处于流体液面下方,并且蔡恩杯被流体填满。测试开始前,将蔡恩杯在流体中保持至少 5min 以上,以保证杯体温度可以平衡至样品温度。

(4)将手指穿过蔡恩杯手柄顶部的圆环,然后将其从烧杯中直接向上提起,当蔡恩杯顶部刚刚离开流体液面时立即读表计时。

(5)蔡恩杯底部高于流体液面不超过15、24cm。

(6)从蔡恩杯中流出的流体出现明显中断时,立即停止计时,并记录时长,又称蔡恩时间。

(7)用肥皂水和清水对蔡恩杯进行清洗并擦干。注意,不能使用任何具有磨料的洗涤剂或肥皂对蔡恩杯进行清洗,因为这会刮伤蔡恩杯并导致测量误差。

(8)使用时间转换因子和测试流体的密度进行黏度计算。有两个转换因子即K和C,通过下式可以将蔡恩时间转换为以cS为单位黏度。

$$v=K(t-C)$$

式中 v——运动黏度,cS;

t——蔡恩时间,s。

对于布氏蔡恩杯5#:$K=23$,$C=0$。

通过乘以流体的相对密度,可以将运动黏度转换为黏度,单位为mPa·s。蜂蜜和法式调味品的相对密度分别约为1.42和1.10。

举例:

使用布氏蔡恩杯5#测试牧场牌沙拉酱的黏度。流体断流时长为80s,所用的沙拉酱相对密度为1.2,其黏度为:

$$\eta=v(SG)=[K(t-C)](SG)$$

$$\eta=[23(80\sim0)](1.2)=2208\text{mPa}\cdot\text{s}=2.208\text{Pa}\cdot\text{s}$$

(9)重复步骤(2)~(8)以测试所有样品。

(10)当收集完室温下沙拉酱和蜂蜜的所有数据后,将冰箱中的沙拉酱取出,并重复步骤(2)~(8)。在进行测量前,请务必要记录好样品的温度。

(11)对同一样品进行两组或三组平行实验,将相同条件下收集到的同一样品数据进行计算并得到平均数。

26.2.3 Bostwick番茄酱稠度计测量

(1)向250mL烧杯中加入200mL蜂蜜,另取两个250mL烧杯各加入200mL沙拉酱,并对烧杯做好标记。将其中一个装有沙拉酱的烧杯在开始测试前于冰箱中存放至少1h以上。其余烧杯需要平衡温度至室温。

(2)在对样品测试前,确保稠度计处于正确角度。通过位于稠度计底部的调平螺丝调整稠度计的水平度,直至气泡式水平仪中的气泡位于黑色圆圈中心。

(3)在所提供的数据表格中,记录稠度计生产厂商和型号、产品信息(类型、品牌等)和样品温度。由于流变性质很大程度上取决于温度,因此,必须在测试前测量并记录好样品温度。

(4)关闭稠度计弹簧门并将其向下拉,同时尽可能向前拉动锁扣杠杆臂。

(5)将待测样品(即蜂蜜和沙拉酱)倒入弹簧门后的样品槽中,直至待测样品填满整个样品槽。

(6)按动弹簧门上的锁扣使弹簧门瞬间弹起,同时用秒表开始计时。弹簧门抬起后,记录流体流动 30s 的进度或距离。

(7)用肥皂水和清水冲洗稠度计,然后晾干。需确保稠度计在下次使用前完全干燥。

(8)重复步骤(2)~(7)以测试所有样品。

(9)当收集完室温下沙拉酱和蜂蜜的所有数据后,将冰箱中的沙拉酱取出,并重复步骤(2)~(7)。在进行测量前,请务必要记录好样品的温度。

(10)对同一样品进行两组或三组平行实验,将相同条件下收集到的同一样品数据进行计算并得到平均值。

26.3 数据

26.3.1 布氏黏度计

日期:

产品信息:

黏度计品牌和型号:

转子尺寸:

样品	样品温度/℃	转子转速/(r/min)	读数/%	因子	黏度/(mPa·s)

26.3.2 蔡恩(Zahn)杯

日期:

产品信息:

蔡恩杯孔径尺寸:

蔡恩杯体积:

样品	蔡恩时间/s	运动黏度/cS	流体密度/(kg/m³)	黏度/(mPa·s)

26.3.3 Bostwick 番茄酱稠度计

日期:

产品信息:

稠度计品牌和型号:

样品	样品温度/℃	距离/cm

26.4 计算

26.4.1 布氏黏度计

(1)绘制实验仪器并标记主要部分;

(2)计算在每个转速条件下待测流体的黏度;

(3)在单个图表上绘制每种流体的黏度与转速(r/min)的关系曲线;

(4)基于黏度与转速(r/min)之间的响应关系,用流体类型(例如,牛顿流体、假塑性流体、赫歇尔-巴尔克莱)标记曲线。需注意,速度与剪切速率成正比。换言之,当速度加倍时,剪切速率同样加倍。

26.4.2 蔡恩杯

(1)绘制实验仪器并标记主要部分;

(2)计算待测流体的黏度;

(3)将待测流体在蔡恩杯中测定的黏度与使用布氏黏度计测定的黏度相对比。对于使用蔡恩杯测定的黏度,每个流体在布氏黏度计中测定时所需相应的转速是多少?

26.4.3 Bostwick 番茄酱稠度

(1)绘制实验仪器并标记主要部分;

(2)将待测流体在稠度计中测定的稠度与使用布氏黏度计测定的黏度相对比。数据是否匹配?最佳匹配的转速(r/min)是多少?

26.5 思考题

(1)什么是黏度?

(2)什么是牛顿流体?什么是非牛顿流体?所选用的材料是牛顿流体还是非牛顿流体?请给予解释说明。

(3)请描述黏度和流动特性在食品加工、品质控制和消费者满意度方面的重要性。食品组分如何影响产品的黏度或流动特性?沙拉酱中哪些成分可能会导致偏离牛顿流体行为?温度对流体食品的黏度有什么影响?

(4)对于处在类似温度和相同转速的样品,蜂蜜的黏度是否低于沙拉酱的黏度?这种行为是否代表了在所有转速下样品的流变学?

(5)为什么以超过 1 种转速测试样品很重要?

(6)对比 3 种不同测量方法测定的黏度,结果是否相似?测定结果能否给予相同的流体信息?如果黏度结果存在差异,可能导致差异的原因是什么?

(7)哪种黏度测量方法可以提供最多有关待测样品的信息?该如何调整其他两种测量方法以便获得更多有关待测样品的信息?

(8)浓度(consistency)与黏度不同。考虑到不同流体具有不同的流动行为,是否可以开发出一个方程或公式将浓度转化为黏度?原因是什么?

(9)流体食品可以设计成具有一定的黏度曲线。当开发产品时,可以利用布氏黏度计测定在不同转速下的黏度。现在某一产品在两个基地全面生产,基地 1 的品控团队使用蔡恩杯检测每一批次产品的黏度,基地 2 的品控团队使用 Bostwick 番茄稠度计检测每一批次产品的黏度,如果其中某一处基地生产的产品黏度存在问题,或是两个生产基地想要比较产品黏度数据,可能会出现什么问题?

相关资料

1. Joyner, HS, Daubert CR (2017) Rheological principles for food analysis. Ch 29. In: Nielsen SS (ed) Food analysis, 5th edn. Springer, New York

2. Singh RP, Heldman DR (2001) Introduction to food engineering, 3rd edn. Academic Press, San Diego, CA, pp 69-78, 144-157

27 CIE 色度测定

27.1 引言

27.1.1 实验背景

食品颜色是其品质重要的外在特征因素之一，因此，对许多食品来说，颜色也是一个重要规格。随着体积小、使用方便的色度计和分光计的研制，颜色的定量测量已成为产品开发和质量保证的常规环节。

有几种广泛使用的系统颜色规格：特别是孟塞尔(Munsell)，国际照明委员会(Commission Internationale de Eclairage，CIE)以及最近的 CIE $L^*a^*b^*$ 体系。孟塞尔体系依赖于与标准彩色芯片的匹配，值、色调和色度分别用来表达亮度、颜色和饱和度。CIE 三色体系使用数学坐标(X，Y 和 Z)表示，“标准观察者”提供颜色匹配所需的红、绿、蓝底色数量。这些坐标可以组合成一个二维的颜色表示(色度坐标 x 和 y)。CIE $L^*a^*b^*$ 体系采用 L^*(亮度)，a^*(红/绿坐标轴)和 b^*(黄/蓝坐标轴)提供视觉线性颜色规格。

现代仪器通常会融入操作软件，使研究人员能够将上述任何一种符号处理为数据。了解不同颜色规范体系以及相互转换方法，帮助食品科学家选择合适的处理和比较颜色测量方法。

27.1.2 阅读任务

《食品分析》(第五版)第 31 章颜色分析，中国轻工业出版社(2019)。

27.1.3 实验目的

(1)了解如何计算以下 CIE 颜色反射率和透射率的规格谱：

①三刺激值 X，Y 和 Z。

②色度坐标 x 和 y 和光度，Y

③显性波长(λd)和%纯度(使用色度图)

(2)使用现成的软件，在 CIE Y 和色度坐标以及其他颜色规范体系(包括孟塞尔和 CIE $L^*a^*b^*$)之间进行互换。

27.1.4 实验材料

(1)透射率光谱($T\%$)(提供了用萝卜提取物着色的樱桃糖浆的光谱,见表 27.1)。

(2)反射率光谱($R\%$)(提供了用萝卜提取物着色的樱桃糖浆的光谱,见表 27.1)。

(3)CIE 色度图(图 27.1),孟塞尔转换图表或适当的相互转换软件。

例如①在线小程序 http://www.colorpro.com/info/tools/labcalc.htm 是一个图形工具,允许用户通过滑块调整三刺激色数值。显示相应的 CIE $L^*a^*b^*$ 和 Lch 相等的值以及相关颜色的可视化表示。

②第二个应用程序 http://www.colorpro.com/info/tools/rgbcalc.htm 提供了 RGB 值的相同调整,并在其他系统中装换为等效值。

③可从程序 http://www.colorpro.com/info/tools/convert.htm#TOP 中将 L^*,a^* 和 b^* 值转换为其他符号。

④可以从 http://www.xrite.com 获得一份免费软件评估副本,该软件允许输入任意三刺激器、孟塞尔、CIE $L^*a^*b^*$ 和色度(x,y)坐标的数值,并可转换到其他系统。可从 http://wallkillcolor.com 购买此程序(CMC)的年度许可证。

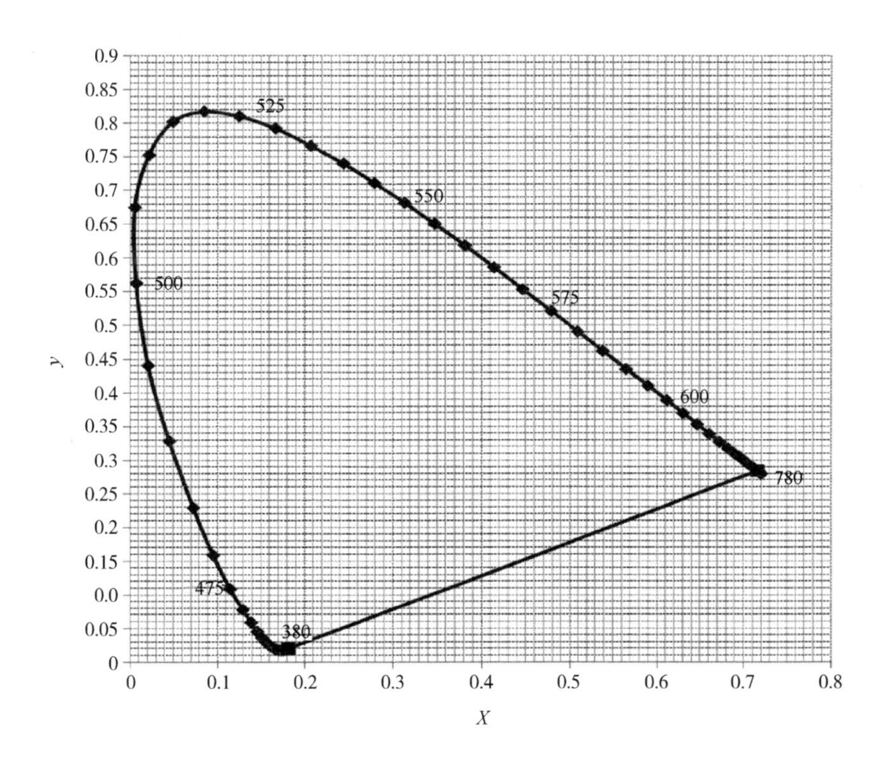

图 27.1 1964 年色度图(10°补充标准观察者)

表 27.1　樱桃糖浆透射率 T 和反射率 R 数据表

λ/nm	T/%①	R/%②
400	1.00	0.34
410	2.00	0.34
420	2.70	1.08
430	3.40	0.89
440	3.80	1.14
450	3.50	1.06
460	2.40	0.85
470	1.30	0.83
480	0.60	0.7
490	0.30	0.77
500	0.30	0.75
510	0.30	0.8
520	0.30	0.85
530	0.30	0.77
540	0.40	0.86
550	1.30	0.82
560	6.60	0.99
570	7.60	1.42
580	13.60	2.19
590	22.4	4.29
600	33.9	7.47
610	46.8	11.2
620	59.0	15.0
630	68.6	17.8
640	74.9	20.2
650	78.8	21.8
660	81.1	23.2
670	82.7	25.1
680	84.2	26.3
690	84.8	27.8
700	85.7	28.4

①1cm 通路长度;岛津 UV160A 型分光光度计。

②Hunter ColorQuest 45/0 色度计,光源 D_{65},反射率模式,包括镜面,10°观察者角度。

27.1.5 选择

使用以下仪器可以获得其他样品的光谱：

(1)可见分光光度计(透射率光谱)；

(2)用于颜色分析的分光光度计(通常称为色度计)以透射或反射模式操作。

27.2 实验步骤

27.2.1 加权纵坐标法

(1)在指定波长下(例如,在 400~700nm 每 10nm)确定透射率($T\%$)或反射率($R\%$)[(表 27.1)提供了透射率和反射率的示例数据,可用于这些计算]。

(2)用 $E\bar{x}$,$E\bar{y}$ 和 $E\bar{z}$ 乘以 $T\%$(或 $R\%$)(表 27.2 和表 27.3)。这些因素包括光源 D_{65} 的 CIE 光谱分布和 1964 年 CIE 的 x,y 和 z 的标准补充观察者曲线。

(3)求和值 $T\%$(或 $R\%$)$E\bar{x}$,$T\%$(或 $R\%$)$E\bar{y}$,和 $T\%$(或 $R\%$)$E\bar{z}$ 相加,分别得到 X,Y 和 Z(表 27.4)。每个项的和除以 $E\bar{y}$(760.7)的总和(通过这样做,三个将值归一化为 $Y=100$,即"完美"的白色;对象是相对于完美白色的光度而不是光的绝对光度来指定的)。

(4)确定色度坐标 x 和 y 如下：

$$x=(X)/(X+Y+Z)y=(Y)/(X+Y+Z)$$

(5)亮度是在上述规范化之后 Y 的值。

表 27.2　用加权坐标法计算 CIE 规格:透射率%

λ/nmT%	$E\bar{x}E\bar{x}\cdot T\%$	$E\bar{y}E\bar{y}\cdot T\%$	$E\bar{z}E\bar{z}\cdot T\%$
400	0.60	0.10	2.50
410	3.20	0.30	14.90
420	8.80	0.90	41.80
430	13.00	1.60	64.20
440	19.10	3.10	98.00
450	20.40	4.90	109.70
460	16.50	7.00	95.00
470	10.20	9.70	68.90
480	4.20	13.30	40.60
490	0.80	16.90	20.70
500	0.20	24.10	11.40
510	2.10	33.80	6.20
520	7.00	45.00	3.60
530	15.70	58.10	2.00

续表

λ/nm$T$%	$E\bar{x}E\bar{x}\cdot T$%	$E\bar{y}E\bar{y}\cdot T$%	$E\bar{z}E\bar{z}\cdot T$%
540	26. 10	66. 60	0. 90
550	38. 10	71. 40	0. 30
560	48. 70	68. 90	0. 00
570	57. 50	62. 60	0. 00
580	67. 30	57. 70	0. 00
590	73. 50	51. 10	0. 00
600	79. 90	46. 80	0. 00
610	76. 30	39. 10	0. 00
620	63. 50	29. 50	0. 00
630	46. 00	20. 10	0. 00
640	30. 20	12. 60	0. 00
650	18. 30	7. 30	0. 00
660	10. 70	4. 20	0. 00
670	5. 70	2. 20	0. 00
680	2. 70	1. 10	0. 00
690	1. 20	0. 50	0. 00
700	0. 6	0. 2	0. 00
SUM		760. 7	

注:1964CIE 色彩匹配功能,适用于 10°标准补充观察者,光源 D_{65}:

$$X = E\bar{x}\cdot T\%/E\bar{y} =$$

$$Y = E\bar{y}\cdot T\%/E\bar{y} =$$

$$Z = E\bar{z}\cdot T\%/E\bar{y} =$$

表 27. 3　　用加权坐标法计算 CIE 规格:反射率%

λ/nm$R$%	$E\bar{x}E\bar{x}\cdot R$%	$E\bar{y}E\bar{y}\cdot R$%	$E\bar{z}E\bar{z}\cdot R$%
400	0. 60	0. 10	2. 50
410	3. 20	0. 30	14. 90
420	8. 80	0. 90	41. 80
430	13. 00	1. 60	64. 20
440	19. 10	3. 10	98. 00
450	20. 40	4. 90	109. 70
460	16. 50	7. 00	95. 00
470	10. 20	9. 70	68. 90

续表

λ/nm$R$%	$E\bar{x}E\bar{x}\cdot R$%	$E\bar{y}E\bar{y}\cdot R$%	$E\bar{z}E\bar{z}\cdot R$%
480	4. 20	13. 30	40. 60
490	0. 80	16. 90	20. 70
500	0. 20	24. 10	11. 40
510	2. 10	33. 80	6. 20
520	7. 00	45. 00	3. 60
530	15. 70	58. 10	2. 00
540	26. 10	66. 60	0. 90
550	38. 10	71. 40	0. 30
560	48. 70	68. 90	0. 00
570	57. 50	62. 60	0. 00
580	67. 30	57. 70	0. 00
590	73. 50	51. 10	0. 00
600	79. 90	46. 80	0. 00
610	76. 30	39. 10	0. 00
620	63. 50	29. 50	0. 00
630	46. 00	20. 10	0. 00
640	30. 20	12. 60	0. 00
650	18. 30	7. 30	0. 00
660	10. 70	4. 20	0. 00
670	5. 70	2. 20	0. 00
680	2. 70	1. 10	0. 00
690	1. 20	0. 50	0. 00
700	0. 6	0. 2	0. 00
SUM		760. 7	

注:1964CIE 色彩匹配功能,适用于 10°标准补充观察者,光源 D_{65}:

$$X=E\bar{x}\cdot R\%/E\bar{y}=$$

$$Y=E\bar{y}\cdot R\%/E\bar{y}=$$

$$Z=E\bar{z}\cdot R\%/E\bar{y}=$$

表 27. 4　　CIE 樱桃糖浆样品颜色规格工作表

	T%	R%
X		
Y		
Z		

续表

	T%	R%
X+Y+Z		
x		
y		
λd		
纯度%		
孟塞尔符号		
CIE L^*		
a^*		
b^*		
色调角,arctan b/a		
色度,$(a^*2+b^*2)^{1/2}$		

27.2.2 在其他颜色规格系统中的表现

在 CIE 色度图上绘制 x 和 y 坐标(图 27.1),确定主波长和纯度%:

主波长 = λd = 光谱纯光的波长,如果与白光混合将匹配一种颜色;类似于色调。

在 CIE 色度图(图 27.1)上,从光源 D_{65} 画一条直线,穿过采样点,延伸到图的周长,周长上的点就是主波长。

光源 D_{65} 坐标:$x=0.314$

$y=0.331$

纯度% = 光源到样品的距离(a)比上光源到光谱轨迹的距离($a+b$),类似于色度。

用色度确定孟塞尔值,色调和色度坐标为 x 和 y。并将这些数据转换为对应的 $L^*a^*b^*$。根据指示计算色度和色调。

$$色度=(a^*2+b^*2)1/2$$

$$色调角=\arctan b^*/a^*$$

27.3 思考题

在下面的问题中,假设 D_{65} 光源和 10°补充标准观察者用于所有测量。

(1)孟塞尔体系中与 CIE 体系中的光度相似的术语是什么?

(2)色度坐标 $x=0.450$ 和 $y=0.350$ 的食品的主波长和纯度百分比是多少?

(3)柠檬的值为 $L^*=75.34$,$A^*=4.11$,$b^*=68.54$。转换为相应的色度坐标 x 和 y 并绘制在 1964 年色度图上。

(4)哪个苹果的色调角更大,是坐标 $L^*=44.31$,$a^*=47.63$,$b^*=14.12$,还是 $L^*=47.34$,$a^*=44.5$,$b^*=15.16$? 哪个苹果的色度值更大?

相关资料

1. Berns RS（2000）Billmeyer and Saltzman's principles of color technology，3rd edn. Wiley，New York
2. Judd DB，Wyszecki G（1975）Color in business，science and industry，3rd edn. Wiley，New York
3. Wrolstad RE，Smith DE（2017）Color analysis. Ch. 31. In：Nielsen SS（ed）Food analysis，5th edn. Springer，New York

食品中的异物检测

28.1 引言

28.1.1 实验背景

食品异物指的是在食品生产、储存或分发过程中由于不当的生产条件或操作而引入食品中的任何外源性物质。食品中异物的主要来源包括:①由动物(啮齿动物、昆虫或鸟类等)或不良卫生条件所产生的污秽或者一些令人反感的物质;②由于寄生虫寄生或非寄生原因所产生的一些分解物甚至是腐烂的组织;③各种杂质(例如,沙子、土、玻璃、铁锈或其他外源性物质)。值得一提的是,细菌污染本身并不属于异物的范畴。

食品异物具体可根据异物的可萃取性进行分类。轻质异物一般指的是一些亲油性的物质,这些异物自身密度比水小,可以通过将其漂浮在油-水混合物中从而与产品分离。昆虫碎片、啮齿动物毛发和鸟的羽毛是轻质污染物中比较常见例子。相对应的,重型异物自身密度比水要大,可以根据异物自身与食物颗粒和所用浸提液(三氯甲烷,四氯化碳等)的密度大小差异,通过沉淀的方式与产品进行分离。典型的重型异物如沙子、土壤和坚果壳碎片等。可筛分的异物主要指的是通过过筛一定网眼大小的筛子从产品中分离出来的颗粒物。例如,整只的昆虫、石头、木棍和螺栓等。

AOAC 国际官方分析方法和 AACC 国际认可的分析方法中提供了从各种食品中分离异物的方法。本章选取了一些常规食品,并对其中可能涉及异物的检测流程进行介绍。其中的操作步骤主要参考的是 AOAC 方法,但在数量上缩减为原来的一半。

28.1.2 阅读任务

《食品分析》(第五版)第 34 章异物分析,中国轻工业出版社(2019)。

28.1.3 实验备注

美国食品和药物管理局(FDA)对样品的监管筛查主要是基于官方的方法对抽检样品进行检测。其中对于待检样品的数量有明确的规定。但是,对于单纯教学来说,考虑到如果严格按照官方方法进行操作,所涉及的仪器、试剂和原材料的成本会比较高。因此,本章给出的操作方法主要是参考 AOAC 方法,所不同的只是在数量上都减少为原来的一半。例如,在韦氏烧瓶的使用规格上,在大多数列举的方法中指定使用的是 500mL 体积(相对于原来的 1L 体积)。当然,我们也可以直接使用市售的具有标准塞棒的 1L 烧瓶(对应方法中的所有用量都加倍)。或者我们也可以自己制备一个专用的 500mL 烧瓶用于进行相关实验。具体方法为:取一个与 500mL 锥形烧瓶的瓶口大小刚好合适的橡胶塞,在塞子中部钻一个孔,将一根粗绳子穿过塞子上的孔,并将绳子两端打结。用甘油涂抹橡胶塞的四周,将其(塞子的较大端朝上)塞到锥形瓶中即可。操作过程中注意避免绳子本身黏附有异物,如啮齿动物毛发和昆虫碎片等。

对于需要使用滤纸的实验操作,推荐使用 S&S#8(Schleicher&Schuell,Inc. ,Keene,NH)型号的滤纸。这种类型的滤纸符合 AOAC 方法 945.75 产品中的异物(外来物质),分离技术部分 B(i)中有关滤纸的使用规定。即使用"光滑,湿强度高,快速滤过性好,并且标记出了油,醇和相隔 5mm 的防水线条的滤纸"。S&S#8 型滤纸的直径为 9cm,刚好适合放在标准 9cm 塑料培养皿的盖子中。塑料培养皿的底层部分可用作保护盖,对放在培养皿盖子上的滤纸样品起到保护作用。塑料培养皿的盖子正好提供了一个平整的表面,可用于在显微镜下更方便地对滤纸进行检查,而无须重复对显微镜的焦距进行调整。滤纸上 5mm 的格线便于在显微镜 30 倍放大条件下检查和统计滤纸上的异物数量。为了更清晰地观察到异物,建议在将滤纸从布氏漏斗转移到塑料培养皿之前,事先将少量甘油:60%乙醇(1:1)溶液滴加到培养皿的表面,使得滤纸表面湿润从而便于观察。此外,在进行显微镜观察的时候,建议同时使用顶部和底部照明,以便于更方便地对异物进行识别。

28.1.4 实验目的

本次实验的目的是利用各种技术手段将不同类别食物(例如,干酪、果酱、婴儿食品、薯片和柑橘汁)中的异物进行分离。

28.1.5 实验原理

可利用异物自身颗粒大小,沉降性和对油性溶液的亲和性等物理性质将异物与食品进行分离。异物分离后,可用显微镜对异物作进一步镜检。

28.2 软干酪中的异物检测

28.2.1 化学药品

	CAS 编号	危害性
磷酸	7664-38-2	具有腐蚀性

28.2.2 实验试剂

磷酸溶液(400~500mL):将磷酸与双蒸水按照 1:40 比例混合(V/V)制得。

28.2.3 注意事项、危害和废物处理

实验过程中请遵守实验室标准的安全操作规程。操作过程中带上护目镜。实验过程中产生的废液可直接倒入下水道并用水冲洗干净。操作过程中请务必遵守所在研究机构对于环境保护和安全操作规程中所列出的各项协议内容。

28.2.4 实验材料

- 烧杯,1L(用于盛装磷酸溶液)
- 烧杯,600mL(用于加热水)
- 布氏漏斗
- 松软干酪,115g
- 滤纸
- 厚手套
- 移液管 10mL(用于制备磷酸溶液)
- 移液管橡胶吸球或吸泵
- 药匙
- 支管烧瓶,500mL 或 1L
- 玻璃棒
- 自来水,约 500mL(煮沸)
- 镊子
- 容量瓶 500mL(用于制备磷酸溶液)
- 称量皿

28.2.5 实验仪器

- 加热板
- 显微镜
- 上皿天平
- 循环水式真空泵

28.2.6 实验步骤

(参考 AOAC 方法 960.49,乳制品中的异物)

(1)称取 115g 松软干酪,将其加入到装有 400~500mL 煮沸的磷酸溶液(1∶40 混合物)的 1L 烧杯中,用玻璃棒不停搅拌,使松软干酪充分散开。

(2)使用循环水式真空泵抽真空,将上述混合物通过装有滤纸的布氏漏斗进行过滤。过滤过程中尽量不要让混合物在滤纸上堆积,并且不断用热水冲洗过滤器,防止滤纸堵塞。此外,在过滤过程中,一定要保证干酪混合物在温度较高的状态。当过滤受阻时,可采取加

入热水或磷酸溶液 1∶40 混合物对滤纸进行冲洗,直到滤纸变澄清为止[也可采用(1%~5%)稀碱或热的乙醇溶液帮助过滤]。继续添加样品和水,直到样品过滤完全。

(3)用显微镜对滤纸进行镜检。

28.3 果酱中的异物检测

28.3.1 化学药品

	CAS 编号	危害性
正庚烷(12.5mL)	142-82-5	对人体有害,高度易燃,对环境有危害性
浓盐酸(HCl)(5mL)	7647-01-0	具有腐蚀性

28.3.2 注意事项、危害和废物处理

正庚烷是一种极易燃的液体;操作过程应避免明火、吸入蒸汽以及皮肤接触。请遵守实验室标准的安全操作规程。操作过程中带上护目镜。实验过程中产生的正庚烷废液应作为危险废液进行特殊处理。其他废液可以直接倾倒入下水池中并用清水冲洗干净。

28.3.3 实验材料

- 250mL 烧杯 2 个(用于称量果酱和对水进行加热)
- 布氏漏斗
- 滤纸
- 玻璃棒
- 量筒,100mL
- 冰水浴(用于将混合物冷却至室温)
- 果酱,50g
- 刻度吸管,10mL(用于正庚烷吸取)
- 移液管橡胶吸球
- 支管烧瓶,500mL 或 1L
- 药匙
- 温度计
- 镊子
- 容量管,5mL(用于吸取浓盐酸)
- 废液缸(用于盛放正庚烷)
- 双蒸水 100mL(加热至 50℃)
- 韦氏烧瓶,500mL

28.3.4 实验仪器

- 电热板
- 显微镜
- 上皿天平
- 循环水式真空泵

28.3.5 实验步骤

(参考 AOAC 方法 950.89,果酱和果冻中的异物)

(1)将果酱瓶中的果酱全部倒入烧杯中,用玻璃棒搅拌均匀。

(2)称取 50g 果酱放入烧杯中,加入约 80mL 50℃ 双蒸水,搅拌均匀后,转移到 500mL 的韦氏烧瓶中(另外加入约 20mL 的双蒸水清洗烧杯,以帮助转移残留的果酱),然后加入 5mL 浓盐酸,煮沸 5min。

(3)冷却至室温(用冰水浴)。

(4)加入 12.5mL 正庚烷,充分搅拌。

(5)继续往里加入双蒸水,使正庚烷液面刚好位于"U 型阀门"橡胶塞的上部位置。

(6)通过转动阀门,将正庚烷液面进行截留,利用循环水式真空泵,将截留的正庚烷溶液通过装有滤纸的布氏漏斗进行抽滤。

(7)用显微镜对滤纸进行镜检。

28.4 婴儿食品中的异物检测

28.4.1 化学药品

	CAS 编号	危害性
轻质液体石蜡(10mL)	8012-95-1	

28.4.2 注意事项、危害和废物处理

遵守标准的实验室安全操作规程。操作过程中带上护目镜。实验过程产生的废液可以直接倒入下水道并用清水冲洗干净。

28.4.3 实验材料

- 婴儿食品 1 罐,约 113g
- 布氏漏斗
- 滤纸
- 玻璃棒
- 量筒,10mL 或 25mL

- 滴管
- 支管烧瓶,500mL 或 1L
- 勺子
- 镊子
- 容量管,10mL
- 水,真空脱气,500mL
- 韦氏烧瓶,500mL

28.4.4　实验仪器

- 显微镜
- 循环水式真空泵

28.4.5　实验步骤

(参考 AOAC 法 970.73,婴幼儿浓稠食物中的异物,A. 轻型异物)

(1)将 113g(1 罐)婴儿食品全部转移到 500mL 的韦氏烧瓶中。

(2)加入 10mL 轻质液体石蜡并搅拌均匀。

(3)在韦氏烧瓶中加入脱气后的蒸馏水(可使用双蒸水代替)。

(4)静置 30min,在此期间搅拌 4~6 次。

(5)截留橡胶塞上方的矿物油层,然后用循环水式真空泵,将分离所得矿物油层通过装有滤纸的布氏漏斗进行过滤。

(6)用显微镜对滤纸进行镜检。

28.5　油炸薯片中的异物检测

28.5.1　化学药品

	CAS 编号	危害性
乙醇,95%	64-17-5	高度易燃
正庚烷(9mL)	142-82-5	对人体有害,高度易燃,对环境有危害性
石油醚(200mL)	8032-32-4	对人体有害,高度易燃,对环境有危害性

28.5.2　实验试剂

乙醇,60%,1L　利用 95%乙醇配制得到 1L 60%乙醇(将 632mL 95%乙醇加水稀释至 1L)。

28.5.3　注意事项、危害和废物处理

石油醚、正庚烷和乙醇是火灾隐患;避免明火,蒸汽吸入和皮肤接触。遵守标准的实验室安全操作规程。操作过程中带上护目镜。正庚烷和石油醚等废液必须作为危险废物进

行处理。其他废液可以直接倒入下水道并用清水冲洗干净。

28.5.4 实验材料

- 烧杯,400mL
- 布氏漏斗
- 滤纸
- 玻璃棒
- 量筒,1L(用于量取95%乙醇)
- 冰水浴
- 薯片,25g
- 支管烧瓶,500mL 或者 1L
- 药匙
- 韦氏烧瓶,500mL
- 镊子
- 容量瓶,1L(制备60%乙醇)
- 废液缸(用于盛装正庚烷和石油醚)

28.5.5 实验仪器

- 加热板
- 显微镜
- 上皿天平
- 循环水式真空泵

28.5.6 实验步骤

(参考 AOAC 法 955.44,薯片中异物)

(1)称取 25g 薯片,放入 400mL 烧杯中。

(2)用药匙或玻璃棒,把薯片压成小块。

(3)在通风橱内,加入石油醚直至将薯片全部覆盖。静置 5min,将石油醚缓慢倾倒入装有滤纸的布氏漏斗中进行过滤,将石油醚从薯片中去除。重复加入石油醚,静置 5min,并再次用滤纸进行过滤。在通风橱中将薯片上的石油醚进行完全挥发。

(4)将薯片转移到 500mL 的韦氏烧瓶中,加入 125mL 60%乙醇,煮沸 30min。在烧瓶上标记乙醇的初始标线位置。在沸腾过程中和沸腾结束时,及时补充由于沸腾而蒸发掉的乙醇至相同的标线位置。

(5)在冰水中冷却。

(6)加入 9mL 正庚烷,混合,静置 5min。

(7)在韦氏烧瓶中加入足够的 60%乙醇,使得正庚烷层刚好位于在橡胶塞上面。让其静置,让正庚烷层在橡胶塞顶部形成,并用橡胶塞进行截留,用装有滤纸的布氏漏斗对截留正庚烷层进行过滤。

(8)重复添加9mL正庚烷到溶液中。混合,然后静置,直到庚烷层上升到顶部。将正庚烷层进行截留,然后用装有滤纸的布氏漏斗对截留正庚烷层进行过滤。

(9)用显微镜对滤纸进行镜检。

28.6 柑橘汁中的异物检测

28.6.1 实验材料

- 烧杯,250mL
- 布氏漏斗
- 粗棉布
- 柑橘汁,125mL
- 量筒,500mL或1L
- 支管烧瓶,250mL
- 镊子

28.6.2 实验仪器

- 显微镜
- 循环水式真空泵

28.6.3 实验步骤

[参考AOAC方法970.72,柑橘和菠萝汁中的异物(罐装),方法A. 蝇卵和蛆]

(1)使用装有双层粗棉布的布氏漏斗并利用循环水式真空泵抽真空对125mL果汁进行过滤。将果汁慢慢倒入布氏漏斗中,以避免在粗棉布上堆积果肉而堵塞棉布。

(2)用显微镜检查粗棉布上是否有蝇卵和蛆虫。

28.7 思考题

(1)总结并分析各种食物中异物的检测结果。

(2)在“洁净食品和药品掺假的食品安全大环境下”,为什么食品中仍会发现昆虫碎片等异物?

相关资料

1. AOAC International(2016)Official methods of analysis,20th edn.(On-line).AOAC International,Rockville,MD

2. Dogan H, Subramanyam B.(2017)Extraneous matter. Ch 34. In: Nielsen SS (ed) Food analysis, 5th edn. Springer,New York

第三部分　思考题答案

第2章思考题答案

(1)①通过式(2.5)计算：NaH_2PO_4 的相对分子质量为120g/mol。各物质的单位必须统一，相对分子质量以mol/g表示，浓度的单位以mol/L表示，因此，500mL应该转换成0.5L：

$$m[\mathrm{g}] = M\left[\frac{\mathrm{mol}}{\mathrm{L}}\right] \times \mathrm{v}[\mathrm{L}] \times MW\left[\frac{\mathrm{g}}{\mathrm{mol}}\right] \quad (2.5)$$

$$m[\mathrm{g}] = 0.1\left[\frac{\cancel{\mathrm{mol}}}{\cancel{\mathrm{L}}}\right] \times 0.5\cancel{[\mathrm{L}]} \times 120\left[\frac{\mathrm{g}}{\cancel{\mathrm{mol}}}\right] = 6\mathrm{g}$$

②[例2]中，唯一的变化是计算时使用156而不是120，因此：

$$m[\mathrm{g}] = 0.1\left[\frac{\cancel{\mathrm{mol}}}{\cancel{\mathrm{L}}}\right] \times 0.5\cancel{[\mathrm{L}]} \times 156\left[\frac{\mathrm{g}}{\cancel{\mathrm{mol}}}\right] = 7.8\mathrm{g}$$

(2)根据 w/V 的定义：

$$\%\frac{wt}{V} = \frac{\text{可溶解的质量}[\mathrm{g}] \times 100}{\text{总体积}[\mathrm{mL}]}$$

$$\text{可溶解质量} = \%\frac{wt}{V} \times \frac{1}{100} \times \text{体积}$$

$$= 10\left[\frac{\mathrm{g}}{\cancel{\mathrm{mol}}}\right] \times \frac{1}{100} \times 150\cancel{[\mathrm{mL}]} = 15\mathrm{g}$$

(3)在40% w/V 溶液中确定NaOH的物质的量浓度：NaOH的等效性为1，物质的量浓度和物质的量浓度下相等。使用wt%的定义获得1L中NaOH质量并通过式(2.9)计算物质的量浓度：

$$\%\frac{wt}{V} = \frac{\text{可溶解的质量}[\mathrm{g}] \times 100}{\text{总体积}[\mathrm{mL}]}$$

$$\text{可溶解的质量}[\mathrm{g}] = \%\frac{wt}{V} \times \frac{1}{100} \times \text{体积}$$

$$=40\left[\frac{g}{mL}\right]\times\frac{1}{100}\times1000[mL]$$

$$=400[g]$$

$$n[mol]=\frac{m[g]}{MW\left[\frac{g}{mol}\right]}=\left[\frac{400}{40}\right]=10[mol]\ (\text{在 1L 中})$$

因此,溶液中 NaOH 的物质的量浓度和物质的量浓度是 10。

(4) H_2SO_4 的当量数是 2,因为它可以放出 2 个 H^+,所以物质的量浓度是物质的量浓度的两倍。NaOH 毫升数可以通过插入式(2. 19)找到:

$$\text{NaOH 的毫升数}=\left[\frac{H_2SO_4\text{ 的毫升数}\times H_2SO_4\text{ 的物质的量}}{\text{NaOH 的物质的量}}\right]$$

$$\text{NaOH 的毫升数}=\frac{200\times4}{10}=80mL$$

(5) 对于 HCl,物质的量浓度和物质的量浓度相等,因为每分子 HCl 放出 1 个 H^+。和[例 3]一样计算,使用式(2. 13)和式(2. 15)计算浓缩的 HCl 的 M:

$$c\left[\frac{mol}{L}\right]=\frac{d\times1000\left[\frac{g}{L}\right]}{MW\left[\frac{g}{mol}\right]}\times\%\frac{wt}{wt} \tag{2.13}$$

$$c\left[\frac{mol}{L}\right]=\frac{1.2\times1000\left[\frac{g}{L}\right]}{36.5\left[\frac{g}{mol}\right]}\times0.37=12.16\left[\frac{mol}{L}\right]$$

$$c_1\times V_1=c_2\times V_2 \tag{2.15}$$

$$\text{浓 HCl 的体积}[L]=\frac{\text{稀 HCl 的体积}[L]\times\text{稀 HCl 的摩尔质量}\left[\frac{mol}{L}\right]}{\text{浓 HCl 的摩尔质量}\left[\frac{mol}{L}\right]}$$

$$\text{浓 HCl 的体积}[L]=\frac{0.25[L]\times\left[\frac{\cancel{mol}}{\cancel{L}}\right]}{12.16\left[\frac{\cancel{mol}}{\cancel{L}}\right]}$$

$$=0.041L\text{ 或 }41mL$$

(6) [例 3]和[例 5]一样,利用式(2. 13)确定浓乙酸的物质的量浓度

$$\text{乙酸的 }c=\frac{1.05\times1000}{60.06}\left[\frac{g\times mol}{g\times L}\right]=17.5\left[\frac{mol}{L}\right]$$

所需的量是 0. 04mol,因此,根据式(2. 16)计算结果并稀释至 1L:

$$V[L]=\left[\frac{n}{c}\right]\left[\frac{mol\times L}{mol}\right]=\left[\frac{0.04}{17.5}\right]=0.0023L$$

(7) 乙酸在 1L 溶液中的质量与思考题 2 相似:

$$\%\frac{wt}{V}=\frac{\text{可溶解的质量}[g]\times100}{\text{总体积}[mL]}$$

$$\text{乙酸的质量}=\%\frac{wt}{V}\times\frac{1}{100}\times\text{体积}$$

$$=1\left[\frac{g}{\cancel{mL}}\right]\times\frac{1}{100}\times1000[\cancel{mL}]=10g$$

由式(2.9)可得对应的物质的量为 10g:

$$n[mol]=\frac{m[g]}{MW\left[\frac{g}{mol}\right]}=\left[\frac{10}{60.02}\right]=0.617[mol](\text{在 1L 中})$$

说明:1%的乙酸溶液中含有 0.167mol/L,而不是 0.1mol/L。

(8)同样可以解决思考题 14:

$$\%\frac{wt}{V}=\frac{\text{可溶解的质量}[g]\times100}{\text{总体积}[mL]}$$

$$\text{NaOH 质量}=\%\frac{wt}{V}\times\frac{1}{100}\times\text{体积}$$

$$=10\left[\frac{g}{\cancel{mL}}\right]\times\frac{1}{100}\times1000[\cancel{mL}]$$

$$=100g$$

通过式(2.9)可以得到相应对应的物质的量是 100g:

$$n[mol]=\frac{m[g]}{MW\left[\frac{g}{mol}\right]}=\frac{10}{40}=0.25[mol](\text{在 1L 中})$$

说明:10%的氢氧化钠溶液含有 0.25mol/L,而不是 1mol/L。

(9)$K_2Cr_2O_7$ 的物质的量浓度是物质的量浓度的 6 倍。使用式(2.1)和式(2.9)计算物质的物质的量浓度,然后乘以 6 得到物质的量浓度:

$$\text{物质的量浓度}(n)\left[\frac{mol}{L}\right]=\frac{\text{物质的量}(n)[mol]}{\text{体积}(V)[L]} \tag{2.1}$$

$$n[mol]=\frac{m}{MW}\left[\frac{g\times mol}{g}\right] \tag{2.9}$$

$$n\left[\frac{mol}{L}\right]=\frac{\dfrac{0.2[g]}{294.187\left[\frac{g}{mol}\right]}}{0.1[L]}=0.0068\left[\frac{mol}{L}\right]$$

$$N\left[\frac{\text{当量数}}{L}\right]=n\times\text{当量数}$$

$$=0.0068\times6=0.04\left[\frac{\text{当量数}}{L}\right]$$

(10)KHP 的相对分子质量为 204.22,只含有一个结合的羧基键,其当量数为 1,物质的量浓度等于物质的量浓度。通过式(2.5)计算,100mL 将包括:

$$m[g]=n\left[\frac{mol}{L}\right]\times v[L]\times MW\left[\frac{g}{mol}\right] \tag{2.5}$$

$$m[g]=0.1\times0.1\times204.22=2.0422g$$

(11)第一步是找到所需的钙含量。如表 2.1 所示,ppm 对应于:

$$ppm=\left[\frac{\text{溶质质量}(mg)}{\text{溶液质量}(kg)}\right]$$

因此，
$$1000\text{ppm}=\left[\frac{1000\text{mg 钙}}{\text{标准溶液质量(kg)}}\right]$$

溶液的密度可以假设为 1,因此表示为 1000mg Ca/L 或 1g Ca/L。如果 110.98g $CaCl_2$ 含 40.078g Ca,则 1g Ca 包含

$$CaCl_2\text{ 的 }m[\text{g}]=\frac{1\times110.98}{40.078}=2.7691\text{g}$$

(12)首先,需要确定乙酸钠/乙酸的正确比例;和[例 8]类似,[A^-]通过[AH]表示,方程中只有一个未知量,代入式(2.2):

$$[A^-]=0.1-[AH]$$

$$5.5=4.76+\log\frac{0.1-[AH]}{[AH]}$$

$$10^{(5.5-4.76)}=\frac{0.1-[AH]}{[AH]}$$

$$5.5\times[AH]=0.1-[A^-]$$

$$[AH]=\frac{0.1}{(5.5+1)}=0.0154[A^-]=0.0846$$

利用方法 1 准备缓冲液(详见 2.3)(0.1mol/L 乙酸钠溶液和乙酸溶液各 1L):

$$\text{乙酸钠 }m[\text{g}]=MW\times c=82\times0.1=8.2[\text{g}]$$

$$\text{乙酸的 }V[\text{mL}]=\frac{MW\times c}{d}=\frac{60.02\times0.1}{1.05}=5.7[\text{mL}]$$

把它们混合,利用式(2.15)得到了浓度相当于 0.0846mol/L 的乙酸钠和 0.0154mol/L 的乙酸:

$$c_1\times v_1=c_2\times v_2 \tag{2.15}$$

$$\text{乙酸钠溶液的体积}[\text{mL}]=\frac{\text{缓冲液中}[A^-]c\times\text{缓冲液的 }V}{\text{储备液的 }c}$$

$$=\frac{0.0846\times0.25}{0.1}=211.5[\text{mL}]$$

$$\text{乙酸溶液的体积}[\text{mL}]=\frac{\text{缓冲液中}[AH]c\times\text{缓冲液的 }V}{\text{储备液的 }c}$$

$$=\frac{0.0154\times0.25}{0.1}=38.5[\text{mL}]$$

利用方法 2 准备缓冲液(详见 2.3)(250mL 中直接溶解适量乙酸钠和乙酸):

$$\text{乙酸钠的质量}[\text{g}]$$
$$=\text{缓冲液}\left[\frac{\text{mol}}{\text{L}}\right]\text{中}[A^-]\text{的浓度}\times\text{缓冲液的体积 }V[\text{L}]\times MW\left[\frac{\text{g}}{\text{mol}}\right] \tag{2.5}$$

$$\text{乙酸钠的质量}[\text{g}]$$
$$=0.25[\text{L}]\times0.0846\left[\frac{\text{mol}}{\text{L}}\right]\times82\left[\frac{\text{g}}{\text{mol}}\right]=1.73[\text{g}]$$

$$\text{乙酸的体积}[\text{mL}]=\frac{\text{缓冲液体积}[\text{L}]\times\text{在缓冲液}\left[\frac{\text{mol}}{\text{L}}\right]\text{中}[AH]\text{的浓度}\times MW\left[\frac{\text{g}}{\text{mol}}\right]}{\left[\frac{\text{g}}{\text{mL}}\right]}$$

$$乙酸的体积[mL]=\frac{0.25[L]\times 0.0154\left[\frac{\cancel{mol}}{\cancel{L}}\right]\times 60.02\left[\frac{g}{\cancel{mol}}\right]}{1.05\left[\frac{g}{mL}\right]}=2.2[mL]$$

这些将被溶解在200mL中,然后调整pH,体积至250mL。

利用方法3准备缓冲液(详见2.3)(将适量乙酸溶解,0.1mol/L溶液定容至250mL,再用高浓度的NaOH调节pH,例如,将6或10mol/L的NaOH调至pH5.5):

$$乙酸的体积[mL]=\frac{缓冲液体积[L]\times缓冲液的浓度\left[\frac{mol}{L}\right]\times MW\left[\frac{g}{mol}\right]}{\left[\frac{g}{mL}\right]}$$

$$乙酸的体积[mL]=\frac{0.25[L]\times 0.1\left[\frac{mol}{L}\right]\times 60.02\left[\frac{g}{mol}\right]}{1.05\left[\frac{g}{mL}\right]}=1.43[mL]$$

(13)通过重新排列式(2.5)可以得到Na_2EDTA和$MgSO_4$的浓度:

$$m[g]=c\left[\frac{mol}{L}\right]\times V[L]\times MW\left[\frac{g}{mol}\right] \tag{2.5}$$

$$c\left[\frac{mol}{L}\right]=\frac{m[g]}{V[L]\times MW\left[\frac{g}{mol}\right]}$$

$$Na_2EDTA的\ c\left[\frac{mol}{L}\right]=\frac{1.179[g]}{0.25[L]\times 372.24\left[\frac{g}{mol}\right]}$$

$$=0.0127\left[\frac{mol}{L}\right]$$

$$MgSO_4的\ c\left[\frac{mol}{L}\right]=\frac{0.78[g]}{0.25[L]\times 246.67\left[\frac{g}{mol}\right]}$$

$$=0.0127\left[\frac{mol}{L}\right]$$

若要计算缓冲液的pH,通过式(2.1)和式(2.3)确定NH_4Cl的浓度和公式(2.27)确定NH_3的浓度:

$$溶液中NH_4Cl的浓度\left[\frac{mol}{L}\right]=\frac{m[g]}{MW\left[\frac{g}{mol}\right]\times V[L]}=\frac{16.9}{53.49\times 0.25}=1.26\left[\frac{mol}{L}\right]$$

$$高浓度氨气的浓度\left[\frac{mol}{L}\right]=\frac{\left[\frac{g}{mL}\right]\times 1000}{MW\left[\frac{g}{mol}\right]}\times wt\%=\frac{0.88\times 1000}{17}\times 0.28=14.5\left[\frac{mol}{L}\right]$$

$$缓冲液的物质的量浓度\left[\frac{mol}{L}\right]=\frac{物质的量浓度\left[\frac{mol}{L}\right]\times[L]}{缓冲液体积[L]} \tag{2.27}$$

$$缓冲液中NH_3的浓度\left[\frac{mol}{L}\right]=\frac{浓缩的氨气浓度\left[\frac{mol}{L}\right]\times浓缩的氨气体积[L]}{缓冲液体积[L]}$$

$$\text{缓冲液中 } NH_3 \text{ 的浓度}\left[\frac{mol}{L}\right]=\frac{14.5\left[\frac{mol}{L}\right]\times 0.143[L]}{0.25[L]}=8.29\left[\frac{mol}{L}\right]$$

在计算 NH_4^+的 pV_a 后，可以使用亨德森-哈赛尔巴尔赫方程的标准形式。NH_4Cl 是酸，NH_4OH 是碱（NH_4OH 另一种写法是水中的 NH_3）。注意：实际的 pV_a 和 pV_b 可能会略有不同，因为添加的盐会影响离子强度。

$$NH_4^+\text{的 } pV_a=14-pV_b=14-4.74=9.26$$

$$pH=9.26+\log\frac{8.29}{1.26}=9.26+0.82=10.08$$

（14）①利用式（2.5）求质量：

$$m[g]=c\left[\frac{mol}{L}\right]\times V[L]\times MW\left[\frac{g}{mol}\right] \tag{2.5}$$

$$NaH_2PO_4\cdot H_2O \text{ 质量}=0.2\times 0.5\times 138=13.8[g]$$

$$Na_2HPO_4\cdot 7H_2O \text{ 质量}=0.2\times 0.5\times 268=26.8[g]$$

②利用式（2.38）通过[AH]表达[A^-]，代入式（2.25）中；在表2.2中找到 pV_a：

$$0.1=[A^-]+[AH]$$

$$[A^-]=0.1-[AH]$$

$$6.2=6.71+\log\frac{0.1-AH}{AH}$$

$$-0.51=\log\frac{0.1-AH}{AH}$$

$$0.309=\frac{0.1-AH}{AH}$$

$$[AH]\times(0.309+1)=0.1$$

$$[AH]\left[\frac{mol}{L}\right]=\frac{0.1}{1.219}=0.0764\left[\frac{mol}{L}\right][A^-]\left[\frac{mol}{L}\right]$$

$$=1-0.0764=0.0236\left[\frac{mol}{L}\right]$$

储备液的物质的量浓度是0.2mol/L，使用式（2.27）找到混合的体积：

$$c_1\times V_1=c_2\times V_2 \tag{2.27}$$

$$NaH_2PO_4\text{ 储备液的 } V[L]=\frac{\text{缓冲液中}NaH_2PO_4\text{ 的 } c\times\text{缓冲液的 } V}{\text{储备液的 } c}$$

$$NaH_2PO_4\text{ 储备液的 } V[L]=\frac{0.0764\times 0.2}{0.2}=0.0764[L]\text{或 }76mL$$

$$Na_2HPO_4\text{ 储备液的 } V[L]=\frac{\text{缓冲液中}Na_2HPO_4\text{ 的 } c\times\text{缓冲液的 } v}{\text{储备液的 } c}$$

$$Na_2HPO_4\text{ 储备液的 } V[L]=\frac{0.0236\times 0.2}{0.2}$$

$$=0.024[L]\text{或 }24mL$$

③和[例8]类似，1mL 6mol/L NaOH 通过式（2.2）计算为：

$$NaOH\,[mol]\text{ 的 } n=c\times V=6\times 0.001=0.006\,[mol]$$

NaH_2PO_4 和 Na_2HPO_4 的量可以通过式（2.2）求出（可以使用缓冲液的浓度，也可以使

用思考题(12)②中计算出的储备液的值):

$$NaH_2PO_4[mol]的\ n=c\times V=0.2\times0.076$$
$$=0.015[mol]$$
$$NaH_2PO_4[mol]的\ n=c\times V=0.2\times0.024$$
$$=0.0048[mol]$$

通过增加 Na_2HPO_4 或减少 NaH_2PO_4 的含量改变 NaOH 比例:

$$HCl[mol]添加后的NaH_2PO_4[mol]的\ n=0.015-0.006$$
$$=0.009[mol]$$
$$HCl[mol]添加后的Na_2HPO_4[mol]的\ n=0.0048+0.006$$
$$=0.0108[mol]$$

将这些值代入到式(2.25)中,找到新的 pH(注意:可以插入物质的量比,不需要转化浓度,因为比例是不变的)。

$$pH=6.71+\log\frac{0.0108}{0.009}=6.77$$

(15)为了计算 25℃下的 pH,将酸碱比代入式(2.25)中

$$pH=8.06+\log\frac{4}{1}$$
$$pH=8.06-0.6=7.46$$

利用式(2.61)计算 60℃下的 pV_a,并代入式(2.25)中:

$$pV_a=8.06-[0.023\times(60-25)]=7.26$$
$$pH=7.26-0.6=6.65$$

(16)和[例 8]类似。通过式(2.25)和式(2.38)求酸碱比,通过式(2.52)计算甲酸体积,通过式(2.5)计算甲酸铵质量:

$$0.01=[A^-]+[AH]$$
$$[A^-]=0.01-[AH]$$
$$3.5=3.75+\log\frac{0.01-[AH]}{[AH]}$$
$$-0.25=\log\frac{0.01-[AH]}{[AH]}$$
$$0.562=\frac{0.01-[AH]}{[AH]}$$
$$[AH]=\frac{0.01}{1.562}=0.0064[A^-]=0.0036$$

$$V[mL]=\frac{c\times V\times MW}{d} \tag{2.52}$$

$$甲酸的体积\ V[mL]$$
$$=\frac{c\times 缓冲液的\ V\times MW}{d}$$
$$=\frac{0.0064\left[\frac{\cancel{mol}}{\cancel{L}}\right]\times46\left[\frac{g}{\cancel{mol}}\right]\times1[L]}{1.22\left[\frac{g}{mL}\right]}=0.24[mL]$$

甲酸铵的质量[g]

=c×V×缓冲液的 *MW*

$$=0.0036\left[\frac{\cancel{mol}}{\cancel{L}}\right]\times 63.06\left[\frac{g}{\cancel{mol}}\right]\times 1[\cancel{L}]=0.227[g]$$

第 3 章思考题答案

(1)该方案的示意图如下。

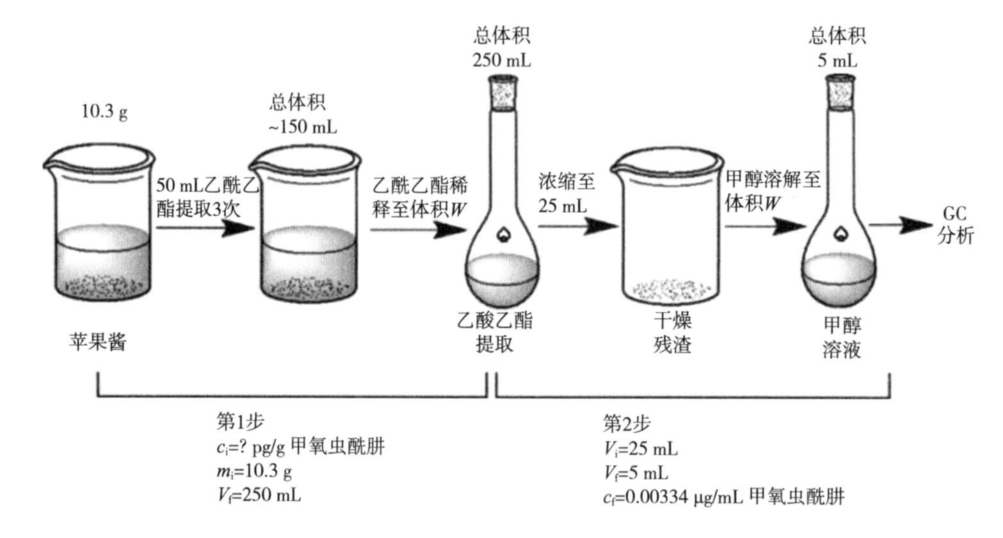

计算如下：

$$c_i = c_f\left(\frac{m\text{ 或 }V_2}{m\text{ 或 }V_1}\right)\left(\frac{m\text{ 或 }V_4}{m\text{ 或 }V_3}\right)\cdots\left(\frac{m\text{ 或 }V_k}{m\text{ 或 }V_{k-1}}\right)$$

$$c_i = \frac{0.00334\mu g\text{ 甲氧虫酰肼}}{mL\text{ 甲醇溶液}}\left(\frac{250mL\text{ 乙酸乙酯提取物}}{10.3g\text{ 苹果酱}}\right)\left(\frac{5mL\text{ 甲醇溶液}}{25mL\text{ 乙酸乙酯提取物}}\right)$$

$$= \frac{0.0162\mu g\text{ 甲氧虫酰肼}}{\text{苹果酱克数}}$$

$$X = c_m = \left(\frac{0.0162\mu g\text{ 甲氧虫酰肼}}{\text{苹果酱克数}}\right)(113g\text{ 苹果酱}) = 1.83\mu g\text{ 甲氧虫酰肼}$$

苹果酱中甲氧虫酰肼的浓度为 0.0162μg/g，整个苹果酱杯中甲氧虫酰肼的总量为 1.83μg。

(2)该方案的示意图如下(注意，第一次稀释是“稀释至”，而最后两次稀释是“用它稀释”)。

计算过程如下：

$$c_f = c_i\left(\frac{m\text{ 或 }V_1}{m\text{ 或 }V_2}\right)\left(\frac{m\text{ 或 }V_3}{m\text{ 或 }V_4}\right)\cdots\left(\frac{m\text{ 或 }V_{k-1}}{m\text{ 或 }V_k}\right)$$

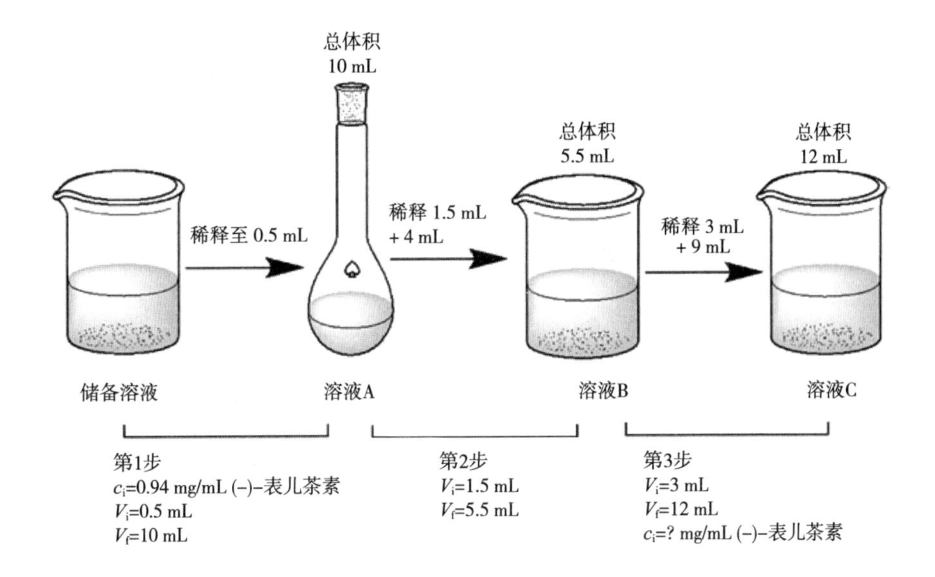

$$c_f=\frac{0.94\text{mg EC}}{\text{储备液 mL}}\left(\frac{0.5\text{mL 储备液}}{10\text{mL 液 A}}\right)\left(\frac{1.5\text{mL 储备液 A}}{5.5\text{mL 溶液 B}}\right)\left(\frac{3\text{mL 储备液 B}}{12\text{mL 溶液 C}}\right)=\frac{0.00320\text{mg EC}}{\text{溶液 C mL 数}}$$

$$c_f=\frac{0.00320\text{mg EC}}{\text{mL 溶液 C}}\left(\frac{1\text{g EC}}{1000\text{mg EC}}\right)\left(\frac{1\text{mol EC}}{290.26\text{ g EC}}\right)\left(\frac{1000000\mu\text{mol EC}}{\text{mol EC}}\right)\left(\frac{1000\text{mL}}{1\text{L}}\right)=\frac{11.0\mu\text{mol EC}}{\text{L}}=11.0\mu\text{mol/L EC}$$

$$DF_\varepsilon=\frac{c_f}{c_i}=\frac{\frac{0.00320\text{mg EC}}{\text{mL}}}{\frac{0.94\text{mg EC}}{\text{mL}}}=0.00341$$

$$\text{稀释倍数或者 } X=\frac{1}{DE}=\frac{1}{0.00341}=293$$

溶液 C 的浓度为 0.00320mg(-)-表儿茶素/mL[或 11.0μM(-)-表儿茶素]。稀释因子为 0.00341,储备液的稀释度为 293 倍(293 倍)。

(3)该方案的示意图如下(注意所有这些都是"稀释的",标准品是平行制备的,并且 100μL=0.1mL)。

计算如下所示。

$$c_f=c_i\left(\frac{V_i}{V_f}\right)=\frac{1.45\text{mg 维生素 B}}{\text{mL}}\left(\frac{2\text{mL}}{27\text{mL}}\right)$$
$$=\frac{0.107\text{mg 维生素 B}}{\text{mL}}$$

对于标准溶液:

① $$c_f=c_i\left(\frac{V_i}{V_f}\right)=\frac{0.107\text{mg 维生素 B}}{\text{mL}}\left(\frac{0.1\text{mL}}{0.6\text{mL}}\right)$$
$$=\frac{0.0179\text{mg 维生素 B}}{\text{mL}}$$

② $$c_f=c_i\left(\frac{V_i}{V_f}\right)=\frac{0.107\text{mg 维生素 B}}{\text{mL}}\left(\frac{0.1\text{mL}}{0.85\text{mL}}\right)$$
$$=\frac{0.0126\text{mg 维生素 B}}{\text{mL}}$$

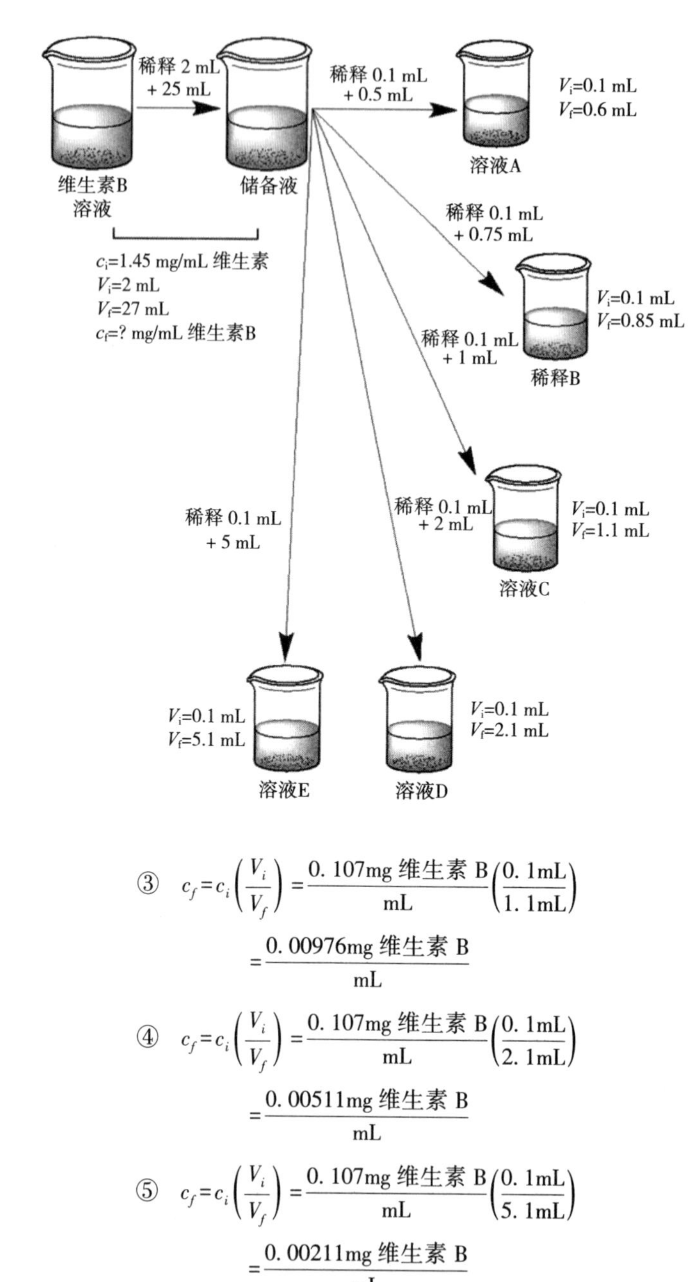

③ $$c_f = c_i\left(\frac{V_i}{V_f}\right) = \frac{0.107\text{mg 维生素 B}}{\text{mL}}\left(\frac{0.1\text{mL}}{1.1\text{mL}}\right)$$

$$= \frac{0.00976\text{mg 维生素 B}}{\text{mL}}$$

④ $$c_f = c_i\left(\frac{V_i}{V_f}\right) = \frac{0.107\text{mg 维生素 B}}{\text{mL}}\left(\frac{0.1\text{mL}}{2.1\text{mL}}\right)$$

$$= \frac{0.00511\text{mg 维生素 B}}{\text{mL}}$$

⑤ $$c_f = c_i\left(\frac{V_i}{V_f}\right) = \frac{0.107\text{mg 维生素 B}}{\text{mL}}\left(\frac{0.1\text{mL}}{5.1\text{mL}}\right)$$

$$= \frac{0.00211\text{mg 维生素 B}}{\text{mL}}$$

储备液和 5 种标准品中的维生素 B 浓度分别为 0.107、0.0179、0.0126、0.00976、0.00511 和 0.00211mg/mL。

(4)首先,160g/L = 160mg/mL,需将 160mg/mL 稀释至 0~0.5mg/mL,有几种方法可以使用。一种方法是将储备液稀释至低浓度的标准品(0.5mg/mL),然后从该浓度进一步稀释。为此,我们计算 DF:

$$DF = \frac{c_f}{c_i} = \frac{0.5\text{mg/mL}}{160\text{mg/mL}} = \frac{1}{320} = 0.003125$$

通过 DF,我们可以计算出所需的体积比。回顾一下:

$$DF = \frac{V_i}{V_f} = \frac{1}{320}$$

因此,我们需要找到1/320的体积比来进行稀释。虽然没有320mL的容量瓶,将1mL稀释至320mL。但是,可以使用250mL容量瓶作为最终体积,并计算所需原液的初始体积:

$$\frac{V_i}{V_f} = \frac{1}{320}$$

$$V_i = \frac{V_f}{320} = \frac{250\text{mL}}{320} = 0.781\text{mL}$$

因此,通过将0.781mL(使用1mL可调移液枪)稀释至250mL终体积来制备0.5mL标准品。使用各种不同的稀释液来获得相同的最终浓度,使用不少于0.2mL作为起始体积(例如,可以将0.313mL稀释至100mL并获得相同的浓度)。从0.5mg/mL标准品中,可以通过将0.5mg/mL标准品与水混制成总体积是2mL的其他标准品(0~0.3mg/mL)。这些体积计算如下:

$$c_i V_i = c_f V_f \rightarrow V_i = \frac{c_f V_f}{c_i}$$

$$\text{对于 0mg/mL } V_i = \frac{c_f V_f}{c_i}$$

$$= \frac{(0\text{mg/mL})(2\text{mL})}{0.5\text{mg/mL}} = 0\text{mL}$$

$$\text{对于 0.1mg/mL } V_i = \frac{c_f V_f}{c_i}$$

$$= \frac{(0.1\frac{\text{mg}}{\text{mL}})(2\text{mL})}{0.5\frac{\text{mg}}{\text{mL}}} = 0.4\text{mL}$$

每个溶液都是如此,水的体积是使起始体积达到2mL所需的量:

$$\text{对于 0mg/mL}: V_{\text{水}} = 2\text{mL} - 0\text{mL} = 2\text{mL}$$

$$\text{对于 0.1mg/mL}: V_{\text{水}} = 2\text{mL} - 0.4\text{mL} = 1.6\text{mL}$$

依此类推。0.5mg/mL储备液稀释后的稀释液如表30.1所示。

表30.1　　标准曲线的稀释例子

花青素/(mg/mL)	稀释/mL	水/mL	总体积/mL
0.5	2	0	2.0
0.3	1.2	0.8	2.0
0.2	0.8	1.2	2.0
0.1	0.4	1.6	2.0
0	0	2	2.0

该方案的示意图如下:

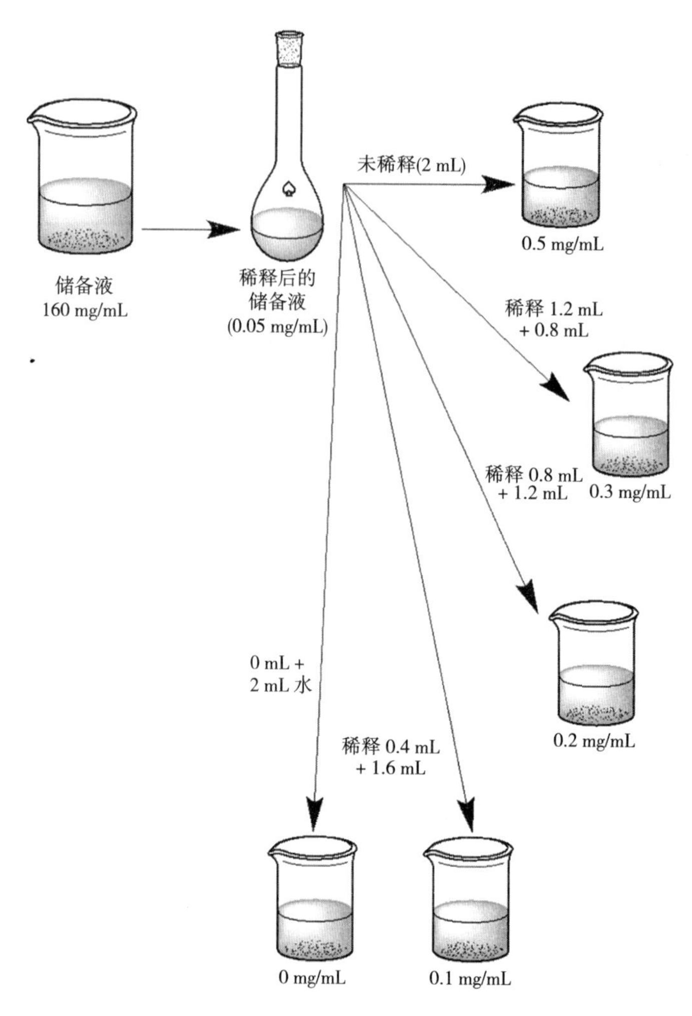

(5)果汁中的花青素浓度可能在750~3000μg/mL(0. 75~3mg/mL)。但是,它可以处在这个范围内的任何地方。含有0. 75mg/mL和3mg/mL花青素的样品需要差距很大的稀释剂才能接近标准曲线的中心(~0. 25mg/mL),我们该如何处理?解决方案是设计一种稀释方案,用同一样品的不同稀释倍数,在可接受的范围内至少稀释1倍用于定量。因此,假设果汁中的花青素浓度可能在极端值(~0. 75mg/mL和~3mg/mL),并且正处于这些极端值的中间(~1. 125mg/mL)。然后,计算3种不同的稀释度(假设3种不同的花青素,并稀释到曲线的中间),这样无论实际样品浓度如何,都得到至少1个可用样品。假设我们希望最终样品体积为10mL(可以选择任何与现有的容量瓶相对应的体积,但如果只需要2mL进行分析,则制备50~1000mL稀释样品是没有意义的)。

假定0. 75mg/mL:

$$V_i=\frac{c_f V_f}{c_i}=\frac{(0.25\text{mg/mL})(10\text{mL})}{0.75\text{mg/mL}}=3.33\text{mL}$$

假定1. 125mg/mL:

$$V_i=\frac{c_fV_f}{c_i}=\frac{(0.25\text{mg/mL})(10\text{mL})}{1.125\text{mg/mL}}=2.22\text{mL}$$

假定 3mg/mL：

$$V_i=\frac{c_fV_f}{c_i}=\frac{(0.25\text{mg/mL})(10\text{mL})}{3\text{mg/mL}}=0.833\text{mL}$$

因此，分别将 3. 33mL、2. 22mL 和 0. 833mL 果汁进行稀释，并将每种稀释至最终体积为 10mL。然后对标准溶液和 3 种稀释液进行分析，在标准曲线的分析相应范围内，使用稀释样品（和相应的稀释系数）计算出果汁中的花青素浓度。

（6）此问题的设置如下所示。注意：2. 8mL 牛乳中的所有矿物质都会稀释到 50mL 的总体积，因此在计算中可以简化这些步骤，如图所示。

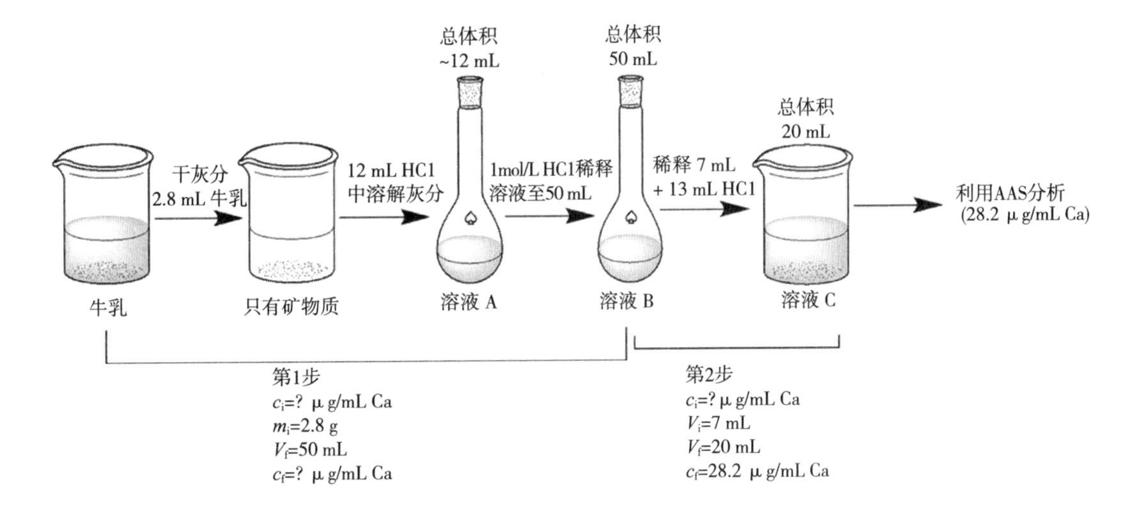

然后将问题设置为多级稀释，求解如下：

$$c_i=c_f\left(\frac{m\text{ 或 }V_2}{m\text{ 或 }V_1}\right)\left(\frac{m\text{ 或 }V_4}{m\text{ 或 }V_3}\right)\cdots\left(\frac{m\text{ 或 }V_k}{m\text{ 或 }V_{k-1}}\right)$$

$$c_i=28.2\mu\text{g/mL Ca}\left(\frac{50\text{mL}}{2.8\text{mL}}\right)\left(\frac{20\text{mL}}{7\text{mL}}\right)=1440\mu\text{g/mL Ca}$$

（7）首先，将样品和标准换算成相同的单位。将样品咖啡因浓度转换为 mmol/L：

$$\frac{170\text{mg 咖啡因}}{400\text{mL}}\left(\frac{1000\text{mL}}{1\text{L}}\right)\left(\frac{1\text{g}}{1000\text{mg}}\right)\left(\frac{1\text{mol 咖啡因}}{194.2\text{ 咖啡因}}\right)\left(\frac{1\times10^6\mu\text{mol 咖啡因}}{1\text{mol 咖啡因}}\right)=\frac{2190\mu\text{mol 咖啡因}}{\text{L}}=2190\mu\text{mol/L 咖啡因}$$

然后，确定稀释至 250mL 总体积所需的起始体积，并获得标准曲线中心的浓度（50μmol/L 咖啡因）：

$$c_iV_i=c_fV_f\rightarrow V_i=\frac{c_fV_f}{c_i}=\frac{(50\text{mmol/L 咖啡因})(250\text{mL})}{2190\text{mmol/L 咖啡因}}$$

$$=5.71\text{mL}$$

因此，如果将 5. 17mL 能量饮料稀释至 250mL 终体积，咖啡因浓度将约为 50μmol/L，正好在标准曲线的中间。

第 4 章思考题答案

(1)观察值的平均值是多少(mg/杯)?

$$X=\frac{\sum X_i}{n}=\frac{X_1+X_2+\cdots+Xn+Xn+1}{n}=\frac{1967.1\text{mg/杯}}{6}$$

$$=327.85\text{mg/杯},\approx 328\text{mg/杯}$$

观察的标准差是多少(mg/杯)?由于我们有<30 个观测值,因此样本标准差的正确公式为:

$$SD_{n-1}=\sqrt{\frac{\sum(X_i-)^2}{n-1}}=\sqrt{\frac{\sum(X_i-327.85\text{mg/杯})^2}{6-1}}$$

$$=\sqrt{\frac{460.215\text{mg}^2/\text{杯}^2}{5}}=9.593904\text{mg/杯}$$

计算真实总体平均值的 96%置信区间(使用 t-积分,而不是 z-积分,因为 n 很小)。CI 的公式是:

$$CI:\bar{X}t_{\frac{\alpha}{2},df=n-1}\times\frac{SD}{\sqrt{n}}$$

已知平均值、SD 和 n,所以我们只需要 t-积分。首先,计算 df:

$$df=n-1=6-1=5$$

接下来计算 C 和 $\alpha/2$:

对于 96%的 CI,$C=0.96\rightarrow\frac{\propto}{2}=\frac{1-C}{2}=\frac{1-0.96}{2}=0.02$

然后,转到 t 表,找到对应于 $df=5$,$\alpha/2=0.02$ 的 t-积分:

$$t_{\frac{\alpha}{2}},df=n-1=t_{0.02,5}=2.757$$

把它们放在一起:

$$CI:\bar{X}\pm t_{\frac{\alpha}{2},df=n-1}\times\frac{SD}{\sqrt{n}}$$

$$327.85\text{mg/杯}\pm 2.757\times\frac{9.593904\text{mg/杯}}{\sqrt{6}}$$

$$\rightarrow 327.85\text{mg/杯}\pm 10.7983\text{mg/杯}$$

96%置信区间对总体均值的上限和下限是多少?

CI 的上限是：

$$\bar{X} \pm t_{\frac{\alpha}{2}, df=n-1} \times \frac{SD}{\sqrt{n}} \rightarrow 327.85 \frac{mg}{杯} + 10.7983 \frac{mg}{杯}$$

$$= 338.648mg/杯$$

CI 的下限是：

$$\bar{X} - t_{\frac{\alpha}{2}, df=n-1} \times \frac{SD}{\sqrt{n}} \rightarrow 327.85 \frac{mg}{杯} - 10.7983 \frac{mg}{杯}$$

$$= 317.052mg/杯$$

使用 t 检验来确定样本均值是否有足够的证据来证明总体不规范(即实际总体均值≠343mg 杯)。我们的目标是 μ=343mg/杯,利用 t 检验比较样本：

$$t_{obs} = \frac{|\bar{x} - \mu|}{\frac{SD}{\sqrt{n}}}$$

插入平均值、SD、n 和 μ 值：

$$t_{obs} = \frac{|\bar{x} - \mu|}{\frac{SD}{\sqrt{n}}} = \frac{|327.85mg/杯 - 343mg/杯|}{\frac{9.593904mg/杯}{\sqrt{6}}}$$

$$= \frac{|-15.15mg/杯|}{3.91669mg/杯}$$

基于 tobs,是否有足够的证据证明总体不规范(99%的置信度)？

比较 $t_{df,\frac{\alpha}{2}}$ 和 t_{obs}。找到 $t_{df,\frac{\alpha}{2}}$：

对于 99%置信度,

$$C = 0.99 \rightarrow \frac{\propto}{2} = \frac{1-C}{2} = \frac{1-0.99}{2} = 0.005$$

$$df = n-1 = 6-1 = 5$$

从所示的 t-积分表中,$t_{5,0.005} = 4.032$。

接下来,比较 $t_{df,\frac{\alpha}{2}}$ 与 t_{obs}：

如果 $t_{obs} > t_{critical}$→表明,充分的证据说明真实总体平均值≠μ

如果 $t_{obs} < t_{critical}$→表明,没有充分的证据说明真实总体平均值≠μ

在这种情况下,由于 $t_{obs}(3.868) < t_{critical}(4.032)$,99%的置信度下,没有充分的证据表明总体不规范。

(2)使用双样本 t 检验来确定均值是否有统计学差异。通过计算器或 Excel 得到每个总体的均值和 SD_{n-1}：

第 1 行：$n=5$,$\bar{X}=86.98$,并且 SD=0.81670068

B 行：$n=5$,$\bar{X}=89.02$,并且 SD=0.192353841

接下来,根据两个样本标准差计算合并方差(s_p^2)：

$$合并方差 = s_p^2 = \frac{(n_1-1)SD_1^1 + (n_2-1)SD_2^2}{n_1+n_2-2}$$

$$=\frac{(5-1)(0.81670068)^2+(5-1)(0.192353841)^2}{5+5-2}$$

计算 t_{obs}：

$$t_{obs} = \frac{|\overline{x_1} - \overline{x_2}|}{\sqrt{s^2{}_p(\frac{1}{n_1} + \frac{1}{n_2})}} \frac{|86.98 - 89.02|}{\sqrt{0.352 \times (\frac{1}{5} + \frac{1}{5})}}$$

$$=\frac{|-2.04|}{\sqrt{0.1408}}=5.43662$$

基于 t 检验,是否有证据表明样本均值在统计学上存在差异？对于双样本 t 检验,决策规则是：

$$t_{obs} > t_{\frac{\alpha}{2},df=n-1} \rightarrow \text{差别有统计学意义}$$

$$t_{obs} < t_{\frac{\alpha}{2},df=n-1} \rightarrow \text{差别无统计学意义}$$

$$95\%\text{置信度} \rightarrow C=0.95, \frac{\alpha}{2}=\frac{1-C}{2}=\frac{1-0.95}{2}$$

$$=\frac{0.05}{2}=0.025$$

$$df=n_1+n_2-2=5+5-2=8$$

通过 t 表发现：

$$t_{critical}(t_{\frac{\alpha}{2},df=n_1+n_2-2}) : t_{0.025,8} = 2.306$$

因为$t_{obs}(5.44) > t_{critical}(2.31)$,表明存在显著性差异(95%置信度)。